城市群空气污染的扩散与协调治理
——以成渝城市群城镇化为例

曾德珩　著

U0289591

科学出版社

北　京

内 容 简 介

本书从城市群可持续发展角度出发，以成渝城市群为案例，为城市群空气污染的研究与治理提供一定的参考作用。首先，从时间和空间两个维度对成渝城市群六种空气污染物进行健康诊断；其次，运用 P-S-R 理论搭建城市群与其空气环境关系的理论框架及作用机理，结合定性与定量方法构建城市群空气污染的"人文-自然"综合影响因子体系；再次，从城市群空间视角出发，借助空间计量模型系统分析成渝城市群空气污染内外两方面的影响机制；最后，根据其影响机制提出精准的区域联防联控策略，为城市群发展与生态环境的科学管理提供决策依据。

本书可供城市环境科学领域的相关专家与学者，政府环境保护部门的工作人员，以及对环境污染问题感兴趣的读者参阅。

图书在版编目(CIP)数据

城市群空气污染的扩散与协调治理：以成渝城市群城镇化为例 / 曾德珩著. — 北京：科学出版社，2021.7
ISBN 978-7-03-051427-1

Ⅰ.①城…　Ⅱ.①曾…　Ⅲ.①城市群–城市空气污染–研究–四川
Ⅳ.①X51

中国版本图书馆 CIP 数据核字 (2020) 第 188789 号

责任编辑：莫永国　陈　杰 / 责任校对：彭　映
责任印制：罗　科 / 封面设计：墨创文化

科学出版社出版
北京东黄城根北街16号
邮政编码：100717
http://www.sciencep.com

成都锦瑞印刷有限责任公司印刷
科学出版社发行　各地新华书店经销
*

2021 年 7 月第　一　版　　开本：787×1092 1/16
2021 年 7 月第一次印刷　　印张：12 1/2
字数：300 000
定价：109.00 元
(如有印装质量问题，我社负责调换)

作 者 简 介

  曾德珩，重庆大学管理科学与房地产学院教授，房地产系副系主任。主要研究领域为可持续城市建设、建筑节能、保障性住房等。现任重庆大学建设经济与管理中心(省部级)研究员，建设管理国际学报(中文版)编辑，中国建筑学会建筑经济分会第七届专业委员会学术委员会委员。近年来，在国内、国外主要学术刊物与学术会议上发表论文30余篇，参编学术专著3部，译著1部。曾获得2015年中国建筑学会科技进步一等奖、2014年与2018年教育部国家级教学成果二等奖等奖项。本书获得2017年度重庆市社会科学规划项目"成渝城市群城镇化对空气污染的响应机理与协同防控研究"(2017ybgl140)与重庆大学中央高校基本科研业务费专项项目(2017CDJSK03XK02)联合资助。

前　言

随着新的全球化和工业化的快速持续发展，城市群成为国家参与全球竞争与国际分工的全新地域单元。城市群也正成为我国经济发展中最具活力和潜力的核心增长极，同时也是一系列生态环境问题集中激化的高度敏感地区和重点治理地区。近二十年来，我国区域性复合型空气污染呈现加重和蔓延趋势，空气环境质量问题十分严峻，已经成为制约城市群可持续发展的重要障碍因素。2012 年我国颁布了城市空气质量新标准，十九大报告进一步提出着力解决突出环境问题，包括"持续实施大气污染防治行动，打赢蓝天保卫战"。这既体现了国家和人民对"绿水青山"的美好愿景与防污治污的坚定意志，也标志着区域城市空气环境管理进入新的阶段。成渝城市群作为国家级城市群正处于高速发展阶段，能源消费、城市扩张、产业结构等人为活动造成了大量污染物的排放，加之不利的盆地地形与气候条件，污染程度已然超出空气环境承载力，引发该区域内城市不同程度的复合空气污染现象，因此急需从城市群视角开展空气污染的协同防控。

对于空气污染治理的研究由来已久，研究领域也从单一污染源、局部区域逐步向跨区域、多因素对区域城市空气污染的影响演变，但当前研究更多还是关注局地城市的空气污染形成的自然物化反应，或将不同城市视为独立的空间单元，从社会经济等角度分析单一城市空气污染物的影响因素。在成渝城市群现实背景需求和已有研究基础上，本书从多学科交叉视角出发，以对成渝城市群地区空气污染的联防联控提供精准防控措施为目标，揭示成渝城市群空气污染的时空变化特征，对成渝城市群空气污染内部主控影响要素和外部溢出影响进行分析。在分析成渝城市群空气污染的时空特征、空间相关性及其影响机制的基础上，提出针对成渝城市群空气污染现状的多目标治理、多路径选择、多污染物控制及多层级政策保障的精准区域联防联控的措施，提出空气质量管理标准、防控监管体系和信息技术管理平台等一系列的法律政策保障，以期为成渝城市群发展和空气环境污染治理提供科学的决策依据。

最后，本书在撰写过程中得到了王鹏博士及陈春江、张文茜、黄琴、邱正巧、仓瑞昕、魏繁璐等同学的帮助，在此表示感谢。

目　　录

第1章 绪 论

1.1 城市群空气污染与治理问题的提出

1.1.1 研究背景

随着新一轮全球化、信息化的快速发展，城市群越来越多地成为国家参与全球竞争与国际分工的全新地域单元，也将是我国未来经济发展中最具活力和潜力的核心增长极(方创琳，2014)。党的十八大将生态文明建设提升到国家发展战略的新高度，意味着我国新型城镇化进程正由"量变"向"质变"升华。城市群是我国新型城镇化的高阶产物，代表着中国经济发展和城镇化发展的未来，同时也是一系列生态环境问题集中激化的高度敏感地区和重点治理地区。

近年来，我国严重的空气质量恶化问题已经成为制约城市群可持续发展的主要障碍。2016年，李克强在《政府工作报告》中指出：治理污染、保护环境，事关人民群众健康和可持续发展，必须强力推进，下决心走出一条经济发展与环境改善双赢之路。十九大报告中，习近平总书记对生态文明建设进行了深刻论述，指出建设生态文明是中华民族永续发展的千年大计。必须树立和践行绿水青山就是金山银山的理念，坚持节约资源和保护环境的基本国策，像对待生命一样对待生态环境，统筹山水林田湖草系统治理，实行最严格的生态环境保护制度，形成绿色发展方式和生活方式，坚定走生产发展、生活富裕、生态良好的文明发展道路，建设美丽中国，为人民创造良好生产生活环境，为全球生态安全作出贡献。

空气环境质量对人体健康与城市群可持续发展影响重大。作为未来人类活动的中心区域，城市群是空气污染物排放的主要地域单元，导致更为集中的污染物集聚(Gan et al.，2012)。我国京津冀、长三角、成渝等城市群的空气污染尤为严重。城市群空气污染不仅严重影响区域乃至全球气候环境，呈现区域性、复合型特征，还会严重危害城市居民的身体健康，降低城市生活质量，阻碍城市群的可持续发展。Parrish 等(2009)在 *Science* 发表的论文指出，大城市空气质量对人体健康有重要影响，空气污染在中国已构成严重的健康危害；Rohde 等(2015)研究显示，2014 年因空气污染导致 160 万人过早死亡；Crane 等(2015)指出 2000～2010 年中国空气质量恶化的经济成本占每年中国 GDP 的 6.5%。大量已有研究显示，造成空气污染的污染物种类繁多，主要由细颗粒物($PM_{2.5}$)、可吸入颗粒物(PM_{10})、二氧化硫(SO_2)、一氧化碳(CO)、臭氧(O_3)、二氧化氮(NO_2)等组成，上述污染物极易混杂在空气环境中并演化二次化学变化，产生的污染气体浓度一旦超过健康安全限值，不仅威胁着城市生态安全，而且直接影响人类的生存健康(王庚辰等，2014)。

面对全球气候变暖与空气质量的变化，Donkelaar 等(2015)通过卫星观测气溶胶光学厚度反演得到的全球细颗粒物(PM$_{2.5}$)浓度显示，全球除印度北部和非洲北部区域是 PM$_{2.5}$ 浓度高值区以外，只有中国多数经济区 PM$_{2.5}$ 五年平均浓度值高于 50μg/m³，远超发达国家或组织的 PM$_{2.5}$ 浓度限值(35μg/m³)，尤其以华北地区和西南部分地区最为严重。此外，王振波等(2015)探索 2014 年我国城市 PM$_{2.5}$ 浓度的时空变化规律指出，除华北平原污染较严重外，西南地区、环渤海地区的区域性空气污染问题也不容小觑。

我国正处于新型城镇化和工业化峰值阶段，尽管我国对大气污染物排放已实施较为严格的标准，但巨大的能源消耗带来的污染排放总量仍居高不下(图 1.1)，使我国大部分地区的空气质量受到严重影响。据不完全统计，我国城市群工业废水排放总量、工业废气排放量和工业固体废弃物产生量均占全国总量的 67% 以上。我国城市群不仅集中了全国 3/4 以上的经济总量与经济产出，同时也集中了全国 3/4 以上的污染产出，全国大面积蔓延的空气污染覆盖着东部沿海地区和西南地区的大部分城市群，充分反映了我国城市群地区的空气环境污染问题日益突出的现实情景(王庚辰等，2014)。

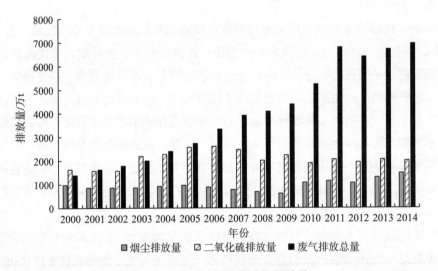

图 1.1　2000～2014 中国废气排放量

来源：2000～2015 年《全国环境统计公报》《中国统计年鉴》。

近年来，以 PM$_{2.5}$ 污染为主的空气污染肆虐了全国大部分城市，引起了人们的重视。其中，京津冀城市群已成为生态环境部等部委专项协同治理的地区，而处于西南腹地的成渝城市群，其空气环境污染的区域协同治理措施尚未出台。因此，区域空气环境污染的协同治理给成渝城市群生态文明建设和可持续发展带来了巨大挑战与机遇。

成渝城市群地处我国"三横两纵"城镇化战略格局沿长江通道横轴和包昆通道纵轴的交汇地带，是我国长江经济带的战略平台，是国家推进新型城乡统筹重要示范区和长江上游生态屏障核心区。2016 年 4 月，国务院将成渝城市群设为第五个重点发展的国家级城市群，培育成渝城市群的可持续发展，发挥其沟通西南西北、连接国内国外的独特优势，以推动"一带一路"和长江经济带战略契合互动，加快中西部地区发展、拓展全国经济增长新空间，保障生态国土安全、优化国土空间布局。《成渝城市群发展规划》的主要目标是，到 2020 年成渝城市群全面建立保障有力的城镇体系及生态格局，根据自身资源环境承载能力，形成集约高效、紧密有致的空间发展格局，建设成引领西部开发开放的国家级城市群。2020 年 1 月，在中央财经委员会第六次会议上，进一步明确提出了推动成渝地区双城经济圈建设，在西部形成高质量发展的增长极的目标。

　　近年来，成渝城市群工业化和城镇化的快速发展导致资源生态环境约束日趋加剧，部分地区开发强度过大，城市建设用地与生态系统的矛盾加剧，导致空气环境污染问题尤为突出。2014 年，成渝城市群大范围空气重污染频繁发生，其中 1 月 22 日～2 月 4 日，四川盆地出现持续时间长达 14 天的雾霾天气，其中盆地中部、南部若干城市甚至出现能见度小于 2km 的重度霾（陈朝平等，2015）（图 1.2）。霾天气的形成与污染物的排放密切相关，该阶段空气质量指数（air quality index，AQI）监测数据显示：8 个重点城市的 AQI 高于 150，属于中度及以上污染，除绵阳外，其他重点城市的 AQI 高于 200 的大数为 8 大及以上；成都、重庆、德阳、泸州、宜宾、自贡的 AQI 超过 300 的天数分别为 5 天、3 天、1 天、4 天、4 天、1 天；霾污染时期的首要空气污染物为可吸入颗粒物（PM_{10}），其次是细颗粒物（$PM_{2.5}$）。2017 年，成渝城市群以 $PM_{2.5}$ 为首要污染物的天数高达 40.39%，位居六大空气污染物之首，区域内大部分城市的首要污染物是 $PM_{2.5}$ 的天数比例为 35%～65%，详细数据见附录中表 1。2017 年，成渝城市群 $PM_{2.5}$ 年均浓度为 47.560$\mu g/m^3$，是我国平均水平的 1.11 倍，是我国目标限值的 1.36 倍，是世界卫生组织（World Health Organization，WHO）目标限值的 1.9 倍，其中 15 个地级及以上城市（成渝城市群包括 16 个地级及以上城市）的年均 $PM_{2.5}$ 浓度处于 35～70$\mu g/m^3$，未达标（<35$\mu g/m^3$），详细数据见附录中表 2。成渝城市群空气污染呈现空气污染持续时间长、影响范围广等典型特征，且 $PM_{2.5}$ 污染更是区域空气污染的重要组成，因此成渝城市群空气污染的协同治理已是大势所趋。

(a)1月30日，霾污染　　　　　　　　　　　(b)5月3日，无霾污染

图 1.2　2014 年成都市空气环境质量对比

　　成渝城市群位于我国腹心地带的四川盆地,是我国四大盆地中人口密度最高、社会经济最发达的盆地,也是我国五大城市群中唯一处于盆地地貌的城市群。城市群全境处于东经 103°~110°,北纬 28°~35°,由于四川盆地地形闭塞,气温东南高、西北低,盆底高、边缘低,介于中亚热带和南亚热带气候之间。作为我国西部经济水平最发达的城市群地区,近十年来成渝城市群以成渝经济区为依托,以重庆和成都两大核心城市为经济增长极,经济发展实现了飞跃。作为五大国家级城市群之一的成渝城市群,地区生产总值由 2006 年的 1.1 万亿元增长至 2018 年的 5.75 万亿元,特别是重庆以每年约 10% 的 GDP 增长率长期保持全国前列的态势。如表 1.1 所示,与其他四个城市群相比,2018 年成渝城市群的 GDP 增长率为 7.98%,与长三角、长江中游等城市群 GDP 增长速度相近,远远高于全国平均水平(6.6%)。成渝城市群的经济总量、城镇化率和产业结构与其他发达城市群相比,还处于落后的局面。另外,成渝城市群经济的快速增长,区域内城市规模不断扩大,工业、建筑业不断发展,人口密度膨胀,能源消费日益增加,导致空气污染物集中排放。除空气污染最严重的京津冀城市群以外,虽然 2018 年成渝城市群的空气质量达标比例为 85.2%,与珠三角、长江中游城市群相近,但由于成渝城市群盆地地形的特殊性,以及区域快速发展与空气污染的现实矛盾,城市群的空气污染仍需进一步治理。

表 1.1　2018 年五大国家级城市群发展状况

城市群	GDP/亿元	GDP 增长率/%	产业结构(一产∶二产∶三产)	城镇化率/%	地貌类型	土地面积/万 km²	空气质量达标天数比例/%
成渝	57515.02	7.98	8.5∶42.9∶48.6	59.9	四川盆地	18.5	85.2
长三角	184648.63	8.28	5.4∶41.5∶53.0	71.67	河口三角洲	21.2	74.1
京津冀	83991.56	7.67	4.5∶30.6∶64.9	66.30	华北平原	22.1	50.5
珠三角	81048.5	7.10	1.5∶41.2∶57.3	85.87	冲积平原	18.1	85.4
长江中游	97166.01	8.15	1.5∶41.2∶57.3	59.53	平原、丘陵	31.7	81.2

　　目前,成渝城市群处于快速成长阶段,面对经济高速发展与区域空气污染的现实矛盾,成渝城市群急需改变各自为政的空气治理现状,要形成区域联防联控的治理策略。若不及时对区域空气环境质量进行有效管理,成渝城市群极易成为空气污染的敏感地带,由此带来的后果将严重制约城市群的可持续发展,给区域和国家的生态安全造成重大隐患。

　　因此,针对成渝城市群发展的高起点、空气环境高脆弱性治理高难度等“三高”特点,解决城市群发展与空气环境恶化的矛盾是未来成渝城市群生态文明建设和可持续发展的重要课题之一,是本书选取成渝城市群为研究案例的现实意义所在。

1.1.2　研究问题的提出

　　环境空气质量是城市群生态环境系统的重要子系统,其质量的提升也是国家和区域守护生态安全的关键战略步骤。2012 年中国工程院郝吉明院士在接受《瞭望东方周刊》采访时强调："面对城市群目前的空气污染现状，空气污染治理已不是一城一地一个行业的事，必须采取区域联合防控等协同治理策略"（郝吉明等，2012）。在本书提出治理策略之前，主要思考以下几个问题：

（1）如何深刻理解区域空气污染的区域性、复合型发展趋势？改革开放以来，我国区域经济高速发展，城镇化进程的规模与速度不断加大，以资源消耗为主的粗放型经济增长方式带来的高强度污染排放，使我国各地区特别是东部经济发达地区集中爆发各种环境问题，空气污染呈现出煤烟型与机动车污染共存的新型空气复合污染，以颗粒物为主要污染物，霾和光化学烟雾污染频繁、二氧化氮浓度居高不下，酸沉降转变为硫酸型和硝酸型的复合污染，区域性的二次空气污染愈加明显，这些复合型空气污染不断增加治理难度，近年来最为严重的地区包括京津冀、长三角、成渝等城市群。区域性与复合型空气污染不仅严重制约着以城市群为区域地理单元主体的经济发展，更重要的是造成覆盖范围广、涉及人数多的健康安全问题。党和国家近年来对空气污染的关注程度及治理力度史无前例，显示出国家和人民对抗空气污染的强烈意志和解决该问题的决心。

（2）如何看待成渝城市群空气污染问题？作为西部人口密集地区，成渝城市群在国家区域发展格局中占据着重要战略地位，2016 年，党中央国务院批示成渝区域协同发展上升为国家战略，成为五个国家级城市群之一，2020 年进一步提升至西部高质量增长极的战略定位。因此，高战略地位、高人口密度、高发展速度、高能源排放、高环境污染、低环境承载力的"五高一低"现状凸显着成渝城市群在新型城镇化进程中的资源环境与区域发展之间的矛盾。成渝城市群空气环境污染的治理已经成为衡量山地区域空气环境治理成效的风向标。"工业化、城镇化过程中的阶段性空气环境的区域性与复合型污染问题"作为成渝协同发展与管理所面临且必须攻克的重大任务与难题，急需通过多学科交叉、多影响要素和多层级维度的视角，揭示遵循自然规律的空气污染演变过程和遵循人文规律的城市群发展过程的影响因素与机制，并在资源有效利用、能源排放、产业结构调整与转移、控制总量等多防控路径、多技术方法、多政策保障方面提出系统的空气污染联防联控机制。

（3）目前成渝城市群空气污染的现状和空间格局是怎样？虽然成渝城市群 2016 年才正式成为国家级城市群，但是其地区一体化经历几十年的发展已初具规模。高速城镇化与工业化发展不仅促成成渝城市群区域经济一体化的形成，近年来也对城市群内多个城市的空气环境造成空前压力，以成都、自贡等为代表的城市空气污染尤为严重。目前，针对区域性与复合型空气污染治理问题，普遍观点认为首先要基于区域尺度的全空间视角诊断污染现状，然后才是后续区域治理等问题的研究。因此，成渝城市群空气污染治理的必要前提是厘清空气污染的现状及其在不同区域空间尺度下的分布格局。

（4）影响成渝城市群空气污染的内在主控因素及其影响机制是什么？随着空气污染的区域性与复合型发展趋势，城市群环境空气污染的研究也需要基于更高的研究视角、更多交叉学科的应用，以进一步探究城市群发展过程中区域环境空气质量的影响机制。目前，多数国内学者基于自然、经济、人文等因素的独立视角探索和分析城市空气污染的影响因素，但从综合视角分析城市群发展对空气污染的影响的研究较少。越来越多的研究表明，自然因素是区域空气污染不可忽视的影响因素之一，是区域所处的自然环境或城市群扩张过程中下垫面改变造成污染物扩散的因素。在自然环境层面，成渝城市群处于大陆腹地的四川盆地；在人类活动强度层面，成渝城市群也正处于高速发展阶段。面对成渝城市群人类活动和自然禀赋的双重压力，其产生严重空气污染也具有一定的必然性。但是，进一步思考影响成渝城市群空气污染的主要因素及其形成机制，识别具有关键作用的人文或自然要素，将是环境科学学者和环境管理者需要解决的现实问题。

(5)针对成渝城市群的空气污染现状，如何提出精准有效的治理策略？城市群所面对的空气污染残酷现实，其精准有效的治理策略是摆在成渝城市群各级政府面前的公共治理重要课题。参考其他城市群区域空气污染的现状和治理经验，目前区域空气污染治理最普遍的政策就是区域联防联控的治理机制，但面对区域空气污染的差异性问题，其治理政策和手段也有所不同。对成渝城市群空气污染提出精准的防控策略则需要基于空气污染问题产生的内在影响机制。因此，厘清成渝城市群空气污染的时空特征及其影响机制是成渝城市群空气污染联防联控的关键步骤，能进一步为成渝城市群可持续发展提供政策建议。

综上所述，本书内容将以成渝城市群发展过程中出现的空气环境质量问题为导向，以改善区域空气环境质量与城市群可持续发展为目标，主要分为成渝城市群空气污染的时空特征、影响机制及防控策略三大部分，紧扣"时空特征""影响机制"及"防控策略"，对成渝城市群地区的空气污染要素、人文-自然要素及相应数据进行计算、整合与分析，以期揭示成渝城市群空气污染发展的时空特征、形成机理和防控策略，由此为研究成渝城市群的可持续发展奠定科学基础，为类似区域的类似问题提供研究示范和参考借鉴。拟解决的关键科学问题包括：

(1)探索成渝城市群多空气污染物的时空变化特征；

(2)揭示成渝城市群空气污染的多影响因素及影响机制；

(3)提出成渝城市群空气污染控制目标导向下的联防联控策略。

1.2 欧美国家空气污染与治理历史

1.2.1 美国

1970 年美国通过《清洁空气法》后，建立了国家环境空气质量标准，通过标准限制的方法促进未达标地区削减污染物排放量。标准限定的污染物主要包括 SO_2、NO_2、CO、Pb、O_3 和颗粒物。1997 年，美国环境保护署(U.S. Environmental Protection Agency，USEPA)重新修订 O_3 指标，由原来的 1h 平均值 0.12ppm[①]改为 8h 平均值 0.08ppm；2006 年，USEPA

---

① 1ppm=(22.4×1000μg/m³)/分子量。

发布最新的颗粒物指标，$PM_{2.5}$ 的 24h 标准由原先的 $65\mu g/m^3$ 下降到 $35\mu g/m^3$，并撤销 PM_{10} 年均指标，越来越严格的环境空气质量标准促使各州必须持续不断地进行污染减排工作。

针对区域跨界传输问题，2005 年 3 月 USEPA 公布《清洁空气州际法规》（Clean Air Interstate Rule，CAIR），该计划针对各个州由于电厂排放的污染物从一个州漂移到另一个州的问题提供了解决方案，此计划覆盖 28 个东部州和哥伦比亚特区。利用问题管制与排污交易系统，美国在十年多的时间内最大限度地减少了空气污染物。CAIR 将确保美国人能呼吸到更加新鲜清洁的空气，前提是要减少跨州界移动的空气污染物。CAIR 有利于持续减少美国东部的 SO_2 和 NO_x，特别是跨东部 28 个州和哥伦比亚特区的污染排放量。

在过去，伴随美国经济持续增长，联邦一级的项目和州实施计划显著改善了大气质量。1980 年以来，国家环境大气质量标准中的各污染物排放减少了 28%～97%，1980～2006 年美国减排成绩如图 1.3 所示。因为取得了显著的减排成绩，大气中污染物的浓度同期大幅下降，图 1.4 显示 1980～2006 年全美诸多大气污染物浓度呈下降趋势。

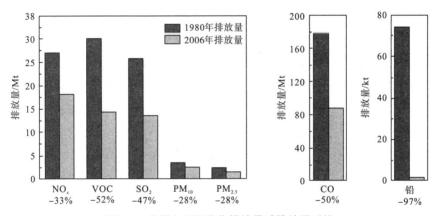

图 1.3　美国主要污染物排放量减排效果对比

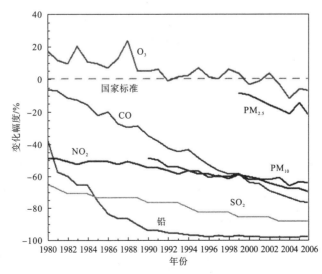

图 1.4　1980～2006 年美国大气污染物变化情况

针对能见度问题，1999 年美国颁布《区域霾法规》（Regional Haze Rule），主要目的是改善美国 156 个国家公园和原野地区（自然保护区）的能见度问题，要求所有州政府制定相应的治理实施方案，各州于 2006 年 8 月提交区域性霾污染治理的目标进度和实施战略。自 2008 年起，每五年提交下一阶段的目标进度和实施战略。用于能见度改进评估的细颗粒物主要组分浓度来自 1988 年建立的多部门能见度保护监测网（Interagency Monitoring of Protected Visual Environments，IMPROVE），目前该监测网在全美共有 212 个观测站。

1.2.2 欧洲

针对欧洲各国大气污染物长距离跨界传输问题，联合国欧洲经济委员会于 1979 年 11 月 13 日在日内瓦签署《远距离越界空气污染公约》（Convention on Long-range Transboundary Air Pollution, CLRTAP）及四个议定书（包括《赫尔辛基议定书》《持久性有机污染物议定书》《重金属议定书》和《哥德堡议定书》），该公约于 1983 年 3 月 6 日开始生效，是欧洲国家为控制、削减和防止远距离跨国界的空气污染而订立的区域性国际公约。

在过去，CLRTAP 在减少欧洲及北美大气污染物排放以及改善空气质量方面具有显著的作用。据统计，从 1980 年到 1996 年，欧洲二氧化硫排放量从 $6000 \times 10^4 t$ 减少到 $3000 \times 10^4 t$，根据《哥德堡议定书》，欧洲的硫排放在 2010 年前将再减少 50%。1990~2006 年，欧洲 SO_2 削减 70%，NO_x 削减 35%，NH_3 削减 20%，非甲烷挥发性有机物减少 41%，PM_{10} 浓度下降 28%。此外，欧盟于 2008 年提高 $PM_{2.5}$ 的空气质量标准，计划到 2010 年的平均值为 $25\mu g/m^3$，2015 年必须全部达标，2020 年的年均值须进一步降低为 $20\mu g/m^3$。

随着 CLRTAP 向前推进，上述四个议定书还在被重新修订，以便能够包括更多的大气污染物。《重金属议定书》和《持久性有机污染物议定书》正在进行重新谈判以便能够规定出严格的削减目标。欧盟关于 CLRTAP 合作的具体战略，集中在三个关键领域：开发和使用大气污染物模型、建立可靠的排放清单、定义大气污染物效应方面的普遍方法。

1.3 研究目的、意义与内容安排

1.3.1 研究目的

本书的研究目的主要包括四个方面：

（1）构建城市群发展对空气环境质量影响的整体理论框架。回顾国内外研究综述，在总结相关研究和理论的基础上，提出城市群空气污染影响因素的理论框架，为揭示成渝城市群空气环境质量影响因素提供理论基础。

（2）可视化分析成渝城市群空气环境污染的时空变化特征。鉴于四川盆地地形复杂，同时地区之间社会经济发展水平差异较大，导致区域间的空气污染存在着不同的主要污染物及污染特征。因此，本书将从主要空气污染物浓度指标出发，利用数理统计分析、地理信息系统等方法模型，探究多空间尺度、多时间维度和多污染物的空气污染变化及其分布特征，为揭示空气污染空间内部的变化规律和影响因素提供基础。

(3)揭示成渝城市群空气污染的影响机制。通过开展多学科交叉、多要素和多方法集成的综合系统研究，全面识别、提取并构建影响成渝城市群空气环境质量的因子体系；基于城市群区域空气污染的空间相关性，通过空间计量模型揭示区域空间多污染物的内部人文-自然影响因素和外部溢出影响，为实现系统的联防联控策略提供科学依据。

(4)提出科学、可行的成渝城市群空气污染联防联控策略。基于成渝城市群空气污染的内部主控影响因素和外部扩散距离，结合成渝城市群发展与空气环境质量管理现状，提出基于协同机制、路径选择、方法支撑、政策保障等多目标的区域空气污染联防联控策略，最终为实现区域空气污染的科学防治提供决策支撑。

1.3.2　研究意义

面对成渝城市群在国家整体发展格局中的重大战略地位与其城镇化进程所面临的日益严重的空气环境污染问题，研究其城市群发展的空气环境污染的时空特征、影响因素及其防控策略的科学意义在于以下三点。

(1)开展城市群区域发展与环境空气污染的关系研究，是未来一段时间城市群发展着力研究的重大主题和方向。

早在 1991 年世界卫生组织就指出，世界正面临着自然环境的严重恶化和生活在城市环境中人们生活质量的加速下降这两大问题。城市化对威胁未来生存的全球环境变化有着重要影响。1995 年联合国助理秘书长沃利·恩道在《城市化的世界》曾告诫："城市化既可能成为无可比拟的未来之光明前景所在，也可能成为前所未有的灾难之凶兆，所以未来会怎样就取决于我们当今的所作所为。"McMichael 等(2008)也指出："城市化将以一种重要的形式危害人类的生存环境和健康。城市的扩张、工业的增长及人口的增加，给当地生态环境带来许多压力。"另外，联合国千年生态系统评估(Millennium Ecosystem Assessment, MA)、全球环境变化的人文因素计划(International Human Dimensions Program on Global Environmental Change，IHDP)、未来地球计划(Future Earth，FE)和美国国家科学院《地球科学新的研究机遇》等报告和研究中均把城市城镇化等人类活动与环境污染的关系作为未来一段时期内的重大研究主题与方向。可见，开展城镇化背景下的城市群发展进程与空气环境污染之间的关系研究，对进一步加快全球及国家城市群进程、改善生态环境、实现国家和区域城乡协调发展目标等都具有重要的指导意义。

(2)开展成渝城市群区域发展与环境空气污染的关系研究，是保障成渝城市群协同发展战略实施的重大需求。

成渝城市群协同发展是党中央作出的一项重大战略决策，推动成渝城市群协同发展是一个重大国家战略。《成渝城市群发展规划》的核心是根据资源环境承载力，明确区域功能定位，优化空间格局，探索出一种生态环境约束下人口经济密集地区优化开发与协同发展的新模式，走一条内涵集约发展的新道路。目前成渝城市群空气污染已经演变成以高浓度的颗粒物和高浓度的臭氧为特征的典型"双高"污染，"重霾锁城"事件频繁发生。同时，该地区重工业发达、排污多，不利的特殊盆地环境、散污难，继而造成空气环境污染治理形势严峻。所以，空气环境污染问题已成为成渝城市群协同发展战略顺利实施的桎梏，直接关系到城市群的产业升级转移路径设计。本研究力图揭示城市群空气环境污染的时空规律，及其与快速城镇化和工业化主控因子的关系机理，调整产业结构转移升级，进而为贯彻落实《成渝城市群发展规划》目标、推动成渝城市群协同发展提供系统性和整体性的科学数据支撑和科学精准的协同决策支持依据。

(3) 开展成渝城市群区域发展与环境空气污染的关系研究，是保障近亿居民身体健康的重大需求。

空气污染物是指大气中各种毒害污染物，包括有毒气体、有毒的金属元素及其氧化物、颗粒物等(Ge et al.，2012)，其毒理性质取决于其形态、结构、化学成分及溶解度等物化特性以及其富集的各种有害物质和微生物等，并会随迁移和转化过程发生变化(如光化学反应)，一旦发生重大污染事件，后果不堪设想。研究表明，城市霾天增多与城市人群呼吸道、心血管、肺癌的发病率和死亡率上升直接相关，尤其对免疫系统功能较弱的老人和儿童的心、肺部功能危害最大。《2010 年全球疾病负担评估》指出，全球人类死亡的风险因子中，$PM_{2.5}$ 位居第 9 位，而在中国位居第 4 位，仅次于高血压、饮食习惯和吸烟。2010 年全世界范围内，$PM_{2.5}$ 导致约 320 万人过早死亡，在中国导致约 120 万人过早死亡。Chen 等(2013)以我国淮河以北的 5 亿人口为例进行研究，认为在室外空气污染对人体心肺功能造成破坏性影响下，居民预期寿命平均比南方人少 5.5 年。2017 年，成渝城市群 206 天(有效天数为 363 天)$PM_{2.5}$ 浓度超过 $35\mu g/m^3$，58 天 $PM_{2.5}$ 浓度高于 $75\mu g/m^3$，该空气环境下大大增加了成渝城市群广大居民的健康风险。所以，持续高污染的空气环境给成渝城市群集聚的近 1 亿人口的身体健康带来了极大的风险。虽然，目前霾污染的人体健康影响指数存在较大争论，但空气污染对人体健康存在严重不良影响是不争事实，并可能会持续影响几代人。因此，揭示成渝城市群区域发展与空气环境污染之间的关系，对明确环境健康风险的时空格局、保障居民身体健康具有重大意义。

1.3.3 研究内容

首先，本书通过综合分析国内外城市(群)空气污染相关研究的理论与方法现状，并在探析由城市到城市群的发展脉络的基础上，系统地对城市群可持续发展的本质内涵进行深入分析，同时基于压力-状态-响应(pressure-state-response，P-S-R)理论框架，提出成渝城市群空气环境质量的影响机制及防控策略的整体理论框架。基于提出的城市群发展与空气环境关系研究，对成渝城市群区域概况和现阶段出现的空气环境污染问题进行概述。

其次，为进一步探索空气环境污染的具体状况，本书基于时间和空间维度对成渝城市群空气污染的变化特征进行描述和分析。然后，结合本书理论框架中城市群发展对空气环境质量作用机理的理论基础，运用定性与定量研究方法，构建潜在影响城市群空气环境质量的人文-自然因子体系。同时，根据区域空气污染物的空间集聚特征，具体探究成渝城市群空气污染时空变化特征的内在主要影响要素，并且结合成渝城市群的圈层结构，定量分析不同距离和层级下空气污染的空间溢出效应。

最后，基于空气污染影响机理和规律，结合空气流域、协同治理等理论，提出具有针对性的区域空气污染协同机制、路径选择、技术方法和政策保障等多目标联防联控策略。

(1) 城市群空气环境影响因素的总体理论框架。回顾并分析城市群的历史演变过程与发展内涵，基于城市群可持续发展，深化城市群发展与空气环境质量的关系内涵。同时，结合本书的理论基础，剖析城市群发展与空气环境质量的作用机理，并基于 P-S-R 理论构建城市群空气环境质量的空间影响机理及区域治理的整体研究理论框架。

(2) 成渝城市群空气污染的时空变化特征。简述并分析成渝城市群的形成、孕育过程和人文-自然发展现状及目前面临的空气环境污染问题。针对此背景下的成渝城市群空气污染的时空变化特征进行定量分析和可视化描述。

(3) 成渝城市群空气环境质量影响因子体系。基于城市群发展对空气环境质量作用机理的理论基础，运用定性和定量相结合的方法，对潜在影响空气环境质量的人文-自然因子进行多次识别和提取，最终确定并构建用于分析成渝城市群空气环境质量的影响因子体系。

(4) 成渝城市群空气污染影响机制。结合成渝城市群空间相关性分析结果，通过构建空间计量模型，对形成该空间相关性的内在关键主控影响因素进行识别并提取；同时，结合城市群大都市区圈层结构，基于不同距离的空间权重矩阵，定量分析影响城市群空气污染的外溢规律，最后分析成渝城市群空气污染的影响机制。

(5) 成渝城市群空气污染的联防联控策略。基于影响成渝城市群空气污染的内在主控要素和外在溢出规律，结合空气流域、区域协同治理等理论，提出基于协同机制、路径选择、技术方法和政策保障等多目标的精准区域联防联控策略。

第 2 章　城市化背景下的空气污染成因与治理：概念与理论

2.1　相关概念

2.1.1　城市与城镇化

城市是人类活动的重要文明产物，也是城市群发展的基本单元。在明晰城市群概念之前，了解城市的起源与形成十分必要。作为社会发展的必然产物，城市由人类创造并发展，经历了几千年的沧桑和演变，形成最典型的物与人的复杂巨系统。城市的出现是人类迈向文明的重要标志和里程碑。城市不仅反映出人类的科技进步、经济发展和社会进步，还高度集中了人口、资源、能量和信息，承载着人类文明的标志和社会经济的发展。

1) 城市

基于词源学的本义，"城"与"市"在最初阶段属于两个不同的概念。其中，"城"是指以防卫为目的而用墙垣围起来的区域。《管子·度地》有云："内之为城，城外为之郭，郭外为之土阆，地高则沟之，下则堤之，命之曰金城。"《墨子·七患》曰："城者，所以自守也。"可见"城"发挥着重要的军事功能。与之对应的"市"，则有集市、市场的含义。《管子·小匡》有云："处商必有市井。"《易经·系辞下》曰："日中为市，致天下之民，聚天下之货，交易而退，各得其所。"因此，"市"是古代人交易商品的场所。随着生产工具和生产力的大力发展，商业活动日趋频繁，客观上要求为商品流通提供一个固定的场所，于是"城"与"市"逐渐融合，并最终走向统一。

由于国内外学者的教育背景和文化差异，对于城市的定义尚未形成统一的概念。基于学术的视角，《不列颠百科全书》认为城市是"一个具有较完好社会组织和永久性聚居特征的，规模大于村庄，地位重于城镇的人口集聚地"，其更强调城市的人口聚集特征(廖瑞铭，1987)。Petersen(1986)从政治学角度，将城市定义为一个经上一级政府授权，而使之具有一定公共职能或行政特权的人口聚居地。《辞海》把城市定义为非农业人口集中、工商业发达且周边地区处于政治、经济、文化中心地位的地区。经济学家巴顿(1984)提出城市是社会组织、经济、交通、土地等互相融合在一起的空间网络系统。《地理学名词》将城市定义为拥有一定人口数量且以非农业人口为主的居民点(地理学名词审定委员会，2007)。学者饶会林(1999)基于经济视角把城市定义为在一定区域内经济和社会的有机结合体。

基于城市主要构成视角，城市主要包含自然和人文两大要素。自然要素方面，主要是城市发展和人类所必需的自然地理环境和资源环境等基础条件，如空气、土地、水等；人文要素方面，主要是城市发展中人类的各种活动。人类为了满足不断提升的生产、生活、生态等不同层次的需求，在一定地理范围内进行社会、经济、文化等资源的有效配置和利用，这种自然要素和人文要素有机结合而成的空间形态称为城市。

2) 城镇化

城镇化，也称城市化或都市化，是国家和城市参与全球化发展最重要的经济社会现象之一。"城镇化"概念最早起源于 Serda 的著作《城市化基本原理》。随着学者的不断研究，对城镇化概念或定义也有不同的理解。地理学层面，有的学者认为城镇化是农村地域向城市地域不断转变的过程，人类在该过程中对经济布局、规模居住等进行的空间重组。例如，山鹿诚次(1986)将城镇化定义为组织、开发和扩大城市地域的过程。基于人口学角度，国外学者普遍将城镇化定义为农村人口向城镇人口转变的过程。例如，Clark 把城镇化解释为农业人口减少，工业和服务业人口增多的过程；巴顿(1984)指出城镇化是城市集中人口的过程。社会学层面，城镇化通常被认为是城市生活方式、经济集聚和效益扩散的过程。如 Hudson(1969)认为城镇化是生活方式由乡村到城市的转变过程。此外，也有学者将城镇化视为一个融合各学科观点的综合概念。例如，Friedmann(1964)将地景城镇化和人口城镇化作为实体城镇化，将生活方式、城市文化、社会价值观的改变作为抽象城镇化。综上所述，城镇化过程包含人口、社会、经济、环境、地理、文化等综合属性。同时，由于不同学者的学科和专业差异，其对于城镇化的理解和诠释也有所区别。

随着我国城镇化进程的不断深入，国内学者关于城镇化的理论研究也有所建树。首先，我国《现代地理学词典》将城镇化定义为由社会生产力推动的城市用地增加、人口向城镇流动，从而使所形成的城市数量增加和规模不断扩大，以及居民生活方式改变及其思想传播的过程(左大康，1990)。饶会林(1999)提出城镇化是城市社会和经济动力越来越强的发展过程。刘耀彬等(2005)认为城镇化是以经济发展为基础，以人民生活水平的提高为最终目标的综合概念。陈顺清(1998)提出城镇化是城镇人口、城镇规模、城镇功能、区域产业不断聚集和转换的过程。孙中和(2001)认为城镇化是通过农业人口向非农人口转变，同时使得城镇规模、功能、经济关系、社会文明等向农村蔓生的过程。

基于上述国内外学者对城镇化的各种解读，本书从多个维度对城镇化进行阐述，以契合城镇化的复杂性和系统性特征。本书认为城镇化是在一定区域范围内，以农村人口向城镇人口流动并集中为直接动力，继而带动城镇自然环境、城市空间、社会经济的快速发展和升级，且伴随着城市生活方式、居民观念、文化制度扩散的系统综合作用过程。

2.1.2　城市群及其发展阶段

伴随着区域城镇化的持续发展和深化，城市间的经济、社会、文化等联系更加紧密，逐步形成以城市群为地域单元的发展形态。城市群是城市和区域城镇化发展的高阶形态，并逐步成为我国城市重大发展战略方向和相关研究的热点方向。

1) 城市群

城市群概念最早起源于法国地理学者 Gottmann 提出的"大都市"(megalopolis)地理概念，并通过对美国东北部大城市区域的案例研究，认为城市群是由多个大都市区连绵而成的巨型空间形态，区域内有多个中心城市且保持高度的关联性和连续性。该学者认为城市群将是人类居住和城市发展的最高阶段，也是未来人类社会文明的重大标志(Gottmann，1961)。Mori(1997)进一步深化了对"大都市"的理解，指出城市群具有一定的普遍性。Goetzmann 等(1999)认为城市群是在一定地域内集中分布若干大中型城市而形成的多核心、多层次的大都市区联合体，并提出城市群是城市发展成熟的高级空间表现形式。随着全球化、信息化的不断深化，各国城市间的竞争和联系日趋加强，西方发达国家相继形成若干城市群，如英格兰中部、美国东西海岸、欧洲西北部、日本东太平沿岸等城市群。城市群代表着国家深度城镇化的演进方向，增强并完善了国际生产力的分布体系。另外，一些发展中国家在 20 世纪 70 年代也出现了部分城市群并逐步发展起来。

我国学者从 20 世纪 90 年代开始对城市群的相关研究，伴随 21 世纪初国内城市群实践活动的展开，研究被进一步推进。关于城市群的概念界定，国内呈现百家争鸣的学术现象。姚士谋(2001)认为城市群是由若干不同等级、性质和类型的城市在特定地理空间范围内依托自然环境，以一个或多个超大型城市为发展核心，且通过交通运输网络建立城市间的互相联系，最终构成的城市"集合体"。方创琳等(2010)将城市群定义为在特定的地理范围内，至少有 1 个核心城市、3 个及以上的大城市或都市圈构成基本单元，依托区域经济、交通基础设施等发展建立的空间紧凑、高度城镇化的城市群体。顾朝林(1999)指出城市群是由多个中心城市依托各自基础设施等资源，形成的具有社会、经济、文化、技术的有机网络体。徐康宁等(2005)将城市群定义为多个城市将社会、经济、文化等系统关系融合为一体的巨型城市空间形态。代合治(1998)提出城市群是由多个城市连接在一起的高度城镇化水平的地域单元。吴传清等(2003)认为城市群是由多个不同性质、规模、类型的城市依托区域间紧密的经济联系所形成的城市网络化群体。

基于上述国内外学者对城市群的概念界定或解释观点，本书认为城市群的基本内涵是基于一定地理空间和自然环境范围，有若干个不同等级规模、类型和属性的城市，以其中一两个中心城市为发展核心，依靠发达的区域交通网络、信息网络、经济网络、地域劳动分工等组织体系，在空间上具备集聚和辐射作用的大都市联合体。

2) 城市群的发展阶段及其特征

目前国外学者对城市群的研究较多，对其发展阶段也有不同的论述和归纳。其中，美国学者 Friedmann(1964)认为城市群的发展阶段可根据其工业化进程划分为四个阶段，具

体包括工业化以前的农业社会、工业化初期、成熟期以及后期等阶段。Gottmann(1961)
以纽约都市圈的形成和演化为例，通过区域人口、产业、空间等与生产要素之间的相互作
用过程，把纽约都市圈的发展分为鼓励分散、城市间弱联系、大都市带雏形及大都市带成
熟四个阶段。Bill Scott 将城市群的空间结构演化过程分成单一中心主导、多中心竞争和网
络化竞争三个不同阶段。与此同时，国内相关专家学者对城市群发展阶段的研究方兴未艾。
姚士谋(2001)基于国外城市群发展的基本规律，通过对我国区域城镇化发展的历史背景、
发展现状及区域差异等的综合分析，把城市群发展阶段划分成初始、发育、稳定和成熟四
个阶段。方创琳等(2005)基于城市群发育程度的角度，将城市群划分为发育雏形、快速发
育、发育成熟、趋于鼎盛及发育鼎盛等阶段。陈群元等(2009)通过借鉴生物有机体的生命
成长规律，将城市群划分成雏形发育阶段、快速发育阶段、趋于成熟阶段和成熟发展阶段。

　　基于国内外学者对城市群发展阶段划分的综合梳理，发现大多数学者的观点基本一
致。城市群从无到有需要经历长时间的发展过程，其在一定空间形态上随着不同发展阶段
而变化。城市群发展的基本动力由社会经济活动及其所带来的集聚和扩散效应构成。城市
群是城市发展演进的高阶形态，可根据城市发展过程的四个阶段来划分城市群发展阶段
(图 2.1)。

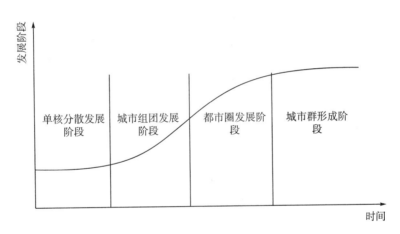

图 2.1　城市群发展阶段划分示意图

　　第一，单核分散发展阶段。该阶段是城市群发展的萌芽阶段，也是基础培育阶段。该
阶段的城市群发展主要为某单一或多个核心城市逐步壮大并向外发展，区域内的城市多数
分散布局在主要交通干线沿线，且城市间规模等级差异不大。此时，城市群内的核心城市
具有一定的聚集作用，但因城市群城镇化水平较低，周边城镇体系发展并不完善，基础设
施建设缓慢，导致其辐射力的影响范围较为有限。同时，城市间的经济联系也仅限于核心
城市或交通沿线城市之间，远离交通干线的城市之间经济联系较弱。

　　第二，城市组团发展阶段。该阶段的城市群发展不仅进一步加强核心城市发展，并且
处于交通干线的城市逐步发展成重要城市，其通过交通沿线连接相对偏远的城市区域。这

一发展阶段极大优化了核心城市到边远城市区的功能结构。随着不同城市之间的交通支线建立和发展，各城市间的经济联系更为紧密，核心城市的外部辐射能力快速增强，区域原有城市之间联系密切的城市开始形成城市组团。该时期，城市群空间结构主要为极核城市向外部城市显著扩散，周边重要城市以及次级核心城市向较低等级的城市逐步蔓延的城镇体系。

第三，都市圈发展阶段。该发展阶段是城市群形成的雏形阶段，也是区域城市城镇化发展水平较高的阶段。这个时期内，次级核心城市继续受核心城市的辐射影响，自身又对较弱城市扩散其部分功能。此阶段核心城市聚集和扩散效应明显，城市组团规模不断扩大，形成较为完善的城镇体系及分工体系，区域基础设施相对完善。由于交通干线和支线呈现出网络化延伸，更小的城市间通过交通支线开始直接联系，并通过交通网络使得城市经济联系更加专业化。各城市希望借此来提升其在区域内的地位，并开始出现以中心城市为核心的不同等级城市组团的不同空间层级的城市圈。

第四，城市群形成阶段。在该阶段，城市圈中心城市的聚集和扩散作用显著，是城市群形成的成熟阶段。都市圈发达的交通网络和不同等级城市的高度融合发展是其成熟的标志，随着各城市在都市圈内功能空间的激烈竞争，城市间的经济联系已无法满足自身的发展需求，需要在更大空间范围内发展都市圈及城市外部的经济社会联系。因此，都市圈在地域空间形态上更多转变成大都市带、大都市圈或大都市连绵带的形态特征，也标志着城市群进入成熟发展阶段的初期。

基于城市群的发展维度，城市群被视作一个集地理空间和社会经济双重特征的地理综合发展体。不管城市群处于何种发展阶段，都具有地域性、中心性、聚散性和联系性四个发展特征（戴宾，2004）。城市群特征和含义分别为：第一，地域性。城市群是基于特定地理空间范围的地理单元，且只有依赖于区域内的自然、资源、经济等综合系统才能体现其特殊性。第二，中心性。基于城市群的定义，城市群通常以一个或几个中心城市为核心，这些核心城市一般是城市群社会经济活动的辐射和扩散动力源，对区域内的城市发展起着组织和主导作用。第三，聚散性。城市群是一定地理空间内若干数量城市的集合体，城市群内部经济活动向核心城市集聚的同时，还不断向外围城市扩散。第四，联系性。城市群是由各个关联城市高度协调发展的产物，其联系性是指不同等级、规模的城市之间存在的社会经济联系。联系性也是区别现代意义的城市群和地理意义的城市群的重要方面。

3）不同发展阶段的城市群与生态环境变化规律

城市群的形成演变过程是人口、物质、能源的高度集中，物质流、能量流、信息流等在狭窄的时空范围内迅速集结，空间结构逐步整合优化的过程。在城市群的不同发展阶段，由于生产力水平、经济能力、社会需求、技术水准等因素的变化，其发展程度和水平具有不同的特性。生态环境诸多要素受破坏程度不同，导致生态环境问题的外在表现形式和严峻程度也不同。方创琳等（2010）通过对经典 Logistic 理论的演绎，根据城市群发展阶段与资源生态环境承载力内涵，将城市群发展与生态环境变化规律划分为初步发展($O{\sim}D$)、优化提升($D{\sim}F$)和可持续发展($F{\sim}G$)三大阶段(图 2.2)。其中，前期初步发展阶段需经过长期发展和演变，该阶段包括四个过程，即前期发展($O{\sim}A$)、缓慢发展($A{\sim}B$)、加速发展($B{\sim}C$)到稳定发展($C{\sim}D$)。城市群自初步发展阶段到成熟阶段必然经历人口、社会经济等方面的小规模缓慢增长到高速大规模的扩张，直至逼近区域生态环境承载阈值，该过程构成一个循环"S"形的 Logistic 曲线。随着科技进步、生产模式优化、生活方式改变和管理能力等的提高，资源利用和环境管理效率不断提高，其生态环境承载阈值也会相应增长，其间可能会小范围波动($F{\sim}G$)，但若保持城市群协同发展，可进入可持续发展阶段($F{\sim}G$)。相反，若人类活动过分追求社会经济发展而突破生态环境承载阈值，城市群系统将会崩溃直至消失($F{\sim}I$)。因此，无论城市群处于何种发展阶段，必须与生态环境和谐均衡发展，才能实现城市群可持续发展的目标。

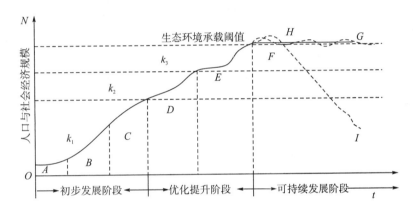

图 2.2　城市群生态环境承载力变化规律示意图(方创琳等，2010)

2.1.3　城市空气污染与城市群空气污染

1) 空气污染

空气环境是指人类、生物赖以生存的空气的生物学、物理和化学等特性，而空气环境质量好坏取决于空气是否被污染。当空气中的某种物质积累到一定程度，持续较长时间以至于破坏生态系统和人类生存发展的条件，对公众健康、动植物生长等产生不利影响时，即形成空气污染(也称"大气污染")(贺克斌，2011)。换而言之，在空气环境中的物质，因为其各方面的特征在一定条件下危害人类及其他地球生物，那么该现象或状态就是空气污染，而这种物质则为空气污染物(何兴舟等，1991)。自然环境(包括空气环境)是有一定自我净化能力的，但是空气环境会由于空气污染物的化学成分或数量达到一定阈值而减缓或停止自我修复和改善。空气污染包括室内空气污染和室外空气污染。室内空气污染主要是指封闭的空间内，例如劳动场所、活动场所等的空气污染(朱天乐，2003)；室外空气污染主要是指地区性的空气污染。本书所讨论的空气污染仅限于室外空气污染。

2) 城市空气污染

城市空气污染是指由于空气污染物排放或不利自然条件影响而造成的局部地区单个城市的空气恶化现象。具体而言，由于城市的各种经济活动向自然界排放的各种空气污染物超过自然环境的自净能力，将危害人类的身体、生产和生活(阚海东等，2002)。由于城市之间的差异性，其自然资源(涵盖空气)禀赋及承载力也不同，空气环境的承载力取决于城市的地理环境和社会经济发展水平，如果空气环境污染超过城市最大空气环境承载力，将出现空气污染现象。显而易见，地理位置开阔的城市要比山脉相夹的城市更容易扩散或净化污染物，其空气质量相对更好。

3) 城市群空气污染

城市群空气污染是城市群发展过程中人类活动对生态环境造成的负面影响(周秀艳等，2005)。城市群空气污染是一个地区内多个城市共同作用于空气环境的现象，与单个或局部地区城市的空气污染差异较大。城市(群)发展与空气环境的关系实质上是区域发展和个体城市发展对空气环境造成的不同程度的影响。城市群具有多个城市综合的自然地理条件，受到区域社会经济发展水平等因素的影响，其对空气环境影响的特征表现为：

(1) 更强的区域联动性。城市群的辐射式联动发展对环境的依赖性更大，需要消耗更多的自然资源，同时对自然环境的影响也更大。因此，较好的城市群空气环境质量是城市群可持续发展的前提条件，对城市群发展具有较大的促进作用。

(2) 更复杂的环境承载力。城市群是由多个城市、各种资源要素组成的复杂有机整体，各个要素之间相互作用、相互牵制，其中任何一种要素的变动都将导致系统内其他要素的变化。环境承载力是城市群空气污染体系中的关键要素之一，不能孤立于系统进行片面分析，必须基于系统整体进行综合分析，所以衡量城市群的环境承载力情况将更加复杂。

(3) 更大的排放强度。城市群在一定程度上是人口、产业和资源集聚扩张的产物，在其发展过程中对能源的需求和对自然的破坏程度较为激进，也使得污染物的排放强度有增无减，特别是处于发育生长阶段的城市群，其带来的空气环境污染物浓度更高、空气环境承载力破坏更大；

(4) 更多的污染物。由于城市群内各城市间的自然环境、生产生活等方面的差异性，其排放的污染物也并不相同。同时，由于城市群区域内城市间联系紧密，区域内空气污染物极易造成空间重叠等二次污染现象，导致多种污染物交杂污染，为区域空气污染的防控带来了新的课题。

目前，《环境空气质量标准》(GB 3095—2012)规定了环境空气污染的六种基本污染物，包含可吸入颗粒物(PM_{10})、细颗粒物($PM_{2.5}$)、二氧化硫(SO_2)、二氧化氮(NO_2)、一氧化碳(CO)和臭氧(O_3)，这六种空气污染物也是本书主要研究的空气污染要素。

2.1.4　区域联防联控

空气的流动性与扩散性使得大气污染物能远距离输送,导致跨不同行政区域的交叉污染问题,因此我国现行的城市行政属地管理模式并不能有效解决空气污染问题(Sadownik et al.,2001);我国空气污染具有一定的复杂性,其污染物来源广泛,若干污染物的互相叠加容易造成二次污染,而且不同区域的污染特征差异明显,需要多区域、多部门的联动防治(Soytas et al.,2007);空气污染具有明显的交叉属性,仅仅依靠环保部门无法有效治理空气污染,需要多部门联合协作,采取行政、经济、法律等多种手段。空气污染的区域联防联控则能有效解决上述问题。

区域联防联控是指以解决区域性、复合型空气污染为目标,基于区域内各个地方政府对区域整体利益所达成的共识,综合运用组织和制度手段打破行政区域限制,以空气环境功能区域为治理单元,区域内各省、市协同规划和实施空气环境治理方案,统筹安排、相互协调、相互监督,最终有效控制复合型大气污染,改善区域空气质量,共享治理成果,塑造区域整体优势(Ang,2008)。区域联防联控的核心是实现四个统一,即大气污染治理的统一协调、统一监管、统一评估和统一监测。通过四个统一,有效克服行政属地管理模式的弊端,对区域的各种资源(例如资金、技术、行政等)进行合理的配置,以显著提升区域大气污染防治能力。

2.2　相　关　理　论

2.2.1　可持续发展理论

城市是人类活动与自然环境相互作用、相互影响的复杂系统,充分体现人类生产生活与环境之间的对立统一关系(张坤民,1997),故城市可持续发展问题的研究是一个复杂巨系统。1987 年,联合国环境与发展委员会在《我们共同的未来》中正式提出可持续发展命题后,可持续发展问题逐渐成为各国学者关注的焦点。近年来,随着城镇化和工业化进程加快,形成了以"城市群"为地域单元的发展主体,出现交通堵塞、环境污染、水资源短缺等一系列问题,进而使城市可持续发展的相关研究表现出更加显著的复杂性、交叉性和综合性。为了解决上述问题,相关学者提出了"怎样才能实现城市群可持续发展"的困惑,由此建立了基于城市群可持续发展的众多理论,涵盖环境科学、生态学、系统科学、经济学等领域,其理论基础主要有以下几个方面。

1)系统协调理论

系统是若干个相互依赖、相互作用的要素所组成的具有某种特定功能的有机整体。城市群系统是由社会、资源、生态、人口、环境、经济等互相依赖、互相作用的诸多子系统构成的复杂系统。系统协调理论是可持续发展理论的分支和重要组成部分，强调人与自然协调发展，要求人口、社会、资源、生态环境、经济等协调可持续发展，人口规模和自然资源的利用程度不能超过生态环境与自然资源的承载力。系统协调可持续发展理论符合系统科学思想，强调整体与局部利益、长期与短期利益的兼顾平衡，用系统科学思想全面考虑相关因素与系统之间的关系(黄鹭新等，2009)。城市群的系统协调可持续发展就是维持城市群区域内的资源、环境、人口、经济等要素功能的良性循环和城市生态、社会、经济的可持续协调发展，从而实现城市群自然资源的可持续利用。因此，城市群的可持续协调发展的基础是资源开发、人口规模、生态环境、经济发展等要素的可持续发展。基于城市群系统协调理论，许多学者针对相关要素建立了指标评价体系，并运用系统动力学建模仿真等方法测量了城市群可持续发展的状况(方创琳等，2010)。

2) 资源承载理论

资源承载理论从区域资源承载能力的角度来衡量城市群的可持续发展状况和潜力，是一种评价城市群可持续发展状况的重要手段(王开运，2007)。城市群的可持续发展正是区域资源不断满足人类活动的过程，主要有两个任务：一是保持区域资源供给能力，满足人类持续生存和发展的动态需要；二是制订人口发展规划，保持区域城市人口规模与区域的资源承受能力相适应。但城市群在发展过程中，人口规模、城市数量和规模、产业结构、能源消耗等一系列人文活动造成大量空气污染物集中排放，对区域生态环境承载造成巨大的压力，尤其是处于不利地形地貌的城市群，其生态环境承载力较为脆弱。因此，城市群的可持续发展必须遵守生态原理和规律，维持区域资源承载生态平衡和城市可持续的新陈代谢。

2.2.2　P-S-R 框架理论

P-S-R 理论是一种描述和量化评估可持续发展与生态环境的重要工具。一般来讲，科学有效地解决生产、生活与生态环境问题，首先需要识别哪些因素对生态环境产生了压力或影响，如社会、经济、生态等因素。已有研究表明，人口数量和规模的增加、基础设施建设、大量的机动车使用等社会经济活动都会对环境产生压力。这些社会经济活动导致的环境变化不仅给生态环境带来压力，而且会导致环境状况的变化，进而通常会对人类社会和城市发展带来负面影响。因此，为应对并解决生态环境状况的压力问题，人类社会决定采取行动(通常指政府所集中采取的行动)，通过识别引起环境改变并恶化的驱动因素，并对其进行阻止或优化，从而达到提升生态环境状况的目的(邱微等，2008)。

P-S-R 框架理论早在 20 世纪 90 年代就被国际环保部门用于分析环境资源利用状况及可能存在的问题，是判断关系链的因果效应关系的有力工具(Bottero et al.，2010)。图 2.3 表示 P-S-R 模型各因素之间的相互关系，其中主要表达两种基本关系：第一，人类社会施加于生态环境的压力，以及由此导致的环境现状；第二，针对人类活动压力导致的环境现状，为阻止其负面影响所做出的回应。

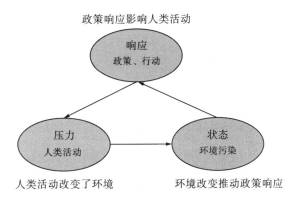

图 2.3 P-S-R 模型各因素之间的相互关系

目前，P-S-R 模型处于不断完善之中，并被学者广泛应用于可持续发展及生态环境研究。其中，国内学者邓玲等(2012)运用 P-S-R 模型构建可持续发展评价体系，并应用于西部地区的可持续发展水平评价，为西部地区可持续发展状况的评估和实践提供理论依据。李金(2009)运用 P-S-R 模型对平顶山市进行可持续评价，进而分析制约平顶山市环境可持续发展的因素。邓亮如(2016)通过空气污染治理政策评价的理论基础，结合 P-S-R 模型框架，分析空气污染的影响因素并提出相应的污染防治政策。罗阳(2006)基于 P-S-R 模型的结构和运行机制，结合福州市的发展特点，构建了福州城市可持续发展的指标体系。李向辉等(2005)结合 P-S-R 概念框架，构建了小城镇可持续发展指标体系。

P-S-R 理论模型被大量应用于城市可持续发展问题，其不仅包含系统之间的因果关系，而且能根据其压力状态特征、响应程度来分析压力来源及其影响因素。同时，该理论模型还能为由若干关联城市组成的城市群在发展过程中产生的一系列生态环境问题提供分析问题的理论基础。

2.2.3 系统相关性理论

相关性概念是在系统论研究与发展过程中建立起来的，已成为现代系统论的一个基本概念(张道民，1995)。相关性概念与辩证唯物主义哲学中的普遍联系概念，既有相通之处，又有其特殊性。相关性专指系统中要素与要素、要素与系统、系统与环境之间的种种联系。这些联系是通过物质、能量、信息和场等中介实现的，其具有多因素、多层次、多向性及整体相关、局部相关、耦合相关、空间相关等特点。上述相互关系综合作用的结果，使系统形成特有的属性、结构和功能，并具有相应的发展规律。

系统的各种内外相关联系会产生多样的作用方式，形成复杂的动力机制，相应地产生各种效果，并不同程度地影响着系统的特性、结构与功能，即所谓的相关效应。例如，城市群空气污染效应的产生，其本质是城市群系统在运行和发展过程中由于系统内外关联而对空气环境所产生的作用及效果。城市群系统在产生空气环境效应时,主要通过整体的形式表现,即城市群系统的功能围绕着整个发展目标的实现以施展发展力和释放能量的方式对生态环境发生作用。城市群空气环境效应既受必然性(人文)相关因素的制约,又受偶然性(自然)相关要素的影响,因而该效应会起伏、波动、涨落。同时,由于空气环境范围比城市群系统更加庞大,涉及的可变因素更加复杂,因此城市群系统本身还受到相关空气环境效应的影响。

相关联系和相关效应,既决定着系统的存在,又决定着系统的演化。系统在发展变化过程中,应遵守空间分布结构的协调规律,而空间相关性是要素在系统空间中的分布状态所形成的结构形式,而该结构形式是要素与要素之间、要素与系统之间各种相关联系的具体显现。也就是说,系统中要素的空间分布结构是由相关性所决定的。例如,城市群空气环境要素的空间分布状态及其结构的形成,均与城市群系统和要素所占的空间范围、相关关系的作用方向、作用力量大小以及作用距离的远近等因素密切相关,而且它们在结构上必须处于协调状态,系统才能稳定存在、有序发展。因此,城市群系统发展变化产生的空气环境效应通过空间分布结构协调规律表现出来,也是空间相关性规律的重要表现形式之一。

2.2.4　空间圈层理论

空间结构理论是城市及区域发展研究的基础理论之一(丑国珍,2003),主要基于空间相互作用理论的基本法则之一“距离衰减律”,且被广泛应用于分析城市或地区的自然社会经济景观的向心性空间层次分异特征(肖清宇,1991)。空间结构理论最早源于冯·杜能(Von Thunen)的农业区位论,而后演化成城市土地利用结构理论体系及“中心地理论”。第二次世界大战后,大量空间规划实践使得该理论得以进一步充实和完善,形成若干种基础应用性理论流派(如卫星城规划理论、大城市圈理论、核心-外缘理论、梯度开发论等)。这些流派在经典基础性理论与空间规划实践之间起着枢纽作用,大多数吸取了传统区位理论考察问题的方法,且融合了人文地理学景观研究的方法,尤为注重区域的综合性及整体性。它们通常用抽象的理论推导取代高深的数量化,其理论模式能够更好地刻画客体运动与分布的实际状况,对空间规划有直接的指导意义。随着我国区域新型城镇化进一步深入发展,以城市群形态为主体的地理空间单元越来越成为国家推动以人为本的新型城镇化的重要空间场所。城市空间也由局地城市尺度到区域尺度扩展,由此而借鉴的国外大都市区、圈层发展等理论也在区域规划实践中得以广泛应用。

2.2.5　空气流域理论

1)空气流域

为了更好地实现对空气污染的有效防控,20世纪90年代,美国环保部门及相关机构开展了一系列的空气污染研究工作。研究表明，地球大气是一个自由游动的有机整体，不存在阻碍空气自由流通的边界，但是空气污染源的排放及其扩散稀释过程需要一定的时间，一般在气团作用下对污染源范围内局部区域的空气质量影响较大，并不会出现空气污染物一旦排放就在全球整个大气中均匀混合的现象。基于空气污染不会因为行政区划而静止固化，而是随时移动变化的基本机理，他们主张空气污染的治理需要跨区域的系统治理。同时，由于污染的影响区域受到空气气团变化的限制，空气污染物的流通表现为在一定范围内的稳定性，犹如"空气分水岭"，把整个大气范围分割成为多个相对孤立的空气流通区域，也称为"空气流域"（蒋家文，2004；王金南等，2012）。

2）空气流域污染物的管理

为了更好地研究和治理空气污染，众多学者提出"空气流域"概念。简而言之，空气流域是为了控制空气污染，达到空气质量标准而需要统一管理的地区。因此，"空气流域管理"是指在某个确定的空气流域范围内，通过建立专门的空气质量管控机构，制定统一的法律法规、质量目标计划及政策措施，对该空气流域的空气质量进行统一管理，以实现改善空气质量与保护人类身体健康的最终目的(Zirnhelt et al.，2014)。与传统意义上以城市行政区域划分为基础的空气质量管理有着本质的区别，空气流域管理更加强调在确定的空气流域范围内各行政单元制定相同的治理方案并采取统一的行动，而不是完全以城市行政区划实施"各自为战"的环境治理。显然，空气流域管理模式符合空气污染(物)区域不遵从城市既有行政边界而在空气流域内自由移动、相互混合的特征。尽管在特定条件下单独的城市范围内也有可能形成小范围暂时性的空气流域，但空气流域管理模式依然适用。

总之，空气流域管理的实施需在城市群大框架下，达成统一的空气质量改善目标，采取统一的空气污染防治措施。当然，在采取统一有效的空气污染治理策略之前，为了更好地确定空气流域还需要完成大量基础技术性工作，如空气污染物时空分布规律及其影响因素的研究，以厘清影响污染物浓度时空变化的自然因素(下垫面、气象)和人文要素(社会、经济)等。

2.2.6　环境经济学理论

环境为人类的生存和发展提供了经济资源和经济财富，但频繁爆发的环境问题造成的环境经济危机使人们不得不重新思考环境与社会经济的可持续问题。环境经济学是环境科学与经济学相结合的产物，自 1950 年起，严重的环境问题逐渐引起西方国家的关注，经济学家和生态学家开始尝试将环境问题和生态科学的内容融入经济学领域，使传统经济学理论得以延伸和扩展。例如，意大利社会学家兼经济学家帕累托为解决资源配置问题，提出经典"帕累托最适度"理论；著名福利经济学家庇古提出"庇古税"，旨在通过征税来弥补和完善负外部性下的资源配置问题；新制度经济学家罗纳德•哈里•科斯提出著名的"科斯产权理论"。上述理论奠定了环境经济学形成的基础，使之成为专门运用经济理论解决环境问题的学科。1980 年，我国首次引入环境经济学，并逐渐在环境价值核算、环境污染损失计量、环境经济模型建立等领域有所建树(姜仁良，2012)。

环境经济学的概念有狭义和广义之分。狭义上，环境经济学主要侧重于从经济学的角度来研究环境问题的产生原因和控制手段；而广义上，其涵盖生态经济学和资源经济学的内容，环境问题的解决势必会被融入自然、人和社会的复杂生态系统(穆贤清等，2004)。总而言之，环境经济学主要是运用经济学的手段，协调经济发展与环境保护的关系，旨在应用经济学分析方法研究环境问题产生的原因、寻找解决或控制环境恶化的方法。由此可见，环境经济学不仅扩展了经济学的内容，也扩展了环境学的内容，使得人们在原有环境问题基础上增添了经济学分析视角，对缓解和克服环境恶化具有重要的现实意义(秦耀辰，2013)。

环境经济学作为一门快速发展的新兴学科，目前的基本内容主要包括环境经济理论、环境保护与生产力的合理结合、环境价值评估核算、环境经济政策、环境污染防治和环境保护的费用及经济效果、环境计量的理论与方法、环境问题的预测与预警系统(姜仁良，2012)。国内外对环境经济理论的研究主要有以下几方面：可持续性问题、资源环境的价值评估、基于市场的环境管理政策工具研究、空间维度的环境经济分析、环境问题的数量模型研究、经济全球化背景下的贸易与环境问题、环境非政策组织的发展研究、环境与资源管理中利益相关者的行为研究(姜仁良，2012)。陈玉玲(2014)分析了我国环境经济政策存在的问题，从外部性经济内在化出发，提出完善我国环境经济政策的措施；钟芙蓉(2013)根据环境经济政策的特点和属性，以环境伦理学为主线，为开展环境经济政策伦理的理论方法体系提出建议；潘岳(2007)提出了具有中国特色的环境经济政策体系框架。随着全球经济的迅速发展，资源短缺和环境问题日益突出，国际性环境问题(如全球气候变化、跨国界污染)更加明显，预示着环境经济学将不断发展并逐步走向成熟，在未来的一段时间里为全球的环境保护与经济发展提供理论支撑。

空气污染，尤其是 $PM_{2.5}$ 污染治理，已经是国际社会普遍关注的重大环境问题。如何在发展经济的同时，降低能源消耗、减少 $PM_{2.5}$ 污染物排放，实现绿色经济发展模式已经成为环境经济学的研究热点。$PM_{2.5}$ 污染问题与环境经济学所关注的污染问题具有相同的特征，即都会引起"越境污染"。简而言之，$PM_{2.5}$ 作为空气污染的重要组成部分，是没有界限的，会波及周边某个地区、某个区域、某个国家甚至全球，故减少 $PM_{2.5}$ 污染物排放、减轻全球 $PM_{2.5}$ 污染是人类面临的共同问题。已有的环境经济理论研究成果和方法为解决这一问题提供了理论指导和方法借鉴。路培等(2010)结合修正人力资本法、市场价值法、机会成本法、资产价值法等，估算了长株潭地区大气污染造成的经济损失，分析了大气污染造成的生态损失；周安国等(1998)利用环境经济学的价值计算方法，估算了浙江省大气污染造成的经济损失。

2.2.7　协同治理理论

1) 区域协同治理理论

近年来，随着全球化和区域一体化进程的不断推进，区域之间的联系变得更加紧密，区域间的协同合作从经济领域扩大到公共服务领域，从物质资源的交换扩大到人力资源的交流，从一般公共事务的常态管理扩大到突发事件的协同应急处理，以区域协同治理理论为基础的区域协同治理创新模式成为"精明政府"实现目标的必然选择，区域间协同治理理论逐渐被世界各国所认同(崔晶等，2014)。为了适应全球化和区域一体化的新形势，更好地规避全球化过程中出现的空气污染等环境变化及其产生的各种不利影响，我国正在积极探索符合我国国情的区域治理对策，区域间协同治理理论为我国出台相关政策提供了科学的理论基础。随着地方政府在经济发展方面的作用越来越重要，区域协同治理也必将成为空气污染主要的治理手段之一，尽快建立健全政府-市场-公众三级关系的区域协同治理机制体系成为当前地方政府职能转变、机构改革和功能完善的重要方向。

2) 环境协同治理理论

随着我国工业化和城镇化进程的不断加速，环境污染问题日益严重，尤其是跨区域的空气污染事件频发，对环境协同治理提出了严峻挑战，环境保护工作面临着尽快完善区域环境协同治理体系的艰巨任务。由于环境属于公共资源，不受行政区划限制，且是具有显著外部性的公共物品，使得环境协同治理成为具有整体性和复杂性的公共事务(何雪松，1999)。以空气环境问题为例，空气污染具有跨区域自由移动的属性，空气环境的整体性不会因行政区划分割而改变，因此空气污染的协同治理必须依赖于空气"整体性"的客观事实。传统"各自为战"的环境治理以行政区划为基础，违背了空气污染的整体性，导致环境治理中存在决策差异明显、责任不清、困难较多、成本较高、效果较差等问题。因此，基于环境整体性的环境协同治理理论逐渐受到各级政府的高度重视，探索环境的协同治理成为经济社会可持续发展的重要途径(任孟君，2014)。

2.3　相关研究

2.3.1　国内外城市(群)空气污染时空特征研究

城市到城市群的发展具体表现在时间和空间上，而城市群的不同发展阶段和空间载体中空气污染的表现形式也存在一定的差异性。城市群发展过程中空气污染的影响机制与防控策略等研究的重要前提是从时间和空间上诊断城市群空气环境质量的变化特征。目前，国内外学者对空气污染的时空特征研究已较为广泛和深入。

国外学者关于城市空气污染的研究起步较早，研究成果较多。其中，Malm(1992)运用计量经济模型综合分析了美国大陆性灰霾天气的时空格局演变特征。Moore 等(1993)和 Corwin 等(1996)将 GIS 技术与空气环境模型结合,进而探讨了区域空气环境污染状况的动态变化规律。Schneider 等(2015)基于卫星数据探索了世界 66 个城市群对流层 NO_2 的时空分布格局,其中亚洲、非洲和南美洲的许多城市群对流层的 NO_2 水平上升趋势明显,中国天津、阿富汗喀布尔的年上升速率最大,该研究表明城市 NO_2 浓度以及经济和人口因素对空气质量的影响存在显著的区域空间差异。Anselin(2001)基于环境经济视角,利用空间计量模型方法,分析和探讨了影响空气环境的因素。Mirshojaeian 等(2011)以洲际空间的空气污染为研究对象,分析了污染物的空间影响因素,研究表明 CO_2 和 PM_{10} 在亚洲不同国家之间存在明显的外溢效应。Lehman 等(2004)通过北海贸易港口污染事件,探索了 SO_2、O_3、PM_{10} 和 NO_x 浓度的时空特征,进而运用多层聚类方法分析了气象因素与 PM_{10} 浓度的关系,用以评价空气质量的影响因素。Karki 等(2005)基于环境污染空间关联影响的发展趋势背景,为了提高能源的可持续利用效率和深化能源管理措施,提出了跨区域合作理念。

国内学者吴兑(2012)基于长时间的统计分析,总结了我国内陆城市雾霾污染的地理分布特点,其中 1980 年以前,除四川盆地和新疆南部地区城市雾霾较多以外,其他地区城市雾霾天数较少;但近十年来,我国东部、南部沿海等经济发达地区的雾霾天数呈现逐步增多趋势。潘竟虎等(2014)以我国 118 个重点城市的 667 个监测站 2013 年 11~12 月的空气质量监测数据为基础,探讨了我国大范围雾霾天气期间 NO_2、PM_{10}、$PM_{2.5}$ 和 SO_2 四种空气污染物浓度分布的空间差异性。包振虎等(2014)利用 ArcGIS 探索了 2013 年我国各省空气环境质量分布的时空特征,结果表明空气质量分布在时间上具有季节周期性,在空间上呈现"北高南低"特点。徐祥德(2002)利用 1999~2001 年 5 类空气污染物(PM_{10}、SO_2、NO_2、CO 和 O_3)日均空气污染指数和污染等级数据,讨论了北京市区空气污染的时空分布特征。杨慧茹等(2014)以威海市为胶东半岛的典型城市,分析了胶东半岛空气质量的空间分布状况,研究显示各个能源消耗企业周边及人类活动聚集地区的污染物浓度相对较高,而其他地区的污染物浓度则较轻。钱峻屏等(2006)发现广东省雾霾天气在空间上受地形地貌特征的影响,其分布从西到东呈现由低到高,再由高到低的分布,而霾天气能见度分布则没有明显的区域分布特征。张运英等(2009)应用经验正交函数分析法和连续功率谱分析方法,揭示了广东省雾霾天气能见度具有由高到低的年际变化规律。安兴琴等(2006)利用 GIS 空间技术分析了兰州市空气污染源分布与空气污染状况,揭示了西北高原典型盆地城市的空气污染物空间扩散与分布的特征。

基于国内外学者对城市空气污染的时空特征研究的综合梳理,总结出主要有以下特点:研究分析方法的角度,已有研究主要运用 ArcGIS 技术和地理信息分析技术对相关数据进行可视化分析,或者用描述性统计分析方法对空气或雾霾污染格局及其演化规律进行客观描述;分析区域范围的角度,大多数学者着眼于全国省(市)等大范围空气污染状况的对比分析,区域性分析则主要集中在京津冀城市群、长三角城市群等经济发达地区。

2.3.2 国内外城市(群)空气污染影响因素研究

纵观国内外城市到城市群的发展历程，空气环境质量恶化是必然现象。随着城市群的加速发展，空气污染的影响因素复杂多变，但其主要来源于自然环境和人文活动两大方面。

1) 自然环境影响

早在 20 世纪初期，西方国家就曾出现不同程度的空气污染事件，如英国伦敦烟雾事件、美国洛杉矶的光化学烟雾事件和比利时马斯河谷烟雾事件等。2012 年以后，我国京津冀、环渤海和西南等地区频繁发生空气霾污染现象，对居民身体健康与社会生产与生活造成了不良影响。以上空气污染事件发生的城市(群)和地区，均处于快速城镇化与工业化发展阶段，地形封闭且伴随着逆温、高压和大量工业废气、汽车尾气、燃煤粉尘、二氧化硫及臭氧等污染物的排放，造成大量碳氢化合物、氮氧化合物、一氧化碳等污染物积聚并导致二次污染(Tan et al., 2016)。Escudero 等(2014)探讨了地中海城市群对当地 O_3 浓度的影响，研究表明 O_3 浓度的变化与气象及 NO_x 排放量有明显的相关关系，NO_x 排放量的变化对 O_3 浓度的变化和趋势影响较大。Cifuentes 等(2001)针对可能影响空气污染物浓度的不同天气类型进行分类分析，继而分析了美国四大城市群夏季污染物浓度与天气类型的关系，研究发现不同的天气类型存在着不同的污染负载，不同城市群呈现不同的相关性。另外，该学者还指出由于不同城市群存在显著异质性，例如城市群下垫面能够"塑造"具有高度复杂性的城市群时空边界层，因此局地环流、"城市气候岛"的温度、湿度及降水等气象因素以及边界层结构等均对城市群空气污染物的移动转移存在影响，同时城市群的空气污染演化还受到中或大尺度空气运动作用的影响，存在多尺度空间下的复杂多样性特征。孟小绒等(2015)指出西安地区特殊的地形等因素能够解释 1970～2012 年西安雾霾天气的时空变化特征。此外，众多学者开展了一系列区域空气污染相关的数值模拟研究，往往基于中尺度气象模式和耦合空气化学传输模式，通过修改城市(群)区域的下垫面条件，也就是所输入的城市(群)区域的静态地形数据，以模拟城镇化进程中人为下垫面改变和扩张对气候和空气化学环境的影响(周莉等，2015)。虽然不同学者的研究区域和时间各不相同，但是研究结论具有一致性，均认为城市(群)区域下垫面存在常见的局地气候强迫现象，例如城市下垫面扩张增大了城市近地层的温度、边界层的高度，减小了城市地面高度 10m 以内的风速、水汽比等。表 2.1 为近年来研究区域尺度城市下垫面对气候及空气质量影响的部分成果。

表 2.1　近年来研究区域尺度城市下垫面对空气质量影响的部分成果

作者(年份)	研究区域	主要结论
Civerolo 等(2007)	纽约大都会区	人为排放源的固定与否对臭氧(O_3)浓度的影响程度不一样，可能是 NO_x 排放起着关键作用

作者(年份)	研究区域	主要结论
Wang 等(2012)	珠三角、长三角及京津冀地区	增温效应在夏天的晚上比其他季节及白天更显著，热应力强度增加；城区大气辐合增加(因热岛效应及地表粗糙度增大)有利于降雨，城区水汽较少(导致有效对流位能减小、对流抑制能量增大)不利于降雨
Yu 等(2012)	长三角及京津冀地区	土地利用变化对污染物水平的影响相当于增加 20%的污染排放；人为排放源固定时，CO 和 O_3 白天地表体积分数增加，主要是由于干沉降及扩散减小(因风速减小)
Ryu 等(2013)	首尔地区	天气尺度环流较弱时，不同时间山区不同污染物的输送和扩散作用不同

与此同时，已有文献表明空气污染问题与气象条件密切相关。王淑英等(2002)认为 PM_{10} 浓度的变化在稳定天气条件下与相对湿度呈显著正相关，与能见度、风速和气压呈显著负相关；风沙影响条件下，PM_{10} 浓度变化与风速和气压也呈正相关。赵习方等(2002)分析了 1998 年北京地区出现大雾天气时的污染物浓度变化特征，结果显示北京地区的雾天数呈现为南郊较多、山前平原较少、城区内居中的空间分布，且大雾天气时逆温层厚度大、强度大、风速小，大多属于不利于扩散的天气类型，进而阻碍空气污染物的扩散。回顾 2013 年《中国环境公报》，发现 2013 年大雾频繁出现在我国中东部城市的主要原因是进入冬季后的中东部地区大部分被西北气流控制，冷空气势力渐渐减弱、地面风速降低，大气层结构相对稳定，恰好为水汽积聚创造了条件；另外，青藏高原南侧的暖湿空气活动逐渐增强，不断由西南路径将水汽输送至我国中东部地区，也为雾气的大量产生创造了条件。以上两个方面的气象条件正是"雾霾天气"发生的必要条件。另外，全球气候变暖也是"雾霾天气"加剧的重要因素之一。相关研究表明，全球持续变暖导致近年来暖冬现象频繁出现，使得冷空气活动逐渐减弱，在单一气团控制作用下导致空气污染物不易扩散，"雾霾天气"由此频发。在过去五十多年间，我国大部分地区因全球变暖影响使得平均降水日减少约 10%，大气中的气溶胶湿沉降能力减弱，也是"雾霾"等空气污染天气频发的重要诱因。除地形、气象等自然因素对环境空气质量产生重要影响外，城市的社会、经济等人文活动对环境空气质量的影响也不容忽视。

2) 社会经济影响

20 世纪后期，西方发达国家的学者开始重新思考二十世纪七八十年代空气质量研究的观点，提出空气污染不仅受气压、风速、地形等自然因素影响，城市社会经济发展阶段与状况也会对空气质量产生重要影响。城市群的经济积累、人口膨胀、城市规模急剧扩张和能源消费的几何级数增长等都是造成空气质量日益恶化的重要因素。

Kolstad 等(1993)探索了经济增长、能源消费与环境污染之间的动态关系，结果显示能源消费的增加在短期内对经济增长有着很强的推动作用，但是长期而言会对环境造成极大的破坏。Coondoo 等(2002)通过面板数据分析研究了世界部分国家的环境污染与经济增长之间的关系，结果显示经济增长与环境污染存在不确定的直接因果关系。Sadownik 等(2001)对我国社会环境的研究结果表明，居民生产、生活、消费和城市交通对石油化工等能源消费需求量的增加，严重影响了城市空气环境质量。Ang(2008)基于 29 年的长时间序列数据深入探索了马来西亚能源消费、经济增长与污染物排放之间的关系，结论表明从长期来看能源消费与污染物排放存在明显的正向关系。Clifton 等(2008)认为城市规模的扩张过程对环境造成了严重的污染，其中空气环境污染是城镇化过程中必须面对并加以解决的重要问题。Marquez 等(1999)提出城市形态转变过程会导致空气污染问题，与经济工业发展一样，城市空间布局、城市密度和交通状况等都会影响空气质量。

国内学者赵卫红(2009)认为空气污染类型已经由过去单纯的工业污染转变成现在由工业污染、机动车尾气污染和居民日常生活污染组合而成的复合型污染，其污染形式多样、治理困难，也形成了一种新的空气污染形式——雾霾污染(Gao et al.，2009；刘浏，2011)。空气污染关乎所有人的切身利益，因此空气污染不仅受到居民的广泛关注，也引起了各国政府和环境监测部门的高度重视(Brunekreef et al.，2002；蔡燕徽等，2009)。王雨田等(2015)认为城市经济发展所依赖的生产方式，尤其是高耗能、高污染产业结构，对雾霾等空气污染产生了巨大的推力。张纯(2014)基于城市产业耗能、城市用地和城市密度等角度，选取了 18 个指标数据，与空气污染物浓度数据构成面板数据，采用空间计量方法探析了城市形态对空气污染的影响及其演化规律，并据此提出城市发展的建议。

城镇化的快速推进也带来了不同程度的环境污染问题，城镇化与环境污染的相关关系已经成为学术研究的热点问题。随着霾污染现象的持续加剧，我国成为城镇化空气环境污染响应研究的典型案例区。Wang 等(2016)利用 2014 年我国 $PM_{2.5}$ 浓度监测数据，分析了我国 $PM_{2.5}$ 污染的时空演变规律，继而重点分析了环渤海城镇化地区 $PM_{2.5}$ 的主要影响因素，结果显示该地区 $PM_{2.5}$ 浓度与城镇化率、人均 GDP 和建筑业规模显著相关。蒋洪强等(2012)认为城镇化与污染排放量存在显著相关性，即环境污染对城镇化具有"阻尼效应"。张乐勤等(2015)通过定量研究表明快速城镇化与污染排放量存在随时间先增后减的相关趋势。大尺度区域性研究表明东部地区的快速城镇化导致其污染物排放量高于中西部地区，而京津沪等发达地区的城镇化临界效应则在一定程度上"倒逼"环境污染的减排(孙绪华，2014；吴婷婷，2015；齐海波，2015)。陈巧俊等(2012)研究了珠三角城市扩张引起的气候特征变化对二次气溶胶形成和 O_3 浓度的影响，提出珠三角城市扩张通过对城市气温、风速、混合层高度的影响间接导致城市 O_3 浓度和二次气溶胶浓度的增加。吕梦瑶等(2011)初步探索了南京市人为热、城市建筑高度、建筑密度等因子对灰霾的影响。王咏薇等(2008)研究发现城市建设不仅影响着周边气象环境，也改变了城市空气污染物的输送扩散能力，周边小城镇城市规模的扩大使得主城区 PM_{10} 逐渐由净输出转变为净收入，小城镇群的存在对主城区 PM_{10} 净收支的贡献率达到 $0.192\ t\cdot d^{-1}$。还有学者探讨了海峡西岸城市群地区和京津冀地区的工业产业、区域交通和作物焚烧与 $PM_{2.5}$ 浓度的关系，结果显示生物质燃烧、区域交通尾气是空气污染物产生的主要原因，而工业污染物高排放是影响区域空气质量的主要原因(Niu et al.，2013；Li et al.，2013)。Qiu 等(2014)研究了中原城市群主要空气污染物的排放清单，结果显示发电厂是 NO_x 的最大来源，其贡献约为总排放量的 36.1%，而工业排放和生物质燃烧是 PM_{10}、$PM_{2.5}$ 和 VOCs 的主要排放源。Guan 等 (2014) 的研究表明，在工业型城市群研究中，煤燃烧、汽车尾气、工业过程中木材燃烧为多环芳烃的主要来源，城市群两个工业区的 $PM_{2.5}$ 浓度中多环芳烃浓度是其住宅区的 4.3 倍和 3.7 倍，具有极大的健康风险。

3) 基于不同研究方法的空气污染影响

由于统计数据可得性等原因，学术界目前主要是从环境、气象和生态科学的角度对空气污染问题加以研究，管理科学领域对空气污染的形成机制与治理措施结合所开展的系统考察还比较匮乏，近两年才出现少量相关研究。基于研究方法视角，Peters 等 (2007) 以投入-产出模型为分析框架，采用结构分解分析方法研究了我国雾霾污染的驱动因素。冷艳丽等 (2015) 以典型计量分析方法为研究工具，基于 2001～2010 年我国省际静态面板数据分析了外商直接投资对雾霾污染的影响。目前，仅有少数学者采用空间计量分析方法开展空气环境污染的相关研究。例如，马丽梅等 (2014) 采用空间滞后模型和空间误差模型，发现我国雾霾污染存在显著的空间正相关特征，雾霾污染水平随人均 GDP 和煤炭消费比重的提升均呈单调上升态势。向堃等 (2015) 基于 6 年的间隔年份数据，采用非空间交互模型和空间杜宾模型研究了雾霾污染的经济动因。

基于国内外学者对城市空气环境质量影响因素的已有研究，得出空气污染既有自然要素的间接影响，也有社会经济要素排放废气的直接破坏。通过空气污染影响因素的研究视角，国内主要采用静态面板数据模型对人文要素进行定量分析，实际上空气污染问题并不是单纯的某个城市或局部地区的环境问题，其很大程度上受到由于产业转移、工业集聚等经济因素扩散到邻近或相邻地区的污染影响。因此，我国各地方政府在治理空气污染过程中需要基于地区全局视角，坚持属地管理与区域联动相结合的基本原则，积极采取区域联防联控的政策措施对空气污染固有的空间关联效应予以识别和控制。

2.3.3　国内外城市(群)空气污染治理策略研究

在空气污染跨区域联防联控方面，以美国和欧盟等为代表的西方发达国家起步较早。早在 1970 年美国国会就成立了专门的环保署，根据区域地理和社会经济状况的差异，将全国划分为 10 个环境治理区域，每个区域内设置专门的环境保护办公室，同时要求各个州根据具体情况制定区域和分区域的空气污染治理方案。例如，臭氧传输区域 (ozone transport region, OTR) 管理、南加州海岸的空气质量管理、能见度保护和区域灰霾管理等一系列机制。尽管美国在大气排污权交易方面做得最为出色，但是受到其法律制度的限制，大气排污交易权主要在企业间展开，并没有真正实现各州之间跨区域污染的联防联控 (宁淼等，2012)。欧盟较早实施跨区域空气污染的联防联控，颁布了一系列空气污染联防联控法令和排放标准，空气污染治理效果非常显著。1985 年，欧美各国针对二氧化硫污染防治在芬兰签订《赫尔辛基条约》，成立跨国区域联控联防机制，得了很大的成功。2008 年，欧盟颁布了旨在修订部分指令以进一步提高效率的《关于环境空气质量和为了欧洲更清洁空气的 2008/50/EC 指令》，要求各成员国将该指令转化为法律条文执行，进而覆盖和保证整个欧盟区域的环境质量。显然，欧盟主要是通过政府的直接管制手段，包括制定相关法律法规和标准等，以实现空气污染的联控联防。但是，由于欧盟各成员国之间缺乏有效的经济调节手段，污染物减排协议是各成员国之间利益妥协的结果，减排目标对于本国往往是最优方案，但对整个欧盟而言并不是最优方案，因此欧盟在空气污染省际联防联控方面，尚缺乏对该机制的定量研究。

世界各国都将政府直接管制作为环境污染治理的基本手段，更倾向于借助颁布环境法令法规、颁布许可证和监督制裁，强制执行排放标准等方式推进区域空气污染治理和联防联控。当然，政府除直接管制，也可以通过税收、金融、排污权交易、行政转移支付等多种手段来实现环境治理。例如，Crocker(1966)深入研究了基于排污权交易的空气污染治理；Krawczyk(2005)将合作博弈理论引入空气污染治理，提出带耦合约束集的污染博弈问题，评估了静态与动态之间的平衡问题，得出诸多建设性结论；Halkos(1993)认为根据污染的严重程度划分等级，按等级设定不同的收费标准，通过经济手段实现污染治理的效果要优于政府"一刀切"直接管制模式；Tietenberg(1988)对比分析了不同类型的环境保护策略，认为排污权交易系统比直接管制系统更为有效。

相比西方发达国家，我国城镇化和工业化起步较晚，伴随的环境治理问题尚未有太多的理论基础和实践经验。近年来，随着空气环境质量的持续恶化，国家和人民对空气环境质量改善意志的加强，我国在环境治理政策和理论研究上取得了一些成果。

与发达国家一样，我国基本的环境治理策略也是以政府直接管制为主。1991 年，国家环境保护局挑选出 16 个城市试点，实施空气污染许可证制度；1997 年，国家环境保护局颁布并实施《空气污染物综合排放标准》(GB 16297—1996)以及若干行业性空气污染物排放标准；2003 年，颁布并实施《排污费征收使用管理条例》，进一步规范排污费的收取标准及其使用管理的相关办法，完善了我国排污收费的制度体系(杨金田等，1998)。十八届三中全会更是明确提出我国要建设生态文明，要建立一个更加完善的环境保护体制，《2014 年政府工作报告》明确提出"防治区域污染要实施联防联控"(周宏春，2014)。随后，从中央到地方相继出台诸多落实联防联控环境治理的法律法规和政策措施，形成了国家层面、区域合作层面、地方层面的三级法律政策体系(表 2.2)。

表 2.2　我国不同层面空气环境防治的政策法规与措施

层面	时间	政策与法规	相关措施	地区与部门
国家 层面	2012.10	《重点区域空气污染防治"十二五"规划》	统筹区域环境资源，优化产业结构与布局，加强能源清洁利用，控制区域煤炭消费总量，深化空气污染治理，实施多污染物协同控制	国务院
	2013	《空气污染防治法》《空气污染防治行动计划》	加大综合治理力度；调整优化产业结构；加快企业技术改造；加快调整能源结构；严格节能环保准入；发挥市场机制作用；健全法律法规体系；建立区域协作机制；建立监测预警应急体系	国务院
	2016.1	《空气污染防治法》修订版	增加"重点区域空气污染联防联控"，详细规定建立重点区域空气污染联防联控的相关措施	国务院

续表

层面	时间	政策与法规	相关措施	地区与部门
区域合作层面	2015	《京津冀及周边地区落实空气污染防治行动计划实施细则》	实施综合治理，强化污染物协同减排，统筹城市交通管理，机动车污染防治	京津冀地区
	2008	《长江三角洲地区环境保护工作合作协议（2008—2010 年）》	提出加强区域空气污染控制，建立项目转移环境信息通报制度，完善区域环境信息共享与发布制度	长三角地区沪苏浙环保厅（局）
	2014.1	《长三角区域落实空气污染防治行动计划实施细则》	明确协商统筹、责任共担、信息共享、联防联控的协作原则及五项具体职能	长三角三省一市和国家八部委
	2004.6	《泛珠三角区域合作框架协议》	建立区域环境保护协作机制，在清洁生产、水环境保护、生态环境保护、空气环境保护等方面加强合作，制定区域环境保护规划，强化区域内资源保护，提高区域整体环境质量和可持续发展能力	福建、江西等九个省区和香港、澳门
	2014.3	珠三角建立空气污染联控技术示范区	组建覆盖区域的空气环境质量检测预警网络，形成区域空气质量管理体系等运行机制	珠三角地区、科技部
地方层面	2013.9；2014.1	《北京市 2013—2017 年清洁空气行动计划》《北京市空气污染防治条例》	明确提出 2017 年行动目标、八大污染减排工程和六大实施保障措施；提出以降低空气中细颗粒物浓度为重点，建立健全政府主导、区域联动、单位实施、全民参与、社会监督的工作机制	北京市
	2013.9	《天津市清新空气行动方案》	调整优化产业结构；加快企业技术改造；加快调整能源结构；严格节能环保准入；发挥市场机制作用；健全法律法规体系；建立区域协作机制；建立监测预警应急体系；明确政府企业和社会责任	天津市
	2008.10	建立珠三角区域空气污染防治联席会议	组织考核区域内各地政府空气污染防治工作，协调解决跨地市行政区域空气污染纠纷，协调各地、各部门建立区域统一的环境政策	广东省
	2015.4	《重庆市 2015 年空气污染防治重点工作目标任务分解》	进一步加强扬尘污染控制与交通污染控制；进一步加强工业污染控制；进一步加强生活污染控制；进一步加强预警应急监管	重庆市
	2014.3；2015.1	《四川省空气污染防治行动计划实施细则》《成都市空气污染防治行动方案（2014—2017 年）》	调整优化产业结构；优化空间布局；大力加强城市面源污染综合管理；统筹防治机动车污染；积极调整能源结构；健全监测预警和应急体系	四川省成都市

基于空气污染治理理论研究角度，我国跨区域空气污染联防联控的理论研究主要集中在污染物来源、污染物成分分析、空气质量监测与评价方法等方面。秦娟娟等（2010）模拟研究了气象条件与空气污染的关系，发现大气环流形式与大气污染的发生及其演化相互影响，并且不同季节气流轨迹变化的影响范围也各不相同。杨洪斌等（2012）分析了大气污染物主要成分，结果表明主要污染物是 SO_2、PM_{10}、NO_x 等，且 $PM_{2.5}$ 是造成灰霾天气能见度降低的主要原因。翟一然等（2012）探讨了大气污染物排放来源，结果显示颗粒物和 CO 排放主要来源于工业部门，NO_x 和 SO_2 主要来源于为工业和火电部门，此外机动车尾气排放也是 CO 排放的重要贡献者之一。王帅等（2011）则研究了环境空气质量监测与评价方法。总体来说，现阶段除王金南等（2012）、李宏等（2012）少数论文成果以外，我国对跨区域大气污染联防联控协调机制和具体实施手段的相关研究较为缺乏。

目前，我国关于区域空气污染联防联控的研究主要集中在治理机制、区域规划和技术方法等方面。在治理机制方面，曹锦秋等（2014）综合分析了区域空气污染联防联控法律机制实施的现状及存在的问题，并提出改进策略，以期为破解区域复合型空气污染问题提供帮助。燕丽等(2016)探讨了当前我国区域空气联防联控协作机制存在的问题，进而从统一规划、统一评估、统一政策、统一预警、统一信息管理五个方面提出完善我国重点区域空气污染联防联控协作机制的建议，为环境管理提供决策支持。王永红等(2015)基于区域地形、气候气象、城市分布、工业布局等因素划分了空气污染联防联控区域，进一步根据污染源模拟贡献结果细化分区单元和管控要求，并在优化布局、统一控制、差异管理、监督考核等方面提出空气污染联防联控思路。在区域规划方面，高吉喜等(2014)提出城市规模过大和布局不合理是导致空气污染问题的主要原因之一，指出跨区域性空气污染问题的彻底解决，不仅要调整产业结构以减少污染物排放量，还要控制城市规模以及科学合理布局。史宇等(2017)以北京空气环境污染问题为例，分析了北京城市规划给城市空气环境带来的影响，为如何在规划层面改善城市空气环境质量提出建议。在技术方法方面，张世秋(2014)通过对京津冀地区的空气质量区域联合管理机制的深入研究，提出跨区域范围内多方参与制定整体空气污染规划，根据"受益者支付/补偿"原则，采取区域间财政转移支付方式建立空气污染跨区域协同治理基金，以提高区域各方的积极性。刘义清等(2009)介绍了颗粒物区域输送通量监测、气态污染物区域排放通量监测以及区域污染物垂直柱浓度监测等控制区域空气复合污染的若干监测技术与方法。

通过国内外空气污染防治实践和理论研究的综合梳理可见，欧盟、美国的空气污染联防联控工作走在世界前列，已取得有效的治理成果。但由于部分相邻发达国家之间缺乏经济手段或市场调节手段，导致国家整体上并没有达到最优的治理效果。美国在大气排污权交易方面的实践尤为出色，但由于美国法律制度问题，缺乏各州之间大范围污染联防联控的具体实施办法，因此其主要在企业间开展实施。欧盟在空气污染省际联防联控方面，目前尚缺乏对该机制的进一步定量研究和比较研究。针对我国而言，我国空气污染联防联控的治理模式主要是国家自上而下的机构层级，通过行政手段实现区域合作。基于治理的不同层面和研究区域视角，珠三角地区的空气环境质量管理处于国内前沿，其次是长三角和京津冀地区。其中，部分城市已取得成功治理空气污染的经验，但由于时间和地域方面的局限性，多数区域并没有形成统一的规划、政策、标准、预警等治理体系。

第3章 城市群发展对空气环境影响的理论框架及作用机理

空气环境质量是城市群生态系统的重要组成部分，其质量变化与城市群发展密切相关，关于城市群对空气污染影响的系统理论分析有助于搭建本书研究逻辑。为探索城市群发展过程与空气环境质量的系统关系，本书首先从理论角度出发，运用定性方法构建理论框架以指导各章节的研究思路。本章主要剖析城市群系统与空气环境系统的内涵，并阐述可持续城市群发展与空气环境质量的内在相互关系。在此基础上，构建城市群发展对空气环境影响的框架模型；然后，基于城市群"人文-自然"综合要素研究，分析城市群发展对空气环境质量影响的作用机理，以期为下文定量研究城市群对空气污染的影响提供理论基础支撑。

3.1 城市群发展与空气环境系统分析

3.1.1 城市群可持续发展

可持续发展是社会演变的必然要求，是社会发展理论"范式"革命的积极成果(库恩，2012)。城市群作为人类城市文明的高级阶段，其可持续发展是城市文明起源的千年历史与现实需求的必然体现。基于城市群的系统构成角度，其主要包括自然要素子系统和人文要素子系统。其中，自然要素子系统主要指城市群赖以生存的基本自然生态环境系统，而人文要素子系统主要指人类在城市群发展过程中的一系列活动，主要由社会和经济系统构成(图3.1)。

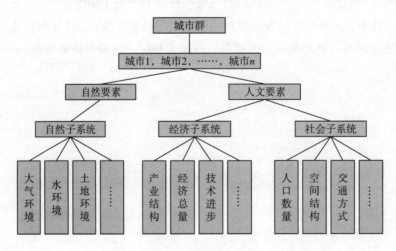

图 3.1　城市群系统的树形组成结构

　　城市群是一定数量范围内(城市 1，…，城市 n)的经济、社会和环境等要素在空间上的高度聚集和融合，同时其空间的现实存在意味着每个城市所处的地理位置是唯一的，且具有相互作用的密切性(姚士谋，2001)。根据 2.1.2 节城市群的内涵界定，其全面反映了城市群系统本质属性的总和。城市群系统的建设和演进对象既包含经济、社会、文化等子系统，也涉及自然子系统的发展和演进。据此，也确定了结构上城市群在人类活动(人文)与生态环境(自然)二者之间具有整体上的不可替代性；内在关系上城市群系统是自然系统与人文系统耦合的复杂系统(顾朝林，2011)(图 3.2)。

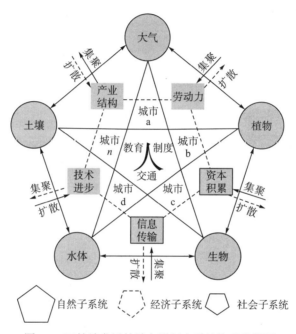

图 3.2　可持续发展的城市群复合系统构成分析图

1)城市群的复合系统结构分析

　　结构能清晰表达事物要素之间的相互关系。在任何既定情境中，一种因素的本质就其本身而言是没有意义的，它的意义事实上由它和既定情境中其他因素之间的关系所决定(代合治，1998)。城市群复合系统是区域内多个城市的系统集合，具体表现为特定区域的空间、社会、经济和环境系统及其子系统的总和。其中，城市群复合系统的第一层次主要由自然子系统、社会子系统和经济子系统构成，同时每个子系统由多个不同功能的要素体系组成。

　　(1)自然子系统。作为城市群演化的首个条件要素，自然子系统是城市群形成的自然本底，是形成城市群复合系统的生态基础和空间载体，且表现出特殊的区域特征。自然子系统在城市群复合系统中起着多重重要作用，如具有经济价值、生态价值或社会价值等。具体而言，自然子系统借助自身的生态价值为城市群范围内的人类活动提供大气、土壤、植物等生活环境和生产生活资料；另外，自然子系统的生态或资源有限性约束着城市群发展的形态和规模。因此，城市群系统发展只有遵从自然子系统的运行规律，可持续开发利用自然环境资源，才能保障城市群整体与其自然子系统的良性循环发展（袁莉等，2013）。

(2) 经济子系统。作为城市群自然子系统到社会子系统的"桥梁"部分，经济子系统通过资本积累、产业发展、劳动力等经济活动，贯穿于自然资源的开发到人类社会需求的整个过程，并起着核心的"中转"作用。同时，经济子系统为自然子系统的生态、环境、资源等要素的恢复、改善、再生提供了必要条件，也对社会子系统的人类活动、人口规模等要素的功能、结构、规模提出了要求。

(3) 社会子系统。基于要素组成角度，社会子系统是人类活动的重要集合，其主要内容涵盖人口规模、城市建设、技术进步、交通网络、教育水平、生活水平等要素。社会子系统是人类社会群体属性的重要表现，各要素之间互相叠合、相互作用，相互交织构成各层级的有序社会网络。

2) 城市群子系统的内在关系

城市群复合系统中自然子系统、经济子系统和社会子系统之间的内在关系是彼此影响、相互作用的有机整体。从城市群可持续健康发展规律的角度分析，要求城市群复合系统在结构上相互协调与平衡（王亚力，2010）。违背城市群可持续发展的人类生产活动必然会给生态环境构成严重的负担，最终反作用于人类社会活动。一方面，城市群稳定持续的经济增长依赖于区域不断供给的自然资源、良好的生态环境及不断更新的技术手段；另一方面，区域大规模的经济社会活动需要通过有效的社会组织、合理的社会制度和科学的技术手段才能取得预期效果。反之，只有经济的持续发展与社会财富的不断积累，才能推动社会的不断发展，满足人类物质和精神需求，从而更好地改善和保护生态自然环境。

总之，城市群复合系统的自然、经济、社会等各子系统之间并不是简单机械的拼凑组合，而是遵循各自的运行规律，是相互作用、相互影响的有机整体。城市群复合系统的各子系统之间可以在多个城市地理边界内相互开放交流，通过信息、能量和物质的交换，彼此作用、相互依赖、共同进化实现整个系统的运转。在该过程中，必须遵循可持续发展规律，才能实现城市群复合系统在结构上相互协调，在功能上整体平衡。只要将人类活动的经济子系统和社会子系统的输入量和输出量控制在生态自然子系统的可承载能力之内，最大限度地降低人类活动对生态自然子系统的消极影响，使得经济子系统的资源循环开发的社会行为与自然子系统的自然循环再生能力协调适应互为补充，才能实现自然类子系统和人文类子系统在特定时空尺度上耦合平衡，最终形成城市群和谐共生、可持续发展的健康生态格局和健康生态秩序（图 3.3）（方创琳等，2005）。

3.1.2　区域空气环境系统

空气环境作为城市群系统中自然子系统的重要组成部分，其质量好坏直接影响到人类健康和城市群系统的安全性和稳定性。区域空气环境是一个复杂的巨系统，从结构上完全掌握和了解该系统极为困难,本书主要从系统内涵出发近似探寻对应的内容并预言区域空气环境的变化。区域空气环境内涵的主要内容包括以下几个方面。

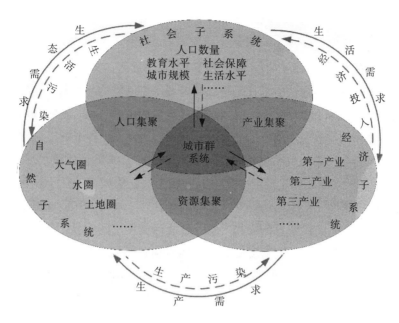

图 3.3　城市群复合系统中三大子系统关系示意图

1) 区域空气环境质量与容量

广义上,区域空气环境问题与空气环境中危害人体健康的物质浓度有关。空气环境体系有两个基本功能:一是区域空气环境质量,反映为污染物理化性质意义上的"异质"空气环境;二是区域空气环境容量,反映为生物气候学意义上的"本质"空气环境。

随着人类生产力的不断提高,社会活动范围不断向外扩展,人类活动和生态环境的联系日益紧密、关系日益复杂、范围日益扩大。所以,由空气环境要素所构成的区域空气环境系统是一个非常庞大的区域空气环境巨系统。区域城市空气环境质量的好坏反映了一定空间空气污染的程度,其主要根据空气环境中各污染物的质量浓度判断,当各种污染物的质量浓度突破区域空气圈层的承载力阈值后,空气污染问题就突显出来。

区域空气环境承载力可用环境容量表示,环境容量实质是某一环境在人类生存和自然生态不致受害的前提下所能容纳的各种污染物的最大负荷量。区域空气环境容量大小主要受以下因素约束:区域尺度、自净能力、主体目标、系统要素以及人为调控。空气环境系统内部不断进行着物理、化学、生物的变化作用,这些作用直接决定空气环境系统的自净能力。

区域空气环境是一个高度开放的环境系统,系统内外不断进行着空气要素的交换。因此,空气环境的变化是绝对的,稳定是相对的。系统内外以及系统内部的变化形成了城市群地区的、可持续的空气环境容量。因此,空气环境容量的大小在一定程度上取决于人文要素和自然要素的综合变化。由此可见,空气环境净化机制实质上是污染物与外界的不断交换以及内部发生的自净反应(高吉喜,2001)。

2)空气污染区域性和复合型特征

城市群是城镇化发展的高级空间形式和主要形态,是一定区域内城市的集合体,城市群的空气环境具有区域性、整体性和复合性等特点(张远航,2008)。在某种意义上,城市群不是多个城市简单的组合或叠加,而是区域内城市空间结构不断整合、资源不断优化配置形成的。位于城市群区域的空气流域则是空气环境的重要场域,它的变化会随着城市群区域的自然环境和自身社会经济发展的变化而变化。近年来,各个城市群都处于高速发展发育阶段,其与空气污染的关系也呈现出一些新的特点。

(1)区域性特征。城市群是特定区域内具有相当数量的城市依托于一定的自然条件,借助于交通、信息网络而形成的,所以城市群内包含若干城市,其地域面积较单个城市的空间范围更大,城市之间的空气污染易转移,造成污染物空间重叠。空气污染本质上是在特定的时间和地点,空气污染物浓度受到许多因素影响而导致的气象灾害,越来越多的研究表明空气污染在大空间尺度的影响越来越大(王书肖,2016)。城市群区域的快速发展导致产业集聚和能源的集中消耗,其污染物排放源(如城市工业污染、居民生活和取暖、垃圾焚烧等)呈现出由点到面的空间演变趋势。同时,城市发展密度、地形地貌和气象等自然要素也是影响空气质量的重要因素。

(2)复合型特征。根据空气流域理论,城市空气污染的空间界定并不是绝对的,其污染物也不受城市行政边界的限制,而是在区域城市上空自由流通,其间它受周边外界的气象因素影响较大。在流通过程中,城市之间的空气污染容易呈现出重叠和二次污染现象,另外,区域城市的地理环境较单个城市更为复杂,空气污染程度与类型也有所区别。区域空气污染程度一般由空气污染物的排放浓度和区域空气环境容量大小所决定。由于中大尺度空间的人类活动和生产需求更加多元化,其空气污染物排放源和种类差异较大,例如部分城市的首要空气污染物为 $PM_{2.5}$,而其他城市可能不同。近年来,随着城市群区域城镇化和工业化的高速发展,区域空气污染也呈现复合污染的发展趋势。

3)区域空气污染治理

区域空气污染治理的本质是区域协同解决污染的过程。区域空气污染治理十分复杂,不仅仅需要科学揭示区域空气污染的发展规律和影响机理,还需要区域城市间的协同防治策略(汪伟全,2014)。目前,由于我国关于城市群区域空气环境污染的研究时间较短,且国家治理体系不够完善,导致整个空气污染治理工作存在众多困难。上述问题仅靠各个城市自身的力量、各自为政的方式已难以有效解决,亟须打破行政区划限制,创新区域空气污染联防联控的体制机制。

3.1.3　区域空气环境与可持续发展的关系

在追求城市群可持续发展的过程中，如果不能协调、平衡人文与自然系统，容易导致非可持续发展，从而对城市群发展造成直接或间接的阻碍或损失，对城市群系统产生负面影响。空气环境污染及其治理是国内城市群发展过程中普遍存在的一种固有属性，因此城市群发展的可持续性与空气环境质量的关系犹如一只手的正反两面，总是相伴而生。

可持续的城市群发展是在健康的空气环境基础上所建立和发展起来的，良好的空气环境能降低城市群的经济发展成本，为城市群可持续发展提供持续的动力支持。一方面，保护空气环境可以促进生态系统良性循环，提高资源再生能力，为城市群发展提供良好的生态环境条件，促进经济持续发展(马传栋，2015)。反之，空气环境的持续恶化，则会在一定程度上抑制城市群经济社会的可持续发展，导致"区域大机器"运作效率低下。另一方面，城市群的经济、社会、科学技术等发展水平的提高，能够提供更多用于保护和改善空气环境的物质条件。因此，城市群可持续发展过程与其空气环境问题是一种以生态环境问题管理为核心的螺旋式上升过程。

1) 区域空气环境问题是城市群可持续发展的时间函数

城市群发展必须经历长时间的发展才能实现其可持续性。在特定的时空条件下，某些国家或地区的城市群在追求可持续发展过程中，往往因面临其他城市群的竞争而选择优先发展经济，走"先污染后治理"道路，即以牺牲空气环境为代价换取社会经济高速发展，然后等社会经济发展达到一定水平后，反过来治理恶化的空气环境。根据本书 2.1.2 节所阐述的不同发展阶段的城市群与生态环境变化规律的三个阶段(图 2.2)，初步发展阶段对空气环境承载能力破坏较为明显，尤其是前期与缓慢发展阶段，属于无知无畏的大肆破坏。此后，加速与稳定阶段属于认识环境危害后的躲避性行为，但由于城市群继续扩张和空气污染防控意识、策略尚不到位，空气污染和空气承载力破坏程度仍处于上升阶段。优化提升阶段，城市群大都市范围内各层级城市之间的功能、产业、资源、生态、环境、管理等要素开始协调整合，空气环境在持续有效的整治改良措施下逐步趋于好转。

显然，如果空气环境质量的持续恶化在任意城市群发展阶段不能得到有效的管控，一定时期内将由量变引起质变，一旦空气污染物累积突破生态环境阈值，将引起城市群系统大崩溃。同时，空气环境治理过程并不是一蹴而就，因此空气环境问题是城市群可持续发展的一个时间函数。

2) 区域空气环境问题是城市群可持续发展的空间函数

区域空气环境问题被认为是城市群可持续发展的空间函数，是因为区域空气环境问题基于不同的空间地理环境，其表现出的时空状态也不尽相同，对城市群可持续发展影响的程度亦不同。

首先，城市群发展水平在某个国家或地区内是不均衡的。城市群的形成是建立在某个特殊地理环境的多个城市的综合体。不同城市群之间、城市群区域行政单元之间不会存在一模一样的城市群或城市，包括自然环境、社会经济发展水平等均存在不同程度的差异。因此，城市群地域性特征下的区域空气环境问题的发展状态和程度自然也不可能是均衡分布的。

再次，区域空气环境问题是城市群人类社会活动过程中的必然存在。空气环境作为区域"公共产品"为城市群发展提供了必要的生存条件，同时城市群发展过程中，在一定空间范围内的人类社会活动的集中压力驱动下，空气环境问题的出现是必然的。这种必然现象一定程度上促使政府、社会、公众产生积极的防控响应，为城市群的可持续发展提供阶段性的原动力。

3.2　城市群发展与空气污染关系的理论框架

3.2.1　P-S-R 框架及特点

1970 年加拿大学者 Freid 为研究人类活动背景下的环境演变问题，提出了"压力-状态-响应"（pressure-state-response，P-S-R）框架，并被后来学者广泛认同并运用。其中，1991 年 和 1993 年经济合作与发展组织（Organization for Economic Co-operation and Development，OECD）的环境部门基于可持续理念给 P-S-R 框架进行定义，并采用此框架提出可持续环境指标体系框架。

P-S-R 框架的内涵是解释人类活动与生态环境之间相互作用的线性关系。具体而言，人类通过一系列的社会、经济等活动从自然界中获取生存与发展所需的资源，随后在生活、生产、生态等环节产生的废弃物对生态环境造成压力，继而改变资源环境的数量与质量，而生态环境的改变反过来会影响人类社会活动发展等方面，进一步促使人类社会通过意识、行为做出环境政策、经济措施、法律法规等方面的响应。该过程具有明显的因果关系，换而言之，该框架模型可用于解释城市发展周边环境出现的状况或危机，以及人类社会将如何应对和解决这类问题。广义上，P-S-R 框架是被科学家用来探究人类活动与生态环境之间因果关系的有效方法和途径，进一步形成国家、社会等治理政策或环境制度，并且尽快促成有效的实施，这一过程受到广泛的认可。一般意义上的 P-S-R 框架模型可以概括为图 3.4。

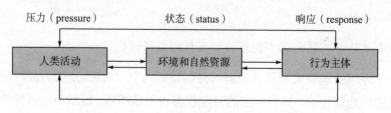

图 3.4　"压力-状态-响应"框架模型示意图

空气环境质量作为生态环境系统的重要组成部分,当环境受到改变时,也通常运用此框架模型分析空气环境质量改变的成因。具体而言,该模型框架以空气环境的"状态"来呈现空气环境质量恶化或改善程度,从社会、经济等方面的"压力"来探讨对空气环境施压背后的影响因素,从政策与措施方面的"响应"来反映政策措施与空气质量、社会经济的关系。其中,"压力"也可视为造成空气环境质量改变的"驱动力",是人类活动发展造成的不可持续的表征,主要包括直接"驱动力"(如社会经济造成的污染物直接排放)和间接"驱动力"(不利的自然环境条件)。上述驱动力能够反映"状态"形成的内在原因,也是政策措施"响应"的结果。空气环境"状态"是在特定时间段内的空气环境质量变化的情况,它是各种"驱动力"作用下的综合反映,某种程度上能够反映人类活动发展模式的可持续性。"响应"是对空气环境"状态"做出的回应程度,主要包括政府、社会、个人等主体通过意识、行为等方面对人类活动造成的负面影响给予减轻或阻止,向有利于人类社会健康可持续发展的方向努力,例如出台政策法规、实施新技术等。

3.2.2　城市群发展与空气环境的理论框架

城市群作为城镇化发展高级阶段的产物,其核心是城镇化的发展,其实质是人的发展(郭荣朝等,2010)。人类作为驱动城市群发展与空气污染的真正主人,一方面不断适应赖以生存的空气环境,另一方面通过社会经济活动作用于空气环境。相反,空气环境也会通过资源和环境为人类生产活动提供物质基础和生存空间,并制约人类活动的规模、强度和效果。在城市群与空气环境作用关系中,空气环境属于自然属性的一面,其变化具有自然过程的性质;而城市群发展的实质是以人为核心的城镇化发展,是人类社会经济活动的重要一面,该变化具有人文过程的性质。现实的城市群发展过程中的空气环境问题具体表现为自然基础之上叠加人文活动的过程。

城市群地区快速发展导致区域内城市数量增多、人口规模增长、经济快速发展并在一定空间内极速集聚和扩张、社会进步以及人类物质能量需求不断提高(吕文利,2014)。因此,城市群发展胁迫空气环境的过程也就是人类活动对自然环境的施压过程(pressure),城市群数量越多、规模越大、发展速度越快,其驱动力就越强(driving),空气环境状态变差的风险就越高(status)(黄河东,2016)。相对而言,城市群发展与空气环境的作用系统中,空气环境是消极被动的一面,对人类活动生存与发展起着支撑作用,其禀赋与变化必然对城市发展产生制约与限制。城市群与空气环境的作用过程中,一方面,政府、企业、居民和个人作为空气质量变化的感受者和接受者,他们能够接收到一系列关于空气环境效应的信息,例如连接效应及由此引发的人群健康问题;另一方面,政府、企业、居民和个人作为系统的行为主体以及政策的制定者和执行者,可通过自身的行为和政策制定等对空气环境变化做出响应(response)。根据本书研究需要,只针对城市群发展对空气环境的影响作用开展研究。同时,本书延伸了可持续发展中 P-S-R 框架的含义,构建了城市群对空气环境作用的 P-S-R 框架(图 3.5)。

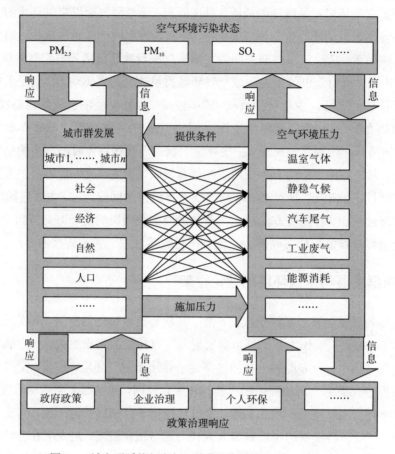

图 3.5　城市群系统与空气环境作用机制的 P-S-R 理论框架

3.3　城市群发展对空气污染影响的作用机理

　　城市群是人类社会活动的高阶产物,也是城市文明更为进步的重要空间载体。基于 P-S-R 理论框架下的城市群发展,在其孕育、形成到发展成熟的漫长时期内,城市群地区快速的工业化和城镇化、人口规模增加、产业集聚发展、能源集中消耗等社会经济活动都会对空气环境质量造成严重的影响,是区域空气污染的重要驱动力(pressure)。城市群发展对空气环境影响的关键驱动要素分析是研究城市群发展对空气污染影响机制及精准调控的核心基础,也是城市群可持续与生态环境协调发展的重要保障。

　　可持续的城市群发展要求自身系统与外部生态环境系统协调耦合发展,但是二者在不同国家和地区不同时期内的发展协调度不一样。例如,城市群发展与空气环境类似于两个运作的齿轮,城市群的发展速度与空气环境质量的提升速度相协调,整个区域才能正常运转和发展。城市群地区人口与城镇的高度密集性、资源利用的外向性以及城市群内各个城市互相作用的密切性，决定着城市群空气环境承载力，其实质是在空气环境约束条件下，以及一定的空间优化配置效果作用下，城市群范围内人口、产业集聚等综合承载力。城市群的空气环境容载力大小一定程度上取决于区域内人口与社会经济的规模和集聚程度，不同区域的环境空气承力对城市群社会、经济、生态等系统的支撑能力也不一样。城市群发展影响和改变着区域空气环境质量，如果城市群发展过程中污染物排放速度超过区域空气环境容量阈值和自我恢复速度，则会出现城市雾霾、光学污染等城市空气污染现象。因此，本书基于城市群系统中人文要素和自然要素两大系统的运行，分析区域空气污染的影响因素及其作用机理。

3.3.1　城市群自然要素对空气污染的作用机理

1) 城市群区域气象因素对空气污染的作用机理

随着全球温室气体的排放，区域气候条件等气象因素在空气污染的发生、扩散、消散等多个环节中均有重要推力作用(王书肖，2016)。例如，大气边界层稳定度、逆温层、风象、地形等方面的变化，对空气污染的形成均有一定影响(图 3.6)。

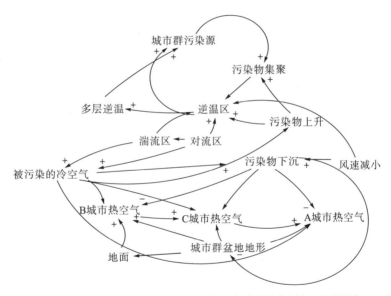

图 3.6　城市群地区气象因素对空气环境质量的作用机理因果图

(1) 风象。张小曳(2016)指出风象(风速、风向)是影响空气污染物浓度和分布的重要自然要素，其主要表现为携带污染物沿着一定水平或垂直方向的机械扩散作用。其中，污染物在受风象的扩散作用影响下，极易在下风向范围内堆积，而处于上风向的区域所受的污染程度则较小。其次，空气污染物还受到风速的影响，风速越大，其通过单位面积的新鲜空气量越多，污染物容易较快被稀释；反之，则会增加污染物堆积的可能性。

影响风象的因素很多，国内城市群尤其山地型城市群的区域性气温升高、降水量减少、风速与风向变化等均能直接影响空气容纳污染物的能力。在大范围地区内，风象主要受气压场分布，即地面温度差与气压差的影响。城市群内地形起伏越大、地面植被越粗糙，风速越小；地形开阔的平原比地形起伏的丘陵地风速大，郊区比建筑物密集的城市风速更大，高空的风速比地面大。

（2）大气稳定度。大气稳定度是影响空气污染物扩散的热力因素，尤其是湍流的热扩散作用。在物理学中，空气压力随高度增加而逐步降低，地面气体上升过程中因气压减少，使得气体体积膨胀、温度降低。其中，大气稳定度与温度层结构，即空气温度的垂直分布直接相关，它影响着热力湍流的强弱及污染物沿垂直方向的扩散能力。当大气处于不稳定状态时，即随高度气温下降较快，上方的环境温度比从地面上升的带有污染物的气块的温度低，上升气块比周围空气暖和，就会产生浮力，因此排放的污染物易于迅速上升并与高空的清洁空气混合，有利于稀释扩散；大气处于中性时，扩散效果明显不如前者；当大气处于稳定状态时，即大气层出现逆温(逆温层)，从地面上升的污染物质气块温度低于上空周围的大气温度，上升气块会比周围空气重，继而下沉回到地面附近，使污染物质停留在地表附近难以扩散，使地表出现高浓度的污染物聚集。

2）城市群区域下垫面因素对空气污染的作用机理

目前，学术界已有部分研究证明城市群空气环境质量的好坏受下垫面改变的影响，具体表现在区域下垫面与地形、植被覆盖等耦合作用下改变局地气象场(风场、温度等)以影响污染物分布(图 3.7)。随着城市群城镇化与工业化的高速发展，区域土地覆盖与利用也改变着区域地气系统的辐射强迫和通量交换，是决定城市群局地气候与空气污染的重要因素之一(Zhan et al.，2013；华文剑等，2013)，往往也导致某些城市空气污染物扩散的"瓶颈"。

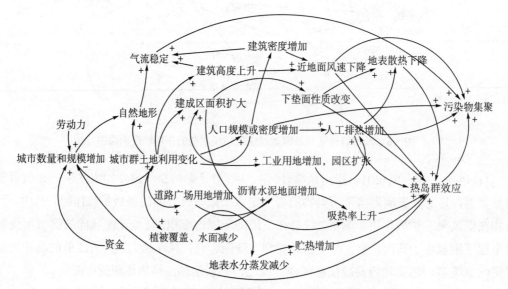

图 3.7 城市群下垫面对城市空气环境质量的作用机理

　　(1)地形地貌。不同区域的地形对空气环境的影响差异较大(拓瑞芳等，1994)。例如，处于盆地的城市由于四周高中间低，为上空形成"大锅盖"边界层提供了便利自然条件，使得静稳天气数增加，导致空气受污染的风险较高；处于背依大山、面对平原的"马蹄形"山谷地形的城市，在一定气象条件下容易受到不同距离污染物的传输和扩散等动力作用的影响，出现"旋涡"和"堆积"等气体运动现象。同时，城市群局地城市结构的影响亦是不可忽视的因素，例如某些城市因地形因素而布局的密集高楼，在特定气象条件下容易造成不同程度的城市空气污染。

　　(2)"热岛群"效应。城市土地利用的改变直接影响着区域下垫面。城市发展过程中，人类为了满足不同的生活、生产和生态等需求，过度利用土地、过度开发城市建筑，导致城市温度高于周边地区，继而在城区空间内出现高温气团相对集聚的现象和作用，也就是城市热岛效应。城市热岛效应强度主要与城市群内地理地貌、城市数量与规模、人口数量、建筑密度等城市局部下垫面属性相关。城市群内城市最大的特点是在空间格局上呈现为束带、圈层等，当多个城市出现严重热岛效应时，通过城市间的相互影响容易形成"热岛群"效应(图 3.8)。

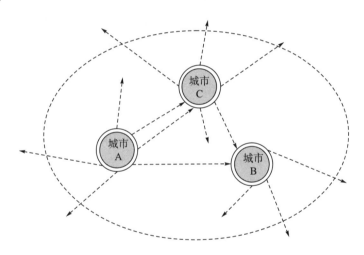

图 3.8　城市群局地热岛群作用关系

　　"热岛群"效应对区域气候特征和空气环境质量的影响范围更为广泛且不易消除，具体表现为城市群区域城市建筑群布局及其周边江、河等微地形对空气环境动力扩散的影响及其效应。城市群在形成和发展过程中经历了长久的开发和利用，密集的城市建筑群、网络化高架桥与水泥路等取代大量的原有生态绿地，群楼林立，上空的空气流动容易形成"树冠"动力效应(李耀锟等，2015)。它能改变街区地表风场和热力结构，使得建筑群内的温度升高、空气湍流加强并带动污染物上升，形成城市冠层，导致空气污染物难以扩散。

　　(3)植被覆盖。郝吉明院士指出城市地表植被覆盖也是影响空气环境质量的一大因素。绿色植被是人类天然的空气净化器。植被作为改善环境的主体，空气净化成本低，且不易造成二次污染，在吸附粉尘、改善空气环境质量方面起着主导作用(郝吉明等，2012)。在绿色植被中，部分植被表面粗糙，能够吸附空气中的大量飘尘，也可以吸收空气中的有害气体(如 SO_2)，有效降低污染物浓度。但是，近年来各区域城镇化和工业化的快速发展，生态环境遭到严重破坏，其中植被覆盖度急剧下降，造成自然空气净化能力大大减弱。

3.3.2　城市群人文要素对空气污染的作用机理

城市群人文要素主要是指人类在城市群发展过程中的生产、生活、生态等活动对空气环境造成的压力作用，主要包含两大方面：一是社会因素；二是经济因素。

1) 城市群社会因素对空气污染的作用机理

基于社会学视角，城市群是人类城镇化、工业化的一个高度集成和演变的过程。城市群的区域发展与空气环境之间需要建立以生态文明为特征的城市群发展体系，使城市群发展中的各种要素实现"生态化"，以降低该过程对空气质量的巨大压力。社会的运行主体(人)、生活方式、文化制度、教育水平、技术等都对城市群的规模形成和发展水平产生重要影响。例如，日本学者富田禾晓认为城市群不仅是个体城市人口向群体城市集中，还包括群体城市的生活方式、生活理念、科技信息等向外部扩散的过程，即人们不仅在个体城市中居住或工作，而且还能通过交通方式、空间网络等方式影响区域外居民的生活方式、社会保障、生活与科技水平。

城市群地区社会水平或程度的高低，不仅对整个城市群的发展有重要影响，还对该区域居民的生活方式、资源和能源的利用效率产生深远的影响(王发曾等，2010)。

(1) 科技是第一生产力。社会科技发展力量的集聚程度是城市群形成和发展的重要内在驱动力。城市群内科学技术发展是一个由量变到质变的飞越过程，其不仅提高了劳动生产率，还能快速驱动区域经济体增长，改变产业结构，淘汰落后低效产业。另外，在提升科学技术的过程中也会涉及大量的资源投入和能源消耗，造成空气环境质量压力。

(2) 区域高社会水平的群体效应。城市群社会水平的子系统级别越高，吸引的人口就越多，索取生态环境的资源也越多，污染物排放量就会越多，若超出生态环境系统的承受能力，则会导致生态环境系统越来越脆弱。

(3) 文化教育、政府治理、法律制度等的水平也直接影响着区域空气环境质量的优劣。例如，人们的环境保护观念越强，投入到空气环境保护的财力、物力和人力越多，其区域城市空气质量可能会越好。

城市群社会水平对空气环境质量影响的作用主要有两个方面：一方面，区域社会城镇化水平提高，能够提升整个区域居民的医疗水平、教育水平、技术水平和其他社会服务功能，会吸引更多的人聚集并生活在城市，从而产生更多的生活废气和消耗更多的能源和资源(图 3.9)，使得城市群城市地区的空气环境压力持续增加；另一方面，区域社会化水平的提高，有助于提升科技教育水平、居民环境保护观念、政府治理政策和力度，继而提升区域资源和能耗的利用率，这个负反馈能够缓减空气环境压力。总之，城市群地区社会水平对空气环境有着交互推动或抑制作用。城市群通过提高城市规模和层次，使得区域外大量的人口和资金正向累积和涌入，这些要素对空气环境压力的正负反馈则通过区域社会发展的连接被充分融入城市群与空气环境整个耦合系统，使得城市群社会要素对空气环境质量的作用表现为一种非均衡演进的变化曲线（刘耀彬等，2006）。

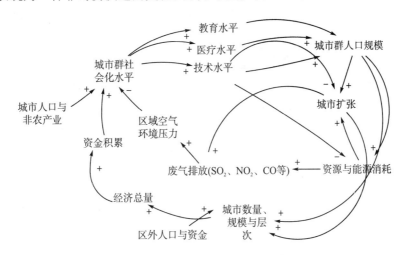

图 3.9　城市群社会要素对空气环境的作用机理

2) 城市群经济因素对空气环境的作用机理

基于经济发展角度，城市群发展的实质是地区经济发展在多个城市规模空间上的外部形式，经济水平的不断提高是城市群地区优质城镇化发展的动力，且城市群发展也为经济提供了广阔的发展平台（朱英明，2005）。经济作为人地关系中“人”方面的活动，是地区空气环境变化的“施力者”和技术进步的“推动力”，也是城市群地区发展与空气环境协调发展的“调和剂”。城市群一定级别范围的城市经济子系统亦是一个开放性系统，通过城市与城市、城市与郊区的资金、产业、劳动力、能源等要素源源不断地集聚和扩散并支撑地区城市发展，并由此过程对城市群地区的空气环境质量产生影响。具体表现为以下几点：

（1）资金高度积累。资金是城市经济发展的关键动力要素，也是城市经济不断发展的产物。城市群作为经济发展的重要平台，资金规模必须与城市群规模匹配，才能增强整体经济发展和调整发展方向。

（2）劳动力流动。除资金规模外，城市群经济发展的重要因素之一是拥有大规模的集中劳动力，而劳动力在生活和生产活动中会产生大量消耗，主要通过住房、交通、生活等需求直接或间接对空气环境产生影响。

（3）产业集聚和转换升级。产业发展是城市群地区经济发展的内在动力，也是造成地区空气环境质量改变的重要经济因素。城市群在大量产业生产需求下，需要相对充足的资金和劳动力,进而调整产业结构和集中程度,产业集聚和升级更多表现为产业类型、产业特征等产业形态。产业集聚与转换一定程度上决定着城市群对空气环境影响的边界和强度,以及污染物的排放强度与污染结构(蔺雪芹等,2008)。

(4)城市群空间扩张。城市群城市空间扩张对空气环境质量造成的压力主要来源于产业发展导致土地利用性质改变,即对非农业用地的争夺。城市城镇用地与农村用地的总面积是一定的,城市群经济发展和产业规模的扩张势必要减少农村用地量,农村用地量减少则会导致农用地占有量缩水,从而很难保证人口对农作物的需求量,且生态环境保护区域主要分布于农村地区,由此产生的空气环境压力不容小觑。

城市群发展通过其内外部资源的不断交换和利用,产生了巨大的经济规模和效益,也对地区空气环境质量产生了积极与消极的影响。一方面,城市群经济发展为提升空气环境质量提供更多的资金和技术;另一方面,城市群经济发展导致大量的污染物排放等,对空气环境造成了负面影响。如果只注重经济发展中的资金规模增长而忽视生态环境的作用,雾霾等各种空气污染形式将抑制城市群经济结构、规模等的发展(图 3.10)。

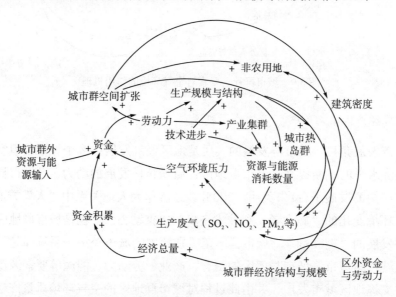

图 3.10　城市群地区经济因素对空气环境的作用机理

3.3.3　城市群自然-人文要素对空气污染的作用机理

城市群发展的空气环境问题实质是区域人地关系矛盾的突出表现(陈绍愿等,2005)。城市群地区的空气环境质量由自身空气环境承载力和人类活动强度共同决定,前者属于外因,后者属于内因,二者在一定复杂气象条件下进行多污染物混合生化,并产生复合污染效应(图 3.11)。

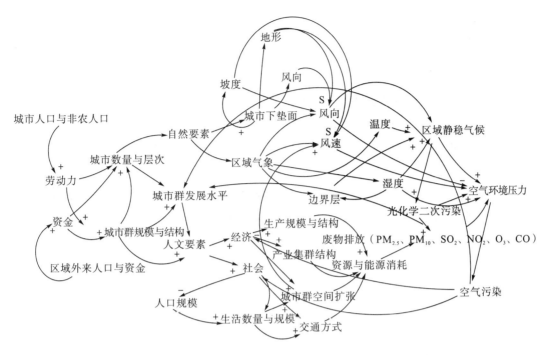

图 3.11　城市群系统自然-人文要素对城市空气环境质量的作用机理

基于科学的角度，城市群空气污染的发生有两个必要条件：一是城市群中人类活动导致大量集中的污染物排放；二是不利于污染物稀释扩散的区域气象条件(王跃思等，2014)。污染物排放会产生多种空气污染物，且周边自然环境的改变也会影响污染物的浓度和类型(马雁军等，2006)。例如，部分挥发性有机物(VOCs)、硫化物(SO_x)、氮氧化物(NO_x)等污染物经过温度、光等作用的影响容易形成二次污染物($PM_{2.5}$、PM_{10}等)。基于不同的区域地理环境，空气污染程度和类型也呈现出区域性的特点。例如，四川盆地的特殊地理环境导致该区域空气环境承载力较为薄弱(陈颖锋等，2015)，极易造成空气污染，当区域内城市空气环境承载力阈值被打破时，区域内的城市间就会出现空气污染物的外溢效应，继而影响相邻或邻近的城市和地区的空气质量。大量研究表明城市群地区空气污染的变化普遍具有季节性等周期变化规律，其主要影响机制是气象、地形等自然因素(何甜等，2016)。有些城市虽然污染物排放较多，但是常年受风象的有利影响，并未造成严重危害。此外，空气环境质量还受城市群发展阶段的影响。在城市群发展的雏形阶段，传统的经济社会发展模式使得空气环境问题日趋严重，其累积显现效应并不突出。随着城市群区域城镇化的快速发展，进入城市群快速发展阶段，在这过程中积累的历史空气环境问题就逐步显现出来(刘晓丽等，2008)。综上所述，针对目前城市群空气分布特征及其关联要素的挖掘，也需要进一步从空间角度开展综合性探索研究，以分析阐明基于城市群大尺度的时空变化特征，并根据城市发展特点分析其潜在的人文-自然影响要素，实现从自然与人文双重角度对城市群空气污染变化进行客观解释，以期为相关政策制定提供更为科学的决策依据。

3.4 小　结

　　基于第 2 章对相关文献的理论综述和理论基础分析,本章首先梳理和分析了城市群可持续发展与空气环境系统的内涵,以及二者的系统耦合关系,结果表明城市群与空气环境系统是和谐共生的关系,区域空气环境问题是城市群可持续发展的时间函数和空间函数。其次,本章基于 P-S-R 理论,采用定性的方法进一步构建了城市群与其空气环境质量关系的理论框架,该理论框架分析了已有空气环境问题(status)、形成的影响机制(pressure)与防控策略的响应(response)之间的因果关系;根据理论框架的整体关系,延伸至城市群发展过程,从理论上分析人文-自然要素对区域空气环境作用的内在作用机理关系。其中,人文要素主要包括社会经济等方面的压力作用,自然要素方面主要包括了下垫面、气象等方面的压力作用。最后,基于本章节的研究内容,为后续成渝城市群空气污染影响机制及其防控策略的定量研究奠定理论背景和总体框架。

第4章　成渝城市群空气污染的时空特征

4.1　成渝城市群发展概况

成渝城市群是我国五大国家级城市群之一，是西部社会经济发展最快的经济区，也是空气环境持续恶化较为严重的区域。为探究成渝城市群空气污染的时空分布特征，有必要先对该城市群的形成历程和发展现状进行梳理。

4.1.1　成渝城市群的发育与形成

1. 城市群发展历程

成渝城市群的发展经历了几十年时间，其"从无到有"经历过雏形阶段、壮大阶段和成型阶段三个发展阶段。

1) 城市群的雏形阶段（我国改革开放以前）

成渝城市群的孕育经历了百年的漫长历史。19 世纪末至 20 世纪上半叶，该区域从无到有出现了重庆、成都、自贡 3 个现代意义上的城市。新中国成立后我国以计划经济为主（1950～1978 年），市场经济缺乏联系，城市之间相对独立。但是区域内交通使得市场经济逐步加强，城市间联系得以紧密起来，如 1952 年开通的成渝铁路、1958 年开通的宝成铁路、1970 年的成昆铁路等铁路干线，铁路沿线城市经由交通线串联起来且逐步壮大。截至 1978 年，城市群内部已形成重庆、成都、自贡和攀枝花等 4 个地级市，以及德阳、绵阳等 8 个县级市，这些城市的发展过程都属于成渝城市群的雏形阶段(陈云霞，2013)。

2) 城市群的壮大阶段（改革开放至重庆直辖）

随着改革开放政策的实施，我国国内市场经济较为活跃，成渝城市群的城市经济发展也有所提升。区域内经过"地改市""撤县设市"等城市发展政策的落实，城市群城市不断发展，城镇化进程加速推进。截至 1998 年，成渝城市群已经形成各个层级的城乡体系结构，具体包括 1 个直辖市、1 个副省级城市、17 个地级市和 14 个县级市。随后，经过十多年的发展历程，成渝城市群不断发展壮大，形成了较为稳固的城市群体，如重庆、成都、资阳、内江等。此时，成渝城市群的中心城市和周边城市带共同构建了城市群的空间范围。

3）城市群的成型阶段（重庆直辖到现阶段）

当副省级城市成都和直辖市重庆逐步发挥增长极作用后，中心城市经济聚集、高度成熟并呈现向外扩散趋势。与此同时，增长极城市壮大到一定阶段后，城市的地理空间单元的外溢现象明显增强，逐步形成中心城市经济圈层，发挥着引领城市群空间一体化的作用。总体上，成渝城市群的扩散和极化中心围绕着成渝间的交通走廊。交通走廊外围的城市片区由于极化水平不高，继续发挥着对接极化中心的作用，如川南的内江-自贡-宜宾片区、川北的南充-遂宁片区等次级增长极。这些片区城市与两个中心城市的辐射影响作用均呈现明显的距离衰减特征。两个中心城市通过极化到扩散的转变过程为空间一体化奠定高效的空间结构基础，该过程也是成渝城市群走向成熟阶段的关键特征，具体表现为以中心城市为增长极向外部区域的扩散和辐射作用。

2015 年，重庆市和四川省为推动川渝地区在交通、经济、生态等方面的空间一体化，共同签署了《关于加强两省市合作共筑成渝城市群工作备忘录》。2016 年，我国国务院批复同意《成渝城市群发展规划》，正式将成渝城市群提升到国家战略高度，即成为第五个国家级城市群，标志着成渝城市群正式成型，并向成熟阶段快速发展。2020 年，成渝地区双城经济圈被定位为西部高质量增长极。

2. 城市群空间格局演变

任何城市群的发展都是城市经过长时间从初级到成熟的沉淀过程，其空间表现形态也会在不同时期有所不同。成渝城市群的发展也同样如此，基于成渝城市群的发展历程，其空间格局也在发生着变化。结合本书 2.1.2 节的城市群形成阶段划分，成渝城市群的空间格局大致经历了 4 个不同阶段（图 4.1）。

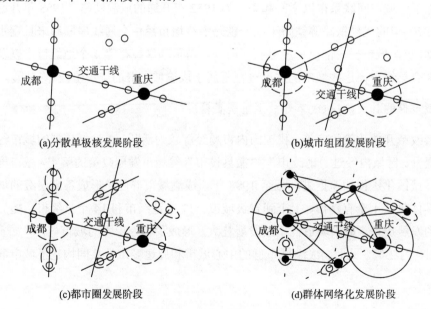

(a)分散单极核发展阶段   (b)城市组团发展阶段

(c)都市圈发展阶段   (d)群体网络化发展阶段

图 4.1 成渝城市群发展阶段的空间结构演变过程

1）分散单极核发展阶段

任何城市群的发展都是由少数核心城市逐步发展而来的，单个核心城市的发展水平一定程度上决定了城市群起点的高低(钟海燕，2006)。成渝城市群雏形阶段以成都、重庆、自贡为主的城市中进行经济活动的人成为最初的城市人口。其次，绵阳、德阳、资阳等由于处于交通干线沿线而获得了优先发展机会，这些城市由于单核蔓延发展状态只能与交通干线附近的城市进行封闭性的经济活动，整体而言其辐射能力不强。重庆和成都两个中心城市规模不断壮大后，与周边城市的联系较为紧密，形成核心-边缘式的空间发展结构(程前昌，2015)。

2）城市组团发展阶段

由于成渝铁路等交通干线的进一步丰富，在交通沿线的主要城市间出现了一些中小型城市，另外远离交通干线的一些城市也开始与中心城市建立经济关系。这一时期，城市群内的市场经济较为活跃，且城市间的经济联系更为紧密，使得中心城市的辐射能力得到极大提升，部分城市受到中心城市的辐射影响逐渐发展成为次级中心并向周边扩散。

3）都市圈发展阶段

由于成都和重庆两个中心城市成为区域发展的核心驱动力，开始辐射并带动整个区域发展，区域内城市开始走向都市圈发展阶段。都市圈发展阶段，成渝城市群的交通干线和支线等交通体系继续得以完善，进一步连接处于交叉地理位置的中小城市并使其参与城市群经济活动。处于都市圈层中的城市为了凸显自身在经济市场中的重要地位，不同等级的城市都积极参与城市发展和建设活动，并且为了提高发展效率，开始走不同分工的专业化发展道路。经过这一阶段，不同等级的城市逐步组建成相互依存的都市圈层空间结构。

4）群体网络化发展阶段

进入城市群发展阶段后，区域内城市等级体系开始建立，核心城市与次级新城市的功能得以凸显。在这个时期，城市群内部的经济联系非常紧密，16 个城市之间的分工协作模式较为完善，产业结构也呈现梯度扩散，城市定位明显，内部经济开始走向一体化。此时，城市群地域结构开始形成，并在更大范围内聚集和扩散。重庆和成都双核大都市区发挥着带动功能，重点建设成渝发展主轴、沿长江和成都-德阳-绵阳-乐山城市带等区域，促进川南、南遂广、达万城镇密集区加快发展，提高空间利用效率，最终形成"一轴两带、双核三区"的网络化空间发展格局。另外，城市群也开始向外延伸，与周边区域的经济联系加强，积极与其他区域互动。

4.1.2　成渝城市群范围及其层次划分

1. 成渝城市群的地域范围

城市群的地域范围划分大多参考行政区域划分，但有些可能超出行政区划范畴，如绵阳、达州、重庆等城市仅部分行政区域处于成渝城市群范围。因此，城市群研究并非传统意义上的城市，而是景观上的城市。随着成渝城市群内城市的不断快速发展，城市规模和等级不断变化，导致成渝城市群边界范围持续变化(孙静，2009)。本书所研究的成渝城市群尚处于城市群演化的初级阶段，其地域范围尚处于不断变化之中。本书参考国务院《成渝城市群发展规划》中成渝城市群的划分标准，以界定成渝城市群的地域范围。

　　成渝城市群是典型的双核城市群，两个核心城市(成都和重庆)是超大城市，还包括诸多大、中、小城市，但城市群内没有特大城市，造成城市群城市等级体系的断层。成渝城市群的具体范围见表4.1。

表 4.1　成渝城市群城市构成

城市级别	城市名称	范围	面积/万 km²
直辖市	重庆	万州、渝中、大渡口、涪陵、綦江、大足、长寿、黔江、江北、沙坪坝、九龙坡、南岸、北碚、渝北、巴南、江津、合川、永川、南川、潼南、铜梁、荣昌、璧山、梁平、丰都、垫江、忠县 27 个区(县)及开州、云阳部分地区	4.52
副省级	成都	全市(包括简阳市)	1.43
地级市	自贡	全市	0.44
	泸州	全市	1.22
	德阳	全市	0.59
	宜宾	全市	1.33
	资阳	全市	0.58
	绵阳	除北川县、平武县	1.14
	遂宁	全市	0.53
	内江	全市	0.54
	乐山	全市	1.27
	南充	全市	1.25
	眉山	全市	0.71
	广安	全市	0.63
	达州	除万源市	1.26
	雅安	除天全县、宝兴县	0.95

资料来源：2017 年《中国城市统计年鉴》。

2. 成渝城市群层次划分

　　英国地理学者戈德认为，城市群是城市发展到成熟阶段的最高结构组织形式，是在地域上以大城市为增长极分布的、由若干城市集聚而成的庞大的、多核心、多层次城市集群，是大都市区的联合体。"大都市区"被认为是参与全球经济竞争的主要空间载体，是全球经济一体化大背景下所形成的区域经济产业构成单元(方创琳，2014)。成渝城市群作为典型的双核城市群，其中成都和重庆两大核心都市区作为该区域的增长极，辐射和带动着整个大都市区域的发展(闫晶晶等，2015；杨建，2010)。依据《成都市新型城镇化规划(2015—2020 年)》与 2015 年的《重庆大都市区规划》以及成渝城市群自身的特点，本书按照"双核双区、多极网络"高度融合的成渝城市群空间结构布局，将成渝城市群具体分为三个层级，包括双核大都市区、多极都市新区和网络外围都市区。

1) 双核心都市区

核心都市区主要以集约型发展为主，按照产城融合、同步配套、绿色发展等原则引导新区建设，其就业机会和配套水平优于一般中心城区，引导外来人口集聚的能力强。双核心都市区分别为成都核心都市区与重庆核心都市区。其中，重庆核心都市区是以 9 个都市功能区的主城为核心，与都市发展新区各区的城区共同构成的大都市区域。成都大都市区以中心城区为核心，与成都非中心城区共同构成都市核心区，并与其都市发展新区连接。

2) 都市发展新区

都市发展新区作为核心都市区外延的卫星城区，起着协同核心区域共同发展的作用。成都都市发展新区包括周边的资阳、德阳、眉山市域全部区市县，以及雅安的雨城区和名山区。重庆都市发展新区包括涪陵区、长寿区、江津区、合川区、永川区、南川区、綦江区、大足区、璧山区、铜梁区、潼南区、荣昌区等 12 个地区。

3) 多极网络都市区

多极网络都市区是由环形和多条放射状的小城市、小城镇发展轴联结形成的轴带圈层网络化空间形态，最终构成核心都市区-都市发展新区-多极网络城市区的大都市区城镇结构体系。区域内各城镇承担区域性功能并"独立成市"，且通过有形和无形网络紧密联系，形成多中心、组团式、网络化、集约型的新型小城市群。成渝城市群的多极网络城市区主要包含除核心都市区和都市发展新区以外的外围小城市和小城镇网络群，如绵阳、遂宁、自贡等城镇网络群。这些城镇网络群的地位和作用不再由行政等级和规模大小决定，而是由城镇在网络中的作用决定。原有城镇体系中，城镇规模越大、行政等级越高，城市地位则越高，发挥的作用越大，所获得的发展资源也越多。在网络城市中，各城镇的地位是由自身的特色功能和对交通、信息等资源的控制力所决定的。

4.1.3　成渝城市群"自然-人文"现状

成渝城市群是近年来空气污染发生严重和频繁的城市群地区之一。空气污染主要受两方面因素影响：一方面，人为污染物排放；另一方面，不利的自然天气条件阻碍空气污染物的稀释和扩散，而天气条件特征又受到区域自然因素的影响。因此分析成渝城市群空气污染的现状及其影响机制之前，有必要对成渝城市群的自然要素和人文(社会经济)要素的现状背景进行阐述和分析。

1. 成渝城市群自然环境现状

1) 地理区位概况

成渝城市群位于我国最大的外流盆地——四川盆地，地处长江上游地区，海拔 500m 左右。成渝城市群西依青藏高原和横断山脉，北接秦巴山区，与汉中盆地相望，东接湘鄂西山地，南连云贵高原，盆地北缘米仓山，南缘大娄山，东缘巫山，西缘邛崃山，西北边缘龙门山，东北边缘大巴山，西南边缘大凉山，东南边缘武陵山。四川盆地可明显分为边缘山地和盆地底部两大部分，而成渝城市群除重庆以外的绝大多数城市位于盆地底部。

根据一定的地理学原理，空气污染物在不同的地势地貌地区会呈现不同的状态(王兰生等，1998)。污染物遇到山地会在迎风面下沉堆积，引起山地迎风面局部污染。污染物随着风的作用越过丘陵地区，容易在丘陵背面形成风漩涡，污染物也随之下沉，对丘陵地区造成污染。此外，地势高的地方和地势低洼的地方，也存在气压不同的现象。夜晚地势低洼地区散热慢，近地面气温相对较高，空气污染物容易稀释和扩散；地势相对较高的地区散热快，气温低、气压高，在垂直方向容易形成逆温现象，使得空气污染物难以扩散，加剧空气污染。部分地区晚上易受江风影响，江风沿长江吹向盆地内部，使得污染物也随之扩散到盆地底部地区，经过光化学反应形成二次污染。成渝城市群区域城市的地形分布可归纳为表 4.2。

表 4.2　按照地形地貌划分的成渝城市群

地形地貌	主要城市
山地、丘陵	广安市、达州市、重庆市
平原	成都市、绵阳市、德阳市、眉山市、雅安市、南充市、遂宁市、资阳市
丘陵	泸州市、宜宾市、自贡市、内江市、乐山市

2) 气象气候特征

成渝城市群地处四川盆地(包括四川盆地及周围山地)亚热带湿润性季风气候区，全年温暖湿润，四季分明、无霜期长、雨量充沛、日照较少，年均温度 16～18℃，日温≥10℃ 的持续期为 240～280 天，积温达到 4000～6000℃，气温日较差小，年较差大，冬暖夏热，无霜期 230～340 天。四川盆地云量多，晴天少，全年日照时间较短，仅为 1000～1400h，比同纬度的长江下游地区少 600～800h。雨量充沛，年降水量达 800～900mm。

2. 成渝城市群人文现状分析

随着我国改革开放和西部大开发的持续推进，再到长江经济带、"一带一路"倡议的实施，我国西部地区的经济、社会、文化等方面得到快速的发展，位于西部核心区域的成渝城市群的城镇化、工业化不断推进，城市基础设施、科技、产业等持续发展。另外，成渝城市群的城镇人口比重、城市综合功能也在不断提升。成渝城市群是西部地区经济发展的发达地区，承担着产业经济集聚和城镇扩张的重要作用。现阶段，成渝城市群处于快速成长阶段，第二、三产业比重的提升推动了区域农业人口向非农人口的转变。2017 年，成渝城市群城镇人口为 5615 万人，城镇化率为 56.38%，比川渝两地(四川省与重庆市)的城镇化率高 2 个百分点，比我国平均城镇化水平低 2.14 个百分点(表 4.3)。与此同时，成渝城市群的城镇化水平明显低于其他东部与中部城市群，如京津冀(64.48%)、长三角(70.85%)、珠三角(85.29%)、长江中游(58.89%)等城市群，因此随着成渝城市群的不断发展，其城镇化进程也将继续推进。

表 4.3 2017 年成渝城市群与其他区域的城镇化水平

地区	城镇人口/万人	总人口/万人	城镇化水平/%
成渝城市群	5615	9960	56.38
川渝两地	6187	11377	54.38
京津冀城市群	7170	11119	64.48
长三角城市群	10826	15280	70.85
珠三角城市群	5246	6151	85.29
长江中游城市群	7648	12987	58.89
全国	81347	139008	58.52

成渝城市群是我国西部地区人口最密集的区域。成渝城市群面积仅占四川省与重庆市总面积的 32.5%，却集聚着四川省与重庆市 87.5%的人口，达到了 9960 万人，包括 5615 万城镇居民。成渝城市群的城镇密集度也是我国西部地区之最，在 18.5 万 km² 的区域内，分布着 2 个超大城市，11 个大城市，3 个中等城市与 13 个小城市。成渝城市群的城市密度高达 1.57 座/万 km²，远远超过我国平均水平(0.7 座/万 km²)。与此同时，成渝城市群的城镇体系较为健全，区域内的乡、镇、街道数量达到 3609 个，城镇密度为 195.08 座/万 km²，远高于我国西部地区(22.95 座/万 km²)与我国平均水平(41.55 座/万 km²)，见表 4.4。

表 4.4 2017 年成渝城市群城镇发展状况

指标	数值	指标	数值
面积/万 km²	18.5	乡、镇、街道数量/座	3609
城市数量/个①	29	城市密度/(座/万 km²)	1.57
总人口/万人	9960	乡、镇、街道密度/(座/万 km²)	195.08
城镇人口/万人	5615	县(市、区)数量/座	142

---

① 注：城市包括直辖市、副省级市、地级市和县级市

基于城市地位与发展空间视角，现阶段成渝城市群包括 2 个国家中心城市，即成都市和重庆市。成渝城市群依托于成渝经济区，构建的双核经济发展模式，极大提高了核心城市的空间辐射能力和范围。与此同时，成渝城市群范围内铁路、公路等交通基础设施的迅猛发展，使得交通沿线的城镇快速壮大并形成多个城镇网络集合群，城市群区域空间发展表现为点轴式的空间布局形态。

3. 成渝城市群经济现状

1) 成渝城市群经济发展

成渝城市群依托成渝经济区，以重庆市和成都市两大中心城市为核心，是我国西部经济实力最雄厚的区域。2007～2017 年，成渝城市群地区生产总值(GDP)的年增长率为 10%左右，2017 年的地区生产总值已达到 5.36 万亿元(图 4.2)。2017 年成渝城市群的 GDP 占四川省和重庆市两地 GDP 的 94.8%，占西部地区(12 个省、自治区和直辖市)的 31.33%，占我国的 6.47%。

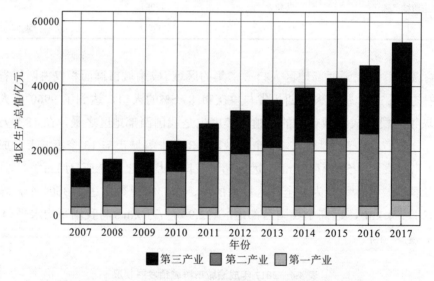

图 4.2　2007～2017 年成渝城市群地区生产总值与产业结构

基于人均 GDP 视角，2017 年成渝城市群的人均 GDP 为 53767 元，略高于川渝两地(四川省与重庆市)的人均 GDP，略低于我国平均水平，远低于其他城市群，如京津冀(73959元/人)、长三角(107738 元/人)、珠三角(123257 元/人)及长江中游城市群(61114 元/人)。基于经济密度视角，2017 年成渝城市群的经济密度为 0.2895 亿元/km^2，是川渝地区(四川省与重庆市)的 2.91 倍，是我国平均水平的 3.36 倍，与长江中游城市群差异不大(0.250亿元/km^2)，但与我国其他发达的国家级城市群相比，成渝城市群的经济密度仍处于中下水平(表 4.5)。

表 4.5　2017 年成渝城市群与其他地区的经济发展水平

地区	全国	川渝两地	成渝城市群	京津冀城市群	长三角城市群	珠三角城市群	长江中游城市群
面积/(万 km²)	963	56.84	18.5	22.08	21.17	18.1	31.7
GDP/亿元	827122	56480	53552	82235	164627	75810	79370
人均 GDP/(元/人)	59502	49643	53767	73959	107738	123257	61114
经济密度/(亿元/km²)	0.0862	0.0994	0.2895	0.3720	0.7780	0.4190	0.2500
第二产业占比/%	40.46	40.53	44.57	36.90	43.05	42.11	46.99

2) 成渝城市群产业结构

近十年成渝城市群的经济发展经历了多个阶段,其产业结构也在逐渐优化。基于产业结构视角,现阶段成渝城市群的三次产业结构为"三二一"模式,但仅 2017 年成渝城市群的第三产业比重高于第二产业(表 4.6)。2017 年,重庆市和成都市作为成渝城市群的核心城市,其第二产业比重分别已达 49%、53.2%,且两个城市的第三产业增加值占成渝城市群总量的 71%,表明其他城市(除重庆与成都)的第三产业比重仍较低,具有较大的提升空间。此外,成渝城市群第二产业比重较大,其占 GDP 的比重为 44.57%,高于川渝两地水平(40.53%),高于我国平均水平与部分城市群水平(京津冀、长三角与珠三角城市群等)。具体而言,成渝城市群范围内城市与城市之间的产业趋同现象较严重,多数城市以劳动密集型产业为主(尤其是加工制造领域),绿色科技创新产业比重较低。

2007~2017 年成渝城市群的三次产业发展见表 4.6,呈现为以下特征:

(1) 成渝城市群 GDP 逐年提高。2017 年,成渝城市群的 GDP 为 5.36 万亿元,是 2007 年的 3.82 倍。2007~2017 年,成渝城市群第一产业增加值增长幅度较小,其占 GDP 的比重呈现逐年递减态势;第二产业增加值逐年增加,但其占比呈现先增后减趋势,其中 2012 年达到峰值为 50.32%;第三产业增加值也呈现为逐年递增趋势,且其占比也为逐年递增(除 2011 年与 2012 年第三产业增加值占比呈现小幅下降),截至 2017 年达到 46.59%。上述变化表明,2007~2017 年成渝城市群的三产业结构逐年朝着"三二一"模式优化,且 2017 年成渝城市群第三产业增加值占比已经成功超过第二产业。

(2) 成渝城市群整体的产业结构仍不够理想。2012~2017 年,成渝城市群第一、二产业比重逐年下降,且第三产业比重呈现为稳步上升的态势,尤其是近 4 年(2014~2017 年)第三产业增加值比重的增长幅度较大(表 4.6)。现阶段,成渝城市群仍处于工业化后期与新型城镇化转型期,其第三产业基础薄弱,仍需要长时间的不断壮大。同时,成渝城市群"三二一"模式的产业结构仍需不断优化,需要依赖于第一产业农业效率的不断提高与第二产业比重的不断降低。

表 4.6   2007~2017 年成渝城市群三次产业发展水平

年份	第一产业		第二产业		第三产业		城市群 GDP/亿元
	增加值/亿元	比例/%	增加值/亿元	比例/%	增加值/亿元	比例/%	
2007	2143.69	15.28	6503.64	46.34	5386.35	38.38	14033.68
2008	2472.79	14.63	7934.01	46.94	6493.90	38.42	16900.70
2009	2498.66	13.05	9071.88	47.39	7572.10	39.56	19142.64
2010	2750.64	11.85	11267.95	48.56	9186.44	39.59	23205.03
2011	3298.53	11.37	14383.32	49.60	11319.49	39.03	29001.34
2012	3645.51	10.96	16740.97	50.32	12881.62	38.72	33268.10
2013	3859.33	10.47	18400.40	49.92	14602.95	39.61	36862.68
2014	4016.04	9.87	20193.17	49.64	16466.25	40.48	40675.46
2015	4251.55	9.68	21319.73	48.52	18366.19	41.80	43937.47
2016	4572.19	9.49	22599.72	46.91	21005.76	43.60	48177.67
2017	4733.73	8.84	23867.87	44.57	24951.80	46.59	53553.40

3) 成渝城市群能源消费和效率水平

图 4.3 为成渝城市群 2009~2017 年能源消费变化状况，成渝城市群能源消费总量处于平缓上升趋势，且 2014~2017 年该地区的能源消费总量上升幅度较小。另外，成渝城市群的煤炭消费总量呈现先增后减的趋势，且能源消费结构以煤炭为主，2009~2017 年的煤炭消费量占能源消费总量的比重均高于 44%。2009 年以来区域煤炭消费占比逐年下降（除 2012 年呈现小幅度上涨），表示成渝城市群能源消费结构处于优化阶段，截至 2017 年煤炭消费占比约为 44%。

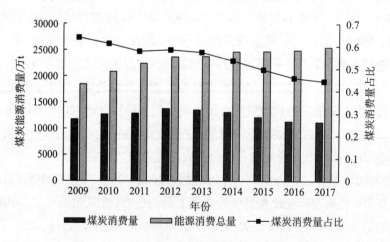

图 4.3   成渝城市群 2009~2017 年能源消费变化

来源：2009~2017 年《四川统计年鉴》《重庆统计年鉴》，四川省统计局。

基于能源效率维度，单位工业增加值能耗指标能综合反映成渝城市群工业能源经济效益的好坏。2014~2017 年成渝城市群 16 个城市的单位工业增加值能耗及其变动情况如表 4.7 所示。首先，成渝城市群不同城市的单位工业增加值能耗差异巨大，最高的是达州市(2014～2017 年的单位工业增加值能耗分别为 2.811 吨标准煤/万元、2.622 吨标准煤/万元、2.061 吨标准煤/万元与 2.097 吨标准煤/万元)，远远超过最低的重庆市(2014～2017 年的单位工业增加值能耗分别为 0.746 吨标准煤/万元、0.712 吨标准煤/万元、0.782 吨标准煤/万元与 0.597 吨标准煤/万元)。2014～2017 年成渝城市群的单位工业增加值能耗呈现快速降低的趋势。2014 年，除成都与重庆的单位工业增加值能耗呈现上涨(涨幅分别为 13.90%与 5.78%)，其他城市的单位工业增加值能耗均不同幅度下降，其下降幅度为 6.03%～27.83%；2015 年、2016 年与 2017 年，成渝城市群的 16 个城市的单位工业增加值能耗均不同幅度的下降(除 2016 年重庆与 2017 年的达州)。因此，结果表明成渝城市群的各个城市正在致力于提高工业能源的使用效率，并已取得一定的成果，尤其是单位工业增加值能耗较高的城市。

表 4.7　成渝城市群 16 个城市的单位工业增加值能耗

城市	2014 年		2015 年		2016 年		2017 年	
	单位工业增加值能耗/(吨标准煤/万元)	增长幅度/%	单位工业增加值能耗/(吨标准煤/万元)	增长幅度/%	单位工业增加值能耗/(吨标准煤/万元)	增长幅度/%	单位工业增加值能耗/(吨标准煤/万元)	增长幅度/%
成都市	0.967	13.90	0.891	-7.86	0.826	-7.30	0.768	-7.02
自贡市	1.063	-27.83	0.839	-21.07	0.769	-8.34	0.703	-8.58
泸州市	2.074	-6.03	1.784	-13.98	1.631	-8.58	1.548	-5.09
德阳市	1.122	-11.23	0.967	-13.81	0.838	-13.34	0.746	-10.98
绵阳市	1.668	-7.18	1.336	-19.90	1.115	-16.54	1.040	-6.73
遂宁市	1.734	-10.94	1.442	-16.84	1.259	-12.69	1.107	-12.07
内江市	2.413	-10.50	2.063	-14.50	1.925	-6.69	1.822	-5.35
乐山市	2.179	-7.94	1.979	-9.18	1.865	-5.76	1.703	-8.69
南充市	1.246	-10.81	1.157	-7.14	1.082	-6.48	1.001	-7.49
眉山市	2.082	-11.89	1.643	-21.09	1.394	-15.16	1.299	-6.81
宜宾市	1.828	-9.10	1.459	-20.19	1.365	-6.44	1.211	-11.28
广安市	2.300	-6.73	1.906	-17.13	1.634	-14.27	1.507	-7.77
达州市	2.811*	-11.18	2.622*	-6.72	2.061*	-21.40	2.097*	1.75
雅安市	1.283	-6.08	1.167	-9.04	1.108	-5.06	0.913	-17.60
资阳市	0.966	-10.89	0.885	-8.39	0.782*	-11.64	0.649	-17.01
重庆市	0.746*	5.78	0.712*	-4.56	0.782*	9.77	0.597*	-7.05

注：表中带有*的单位工业增加值能耗表示该年度的最低或最高的单位工业增加值能耗。

4) 成渝城市群废气排放与机动车保有量

我国能源消费结构中石油和煤炭达到 85%以上，化石能源的消耗产生了大量工业废气，一定程度上加剧了空气污染，尤其是 $PM_{2.5}$ 污染(吴建南等，2016)。2014~2017 年，成渝城市群 16 个城市的工业烟(粉)尘排放量及其与上一年的增减变化情况如表 4.8 所示，其中斜线区域表示统计年鉴缺少公开数据。2014~2017 年，成渝城市群的工业烟(粉)尘排放量呈现为"先涨后跌"的两阶段变化：第一阶段为 2014 年，成渝城市群 13 个城市的工业烟(粉)尘排放量表现为上涨，其中自贡、内江与达州的上涨幅度均超过 100%；第二阶段为 2015~2017 年，多数城市的工业烟(粉)尘排放量减少。2015 年 10 个城市的排放量与上一年相比减少；2016 年 9 个城市的排放量下降(仅 10 个城市有公开数据)，唯一上涨的广安市，其涨幅仅为 0.01%；2017 年 8 个城市的排放量下降(仅 9 个城市有公开数据)，下降幅度为 13.66%~78.02%，泸州的工业烟(粉)尘排放量增加 13.26%。不同城市的工业烟(粉)尘排放量差异明显，例如，2014 年重庆市、成都市、内江市、乐山市、宜宾市与达州市等 6 个城市的工业烟(粉)排放量均超过 20000t，而遂宁市与南充市的排放量均不超过 5000t。

表 4.8　2014~2017 年成渝城市群 16 个城市的工业烟(粉)尘排放量

城市	2014 年		2015 年		2016 年		2017 年	
	排放量/t	增长幅度/%	排放量/t	增长幅度/%	排放量/t	增长幅度/%	排放量/t	增长幅度/%
重庆市	214774	19.42	196416	-8.55	83787	-57.34	68731	-17.97
成都市	25574	19.21	20607	-19.42				
自贡市	7973	156.04	7171	-10.06	2935	-59.07	2178	-25.79
泸州市	8741	41.07	7310	-16.37	5746	-21.40	6508	13.26
德阳市	19847	85.19	18409	-7.25	11486	-37.61		
绵阳市	8401	5.67	13522	60.96	9529	-29.53		
遂宁市	2567	-7.13	2552	-0.58	1655	-35.15		
内江市	31169	124.79	31519	1.12	27726	-12.03	6094	-78.02
乐山市	38620	32.04	35530	-8.00	28616	-19.46	24706	-13.66
南充市	4428	10.62	4310	-2.66				
眉山市	13352	4.33	17030	27.55			7937	-53.39
宜宾市	20224	29.83	14415	-28.72			7739	-46.31
广安市	17447	-18.70	14714	-15.66	14715	0.01	6243	-57.57
达州市	34827	172.26	46321	33.00			14803	-68.04
雅安市	11271	33.89	11652	3.38	6428	-44.83		
资阳市	3077	-34.39	6677	117.00				

注：2016 年缺少工业烟(粉)尘排放量的城市，其 2017 年增减幅度为与 2015 年对比的结果。
资料来源：2014~2017 年《中国城市统计年鉴》。

21 世纪以来，我国机动车数量增长迅猛，其中 2007~2017 年年均增长率达到 15%，机动车尾气排放已成为大中型城市 $PM_{2.5}$ 污染的主要来源(郭宇宏等，2014)。2014~2017 年成渝城市群 16 个城市的机动车保有量及年增长幅度如表 4.9 所示，由于 2013 年及以前

《四川统计年鉴》无各地级市的机动车保有量，故缺少 2014 年增长率数据。成渝城市群内 16 个城市的机动车保有量具有以下特征：首先，2014～2017 年成渝城市群内重庆与成都机动车保有量均超过 300 万辆，远远超过其他 14 个城市。成渝城市群除重庆、成都以外的城市机动车保有量最多为 58.4 万辆(2017 年绵阳)，最少为 11.8 万辆(2014 年雅安)。其次，2014～2017 年成渝城市群 16 个城市的机动车保有量大多数呈现上涨趋势，且增幅均超过 10%，除 2015 年重庆市机动车保有量仅增长 4.82%与 2016 年资阳市机动车保有量下降 12%。未来成渝城市群各个城市的机动车保有量仍可能保持一定的上升趋势，机动车尾气排放对区域空气环境污染的贡献率也将持续上涨，因此控制机动车尾气排放将成为成渝城市群空气环境污染治理的重要内容之一。

表 4.9　2014～2017 年成渝城市群 16 个城市的机动车保有量

城市	2014 年机动车保有量/万辆	2015 年机动车保有量/万辆	2015 年增长率/%	2016 年机动车保有量/万辆	2016 年增长率/%	2017 年机动车保有量/万辆	2017 年增长率/%
重庆市	441.07	462.32	4.82	510.25	10.37	567.5	11.22
成都市	312.8	366.2	17.07	412.5	12.64	451.5	9.45
自贡市	13.8	16	15.94	19.1	19.38	22.4	17.28
泸州市	21	24.1	14.76	29.6	22.82	35.2	18.92
德阳市	32	36	12.50	41.5	15.28	45.9	10.60
绵阳市	37.8	42.7	12.96	50.4	18.03	58.4	15.87
遂宁市	13.3	15.5	16.54	18.8	21.29	22.1	17.55
内江市	13.8	15.6	13.04	18.7	19.87	21.8	16.58
乐山市	22.3	25.5	14.35	30.2	18.43	34.9	15.56
南充市	27.7	32.7	18.05	39.5	20.80	45.7	15.70
眉山市	19	21.6	13.68	25.9	19.91	30.5	17.76
宜宾市	19.2	22.2	15.63	26.9	21.17	32.2	19.70
广安市	12	14.1	17.50	17.2	21.99	20.8	20.93
达州市	18.1	21.1	16.57	26.1	23.70	30.9	18.39
雅安市	11.8	13.1	11.02	14.9	13.74	16.5	10.74
资阳市	13.3	15	12.78	13.2	-12.00	15.6	18.18

4.1.4　成渝城市群的空气环境问题

成渝城市群作为长江上游重要的生态屏障，其社会经济发展与资源环境约束的现实矛盾日趋加剧。城市群可持续发展依赖于稳定的生态环境系统与健康运行的社会经济系统，两大系统之间相互促进、相辅相成。现阶段，成渝城市群的社会经济与生态环境发展中仍存在一些不协调的现象。

成渝城市群正处于工业化和城镇化的高速发展阶段，尽管环境保护工作成绩突出，但空气环境污染较重的问题依然比较突出。重庆市直辖以来，以成都和重庆市为中心的城市高速发展，提升了成渝城市群区域内中心城市的经济发展水平，但不合理的城市发展与规划导致产业结构、空间布局与生态环境严重失衡。随着国家政策的逐步调整，新型城镇化的不断深化，形成了以城市群为区域发展主体的新形态。成渝城市群正处于快速发展阶段，产业集聚、城市扩张、建设用地面积增加等一系列人类社会活动产生了大量废弃物，尤其是集中排放的工业"三废"，已经突破区域空气环境承载力的阈值，由此带来的雾霾等空气环境问题已经严重影响该区域的发展水平和质量(高红丽，2011)，并成为成渝城市群社会经济发展的主要"瓶颈"(陈颖锋等，2015)。另外，成渝城市群处于四川盆地，其不利的地形地貌和气象条件进一步加剧了区域空气环境质量的恶化。因此，快速全面诊断现阶段成渝城市群发展过程中的空气污染状态，有利于分析成渝城市群空气污染的影响机制，为提出成渝城市群空气污染联防联控策略提供研究基础和科学依据。

4.2　成渝城市群空气污染的时空特征

2012 年我国《环境空气质量标准》(GB 3095—2012)规定了空气环境污染的六种基本污染物，包含可吸入颗粒物(PM_{10})、细颗粒物($PM_{2.5}$)、二氧化硫(SO_2)、二氧化氮(NO_2)、一氧化碳(CO)和臭氧(O_3)。其中，成渝城市群内 $PM_{2.5}$ 污染较其他空气污染物而言尤为严重。2017 年，成渝城市群以 $PM_{2.5}$ 为首要污染物的天数所占比例高达 40.39%，位居六大空气污染物之首，区域内大部分城市的首要污染物是 $PM_{2.5}$ 的天数占比为 30%～65%，详细数据见附录中表 1。因此，为重点研究成渝城市群 $PM_{2.5}$ 的时空分布特征与影响机制，本书将第 7 章作为 $PM_{2.5}$ 污染专题研究，而第 4 章与第 6 章仅涉及其他五种空气污染物的相关研究。

城市群空气污染的时空分布特征是区域空气环境研究的重点领域，也是本书的研究基础。区域空气环境作为城市群生态复合系统的重要组成部分，与自然、人文活动等要素密切相关，其空间分布特征极大程度上受人类活动和自然环境的影响。同时，区域空气环境在不同时间尺度上也会呈现差异化规律，具体表现为空气污染物浓度的周期性演变规律。因此，定量化分析城市群空气环境变化的时空特征有助于理解空气污染物的演变过程，为分析城市群发展及其导致的空气污染效应提供至关重要的基础数据和分析依据。

4.2.1　空气污染物浓度状况

1. PM_{10} 年均浓度状况

本书将 PM_{10} 浓度划分为 6 个污染等级，即优($0～20\mu g/m^3$)，良($20～40\mu g/m^3$)，轻度污染($40～50\mu g/m^3$)，中度污染($50～70\mu g/m^3$)，重度污染($70～150\mu g/m^3$)，严重污染($>150\mu g/m^3$)。图 4.4 表示成渝城市群范围内各个地级及以上城市的 PM_{10} 年均浓度。成渝城市群 PM_{10} 年均浓度的空间分布整体呈现两大极点，即成都市和自贡市，其 PM_{10} 年均浓度最高，分别为 98.01μg/m³、103.68μg/m³，表明 PM_{10} 污染相对更严重。重庆市、达州市、德阳市、乐山市、泸州市、眉山市、南充市、内江市、遂宁市和宜宾市等 10 个城市的 PM_{10} 年均浓度次之，位于 81.76~90.21μg/m³。雅安市、绵阳市、资阳市和广安市等 4 个城市的 PM_{10} 年均浓度相对较低，均低于 80μg/m³，PM_{10} 污染程度较轻，其中雅安市 PM_{10} 年均浓度仅为 67.20μg/m³。根据本书的 PM_{10} 浓度划分标准，成渝城市群有 15 个地级及以上城市 PM_{10} 年均浓度均处于 70~150μg/m³，属于重度污染，仅雅安市的 PM_{10} 年均浓度属于轻度污染。总体而言，2015 年成渝城市群 PM_{10} 污染的覆盖面积大、程度较为严重。

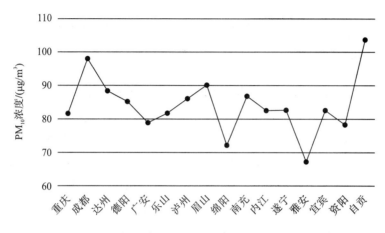

图 4.4　2015 年成渝城市群 PM_{10} 年均浓度空间分布状况

2. SO_2 年均浓度状况

本书将 SO_2 浓度划分为 6 个等级，即优(0~20μg/m³)，良(20~40μg/m³)，轻度污染 (40~60μg/m³)，中度污染(60~100μg/m³)，重度污染(100~125μg/m³)，严重污染 (>125μg/m³)。图 4.5 表示成渝城市群范围内各个地级及以上城市的 SO_2 年均浓度。成渝城市群 SO_2 年均浓度的高值区集中在资阳市，其 SO_2 浓度最高，为 27.28μg/m³，污染程度最为严重；广安市、内江市以及宜宾市的 SO_2 年均浓度均处于 20~25μg/m³，处于次高值范围；重庆市、成都市、乐山市、泸州市、眉山市和自贡市等 6 个城市的 SO_2 年均浓度相对较低，为 15~20μg/m³；达州市、德阳市、绵阳市、南充市、遂宁市和雅安市等 6 个城市的 SO_2 年均浓度均低于 15μg/m³，其中南充市最低，仅为 11.77μg/m³。整体而言，根据 SO_2 浓度的划分标准，成渝城市群 4 个城市(广安市、内江市、宜宾市和资阳市)的 SO_2 年均浓度处于 20~40μg/m³，SO_2 污染等级为良，而其他 12 个城市的 SO_2 污染等级均为优，表明 2015 年成渝城市群总体 SO_2 污染程度较轻，空气环境质量良好。

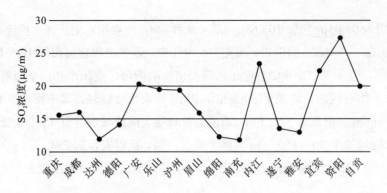

图 4.5　2015 年成渝城市群 SO$_2$ 年均浓度空间分布状况

3. NO$_2$ 年均浓度状况

本书将 NO$_2$ 浓度划分为 6 个污染等级，即优（0～40μg/m^3），良（40～50μg/m^3），轻度污染（50～60μg/m^3），中度污染（60～80μg/m^3），重度污染（80～120μg/m^3），严重污染（>120μg/m^3）。图 4.6 表示成渝城市群范围内各个地级及以上城市的 NO$_2$ 年均浓度。成渝城市群内成都市的 NO$_2$ 年均浓度最高，为 43.04μg/m^3，NO$_2$ 污染最为严重，重庆市和达州市为 NO$_2$ 浓度次高值区，分别为 37.33μg/m^3、36.39μg/m^3；广安市、遂宁市、雅安市和资阳市的 NO$_2$ 年均浓度相对较低，均低于 25μg/m^3，NO$_2$ 污染程度相对较轻。根据 NO$_2$ 浓度划分标准，成渝城市群 2015 年仅成都市的 NO$_2$ 年均浓度处于 40～50μg/m^3，NO$_2$ 污染等级为良，而其余 15 个城市的 NO$_2$ 年均浓度均低于 40μg/m^3，污染等级均为优。整体而言，成渝城市群 2015 年的 NO$_2$ 污染程度较轻，污染面积也相对较小，整个成渝城市群的空气质量良好。

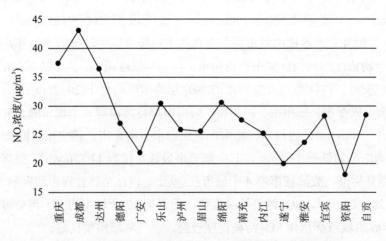

图 4.6　2015 年成渝城市群 NO$_2$ 年均浓度空间分布状况

4. CO 年均浓度状况

本书将 CO 浓度划分为 6 个等级，即优（0～1mg/m^3），良（1～2mg/m^3），轻度污染（2～

$3mg/m^3$），中度污染（$3\sim4mg/m^3$），重度污染（$4\sim5mg/m^3$），严重污染（$>5mg/m^3$）。图 4.7 表示成渝城市群范围内各个地级及以上城市的 CO 年均浓度。成渝城市群 CO 年均浓度呈现两大极点，即重庆市与乐山市，其 CO 年均浓度相对较高，均为 $1.07mg/m^3$；眉山市、内江市和泸州市则为 CO 年均浓度的低值区，其浓度值分别为 $0.67mg/m^3$、$0.67mg/m^3$、$0.69mg/m^3$，CO 污染程度较轻。根据本书 CO 浓度的划分标准，2015 年成渝城市群内 5 个城市（重庆市、成都市、达州市、德阳市和乐山市）CO 年均浓度处于 $1\sim2mg/m^3$，CO 污染等级为良，而其他 11 个城市的 CO 污染等级为优，表明 2015 年该城市群整体 CO 污染较轻。

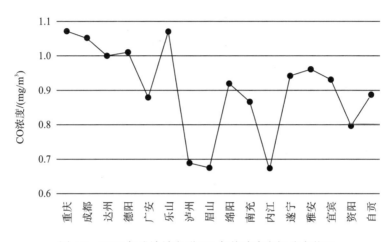

图 4.7　2015 年成渝城市群 CO 年均浓度空间分布状况

5. O_3 年均浓度状况

根据欧美发达国家污染物标准，本书将 O_3 浓度的划分为 6 个等级，即优（$0\sim30\mu g/m^3$），良（$30\sim50\mu g/m^3$），轻度污染（$50\sim70\mu g/m^3$），中度污染（$70\sim100\mu g/m^3$），重度污染（$100\sim160\mu g/m^3$），严重污染（$>160\mu g/m^3$）。图 4.8 表示成渝城市群范围内各个地级及以上城市的 O_3 年均浓度。成渝城市群 O_3 年均浓度的最高值位于成都市，为 $124.42\mu g/m^3$；次高值位于德阳市、眉山市、内江市和资阳市，其年均 O_3 浓度处于 $111.04\mu g/m^3 \sim 112.98\mu g/m^3$；成渝城市群 O_3 浓度低值区则为南充市与雅安市，浓度值分别为 $67.13\mu g/m^3$、$62.62\mu g/m^3$。根据本书 O_3 的污染等级划分标准，成渝城市群内 7 个城市（成都市、德阳市、广安市、乐山市、眉山市、内江市和资阳市）O_3 年均浓度处于 $100\sim160\mu g/m^3$，属于重度污染；7 个城市（重庆市、达州市、泸州市、绵阳市、遂宁市、宜宾市与自贡市）O_3 年均浓度处于 $70\sim100\mu g/m^3$，属于中度污染；仅南充市与雅安市 O_3 浓度等级为轻度污染。因此，基于 O_3 污染等级与污染面积角度，2015 年成渝城市群 O_3 污染相对较为严重。

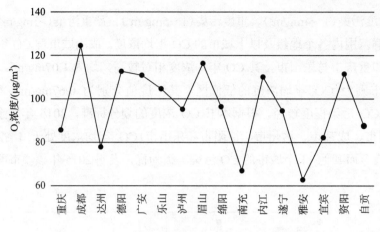

图 4.8　2015 年成渝城市群 O_3 年均浓度空间分布状况

4.2.2　空气污染季节变化规律

1. PM_{10} 季节变化规律

2015 年成渝城市群的 PM_{10} 年均浓度为 73.05μg/m³，呈现为冬春季节高、夏秋季节低的季节变化趋势（图 4.9）。其中，冬季和春季的 PM_{10} 平均浓度分别为 106.30μg/m³ 与 73.62μg/m³，均为重度污染；夏季和秋季的 PM_{10} 平均浓度分别为 51.21μg/m³ 与 60.93μg/m³，均为中度污染。

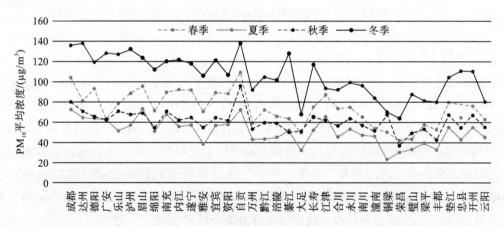

图 4.9　2015 年成渝城市群 PM_{10} 季节变化规律

成渝城市群 PM_{10} 浓度的季度空间分布呈现出显著的空间差异：春季，成渝城市群 PM_{10} 平均浓度的空间分布呈现出两大高值区，即成都市和自贡市，而低值区主要位于广安市、绵阳市、雅安市以及重庆市的部分区县；夏季，PM_{10} 平均浓度的高值区主要集中在 3 个城市，即成都市、眉山市和自贡市，次高值区主要集中在南充市和重庆的江津区，低值区主要集中在乐山市、绵阳市、雅安市和重庆的大足、铜梁、荣昌等部分区县；秋季，成渝

城市群 PM_{10} 平均浓度高值区集中在成都市和自贡市，低值区主要集中在雅安市、绵阳市以及重庆的荣昌、丰都等地区；冬季，成渝城市群 PM_{10} 平均浓度空间分布主要有三大高值区，分别为成都市、达州市和自贡市，低值区主要集中在重庆市的大足、荣昌、铜梁等地区。

2. SO_2 季节变化规律

2015 年成渝城市群的 SO_2 年均浓度为 $17.01\mu g/m^3$，季节差异不显著，但整体也呈现春冬季节高、夏秋季节低的周期变化规律（图 4.10）。成渝城市群冬季的 SO_2 平均浓度最高，为 $20.64\mu g/m^3$，春季 SO_2 平均浓度为 $19.01\mu g/m^3$，夏季为 $13.83\mu g/m^3$，秋季为 $14.46\mu g/m^3$。其中，成渝城市群冬季 SO_2 浓度比秋季高 $6.18\mu g/m^3$，区域冬季 SO_2 高值区主要集中于南部区域，如资阳的 SO_2 浓度高达 $33\mu g/m^3$；荣昌区夏季的 SO_2 浓度则最低（$9.45\mu g/m^3$）。

成渝城市群 SO_2 浓度高值区，即 SO_2 污染较为严重的地区主要集中在城市群中部及南部的大部分区域。2015 年春季，成渝城市群的 SO_2 空间分布显示，内江市、资阳市和黔江区为 SO_2 浓度的高值区，SO_2 污染较为严重；SO_2 浓度较低的地区集中在城市群边缘城市，如达州市、绵阳市、南充市、雅安市和重庆市部分区县（潼南、荣昌、梁平、垫江等）。夏季，SO_2 浓度高值区集中在乐山市、内江市、宜宾市、资阳市和綦江区，这些地区的 SO_2 污染较为严重；浓度低值区集中在达州市、绵阳市、遂宁市、雅安市以及重庆部分区县（包括万州、大足、潼南、荣昌等）。秋季，SO_2 浓度的空间布局呈现为在成渝城市群中部及西南地区为浓度高值区，而低值区主要为城市群东部和西北地区，高值区城市主要有广安市、乐山市、泸州市、内江市、宜宾市、资阳市和自贡市以及重庆的黔江、綦江、南川、铜梁等区县；低值区主要为达州市、德阳市、眉山市、绵阳市、南充市、遂宁市以及重庆的大足、潼南、荣昌、璧山等地区。冬季，SO_2 浓度的高值区主要集中在广安市、泸州市、眉山市、内江市、宜宾市、资阳市、自贡市以及重庆黔江、涪陵、綦江、合川、南川等区县；低值区主要集中在德阳市、绵阳市、南充市以及重庆的荣昌、梁平、云阳等地区。

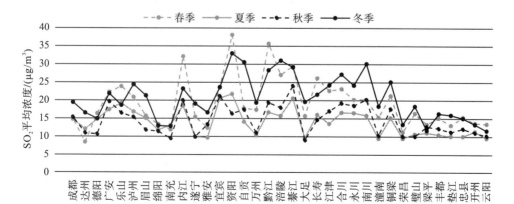

图 4.10 2015 年成渝城市群 SO_2 季节变化规律

3. NO₂季节变化规律

2015 年成渝城市群 NO₂ 年均浓度为 28.71μg/m³，呈现秋冬季节高、春夏季节低的季节变化规律(图 4.11)。根据本书划定的 NO₂ 浓度等级标准，成渝城市群不同季节 NO₂ 浓度的污染等级均为优或良(除成都冬季 NO₂ 浓度略高于 50μg/m³，属轻度污染)。春夏秋冬的 NO₂ 平均浓度分别为 23.55μg/m³、26.35μg/m³、29.77μg/m³ 和 35.21μg/m³，其中遂宁市、资阳市、广安市以及重庆的大足、潼南、荣昌等地区的空气质量较好。

成渝城市群 NO₂ 浓度的季度空间分布与上述其他空气污染物不同，NO₂ 浓度高值区主要集中在城市群西北部和东北部。春季，NO₂ 浓度高值区集中在成都市、自贡市、宜宾市以及重庆市部分地区；低值区主要集中在广安市、南充市以及重庆的大足、潼南、荣昌等地区。夏季，NO₂ 浓度最高值集中在成都市，次高值主要集中在达州市、绵阳市、自贡市以及重庆涪陵、江津、丰都、垫江等区县，浓度低值区主要集中在广安市、遂宁市、资阳市以及重庆部分区县，包括大足、潼南、荣昌等。秋季，成渝城市群 NO₂ 浓度空间分布的高值区集中在成都市，次高值区位于达州市、南充市以及重庆的涪陵、江津、丰都、垫江等区域，低值区主要集中在广安市、遂宁市、资阳市以及重庆的大足、潼南、荣昌、梁平等地区。冬季，成渝城市群 NO₂ 浓度的高值区仍集中在成都市，达州市与重庆涪陵、江津、垫江则为次高值区，低值区集中在雅安市、资阳市以及重庆部分区县(大足、潼南、荣昌等地)。

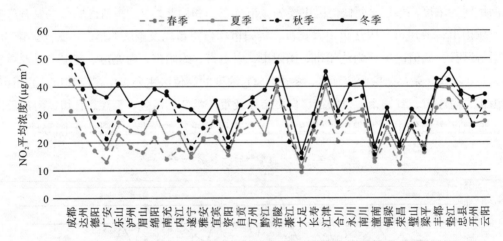

图 4.11　2015 年成渝城市群 NO₂ 季节变化规律

4. CO 季节变化规律

2015 年成渝城市群的 CO 年均浓度为 0.922mg/m³，区域整体呈现秋冬季节高、春夏季节低的季节变化规律(图 4.12)。成渝城市群春夏季节的 CO 平均浓度分别为 0.77mg/m³ 和 0.82mg/m³，空气质量等级均为优，尤其是内江、眉山、泸州以及重庆潼南、梁平等区域的空气质量较好；秋冬季节的 CO 平均浓度分别为 0.88mg/m³ 和 1.21mg/m³，空气质量等级分别为优和良。总体而言，2015 年成渝城市群不同季节的 CO 平均浓度的空气污染等级均为优或良。

　　成渝城市群 CO 浓度高值区主要集中在城市群中北部和中南部，次高值区则集中在西部和东部地区。春季，成渝城市群 CO 浓度的最高值位于乐山市，次高值区分散分布于成都市、达州市、德阳市、南充市、宜宾市、自贡市以及重庆丰都，低值区则集中在眉山市、内江市和重庆的潼南、铜梁、梁平等地区。夏季，CO 浓度高值区则集中于德阳市以及重庆的黔江、綦江、长寿、南川、丰都、垫江等地区，低值区仅集中在眉山市、内江市和资阳市。秋季，城市群 CO 浓度高值区范围分布在乐山市、雅安市以及重庆市綦江、长寿、南川、丰都、垫江等地区，低值区则广泛分布于泸州市、眉山市、南充市、内江市和资阳市。冬季，成渝城市群 CO 浓度高值区广泛分布，主要集中在重庆市（包括黔江、涪陵、綦江、南川、丰都、垫江、忠县等），低值区仅位于泸州市、眉山市、内江市以及重庆的铜梁和开州。

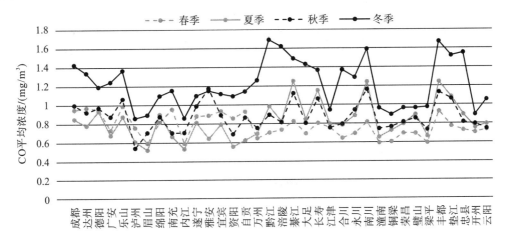

图 4.12　2015 年成渝城市群 CO 季节变化规律

5. O₃ 季节变化规律

　　2015 年成渝城市群的 O_3 年均浓度为 83.56μg/m³，呈现春夏季节高、秋冬季节低的显著季节变化特征（图 4.13）。成渝城市群春夏季节的 O_3 平均浓度分别为 92.83μg/m³ 和 107.57μg/m³，空气质量等级分别为中度和重度污染，高值区遍及整个成渝城市群，其中成都、德阳、方案、乐山、眉山、内江、资阳等城市的 O_3 污染最严重；秋冬季节的 O_3 平均浓度分别为 75.69μg/m³ 和 56.38μg/m³，其空气质量等级分别为中度污染和轻度污染，仅个别城市的冬季 O_3 平均浓度低于 50μg/m³（如达州、南充、雅安、宜宾以及重庆的万州、涪陵、大足等区域）。因此，2015 年成渝城市群不同季节的 O_3 平均浓度大多数处于受污染的状态。

　　成渝城市群 O_3 浓度高值区主要集中在城市群东部及东北部地区。春季，2015 年成渝

城市群 O_3 浓度的高值区主要集中在成都市和德阳市等地区,次高值区主要集中在眉山市、内江市和资阳市,低值区主要集中在南充市和雅安市。夏季,城市群北部的 O_3 浓度高值区主要集中在成都市与广安市,次高值区主要集中在高值区周边,包括德阳市、眉山市和内江市,低值区主要集中在雅安市以及重庆的黔江、涪陵、大足、潼南、荣昌等地区。秋季,成渝城市群北部的 O_3 高值区 O_3 浓度逐渐减小,其分布集中在成都市、广安市与眉山市,低值区仅集中于南充市、宜宾市以及重庆部分区县。冬季,O_3 浓度高值区主要集中在眉山市、绵阳市、内江市、资阳市和自贡市,而低值区仅集中达州市、南充市、雅安市以及重庆万州、涪陵、潼南、铜梁等区县。

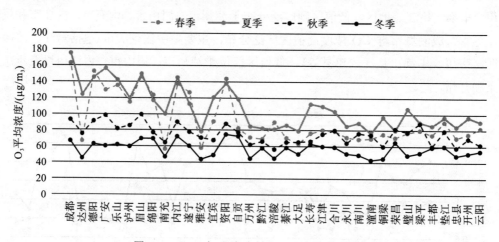

图 4.13　2015 年成渝城市群 O_3 季节变化规律

4.2.3　空气污染月度与逐日变化规律

1. PM_{10} 月度与逐日变化规律

基于成渝城市群 PM_{10} 日均浓度,得到每个城市不同 PM_{10} 污染等级的天数与频率,结果显示 2015 年成渝城市群 PM_{10} 浓度的达标天数(即 PM_{10} 污染等级为优或良)为 26 天。总体上,秋季 PM_{10} 浓度的达标天数最多,空气质量达标率为 15.38%;春、夏、冬季较少,其 PM_{10} 达标率分别为 3.3%、9.5% 和 1.1%(本书定义的春季为 3 月、4 月、5 月,夏季为 6 月、7 月、8 月,秋季为 9 月、10 月、11 月,冬季为 12 月、1 月和 2 月)。基于不同月份的角度,2 月、4 月、7～11 月达标率分别为 3%、10%、7%、26%、30%、8% 和 7%,PM_{10} 浓度达标率较低,但在全年处于达标率高值区;1 月、3 月、5 月、6 月和 12 月 PM_{10} 浓度达标率均为 0,即 PM_{10} 污染率高达 100%,其中 1 月 83% 的天数属于严重污染(图 4.14)。总体而言,成渝城市群全年共 326 天(全年有效天数为 352 天)处于污染的状态,PM_{10} 污染亟须改善。

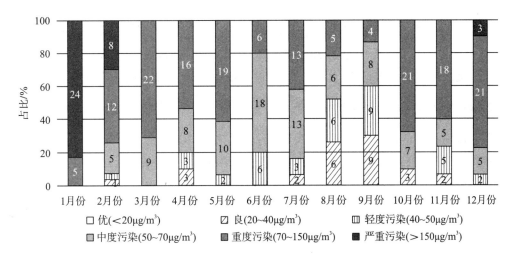

图 4.14　2015 年成渝城市群 PM₁₀ 浓度状况

注：柱状图中的数字表示 PM₁₀ 浓度对应出现的天数，后同。

  2015 年成渝城市群城市的 PM_{10} 月均浓度呈现明显的 "U" 形起伏变化规律（图 4.15），其月均浓度变化范围处于 $50.4\sim154.2\mu g/m^3$。具体而言，2～4 月呈现下降趋势，5～8 月基本平稳，9～12 月大致呈上升趋势，1 月、2 月、12 月则是 2015 年的高值区。其中，1月 PM_{10} 平均浓度最高，为 $154.2\mu g/m^3$，空气质量等级为重度污染；9 月平均浓度最低，仅 $50.4\mu g/m^3$，空气质量等级为中度污染；6 月、7 月、8 月、11 月的 PM_{10} 平均浓度处于 $54.8\sim67.0\mu g/m^3$，均为中度污染；2 月、3 月、4 月、5 月、10 月的 PM_{10} 平均浓度为 $78.4\sim115.1\mu g/m^3$，处于重度污染。

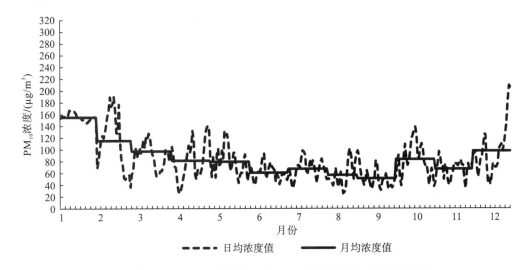

图 4.15　2015 年成渝城市群 PM₁₀ 月均和日均浓度变化规律

  2015 年成渝城市群 PM_{10} 日均浓度变化规律呈现为起伏较大的周期性脉冲型变化规律（图 4.15），浓度变化范围处于 $24.65\sim212.3\mu g/m^3$。春季和冬季波动较大且周期长，周期长度约为 10 天；夏秋季波动幅度较小且周期短，平均周期为 7 天。总体上，全年 PM_{10} 日均浓度呈现"两头高，中间低"的变化趋势。2015 年 PM_{10} 日均最高值出现在 12 月 30 日（212.3μg/m³），为严重污染；PM_{10} 日均最低值出现在 4 月 7 日（24.65μg/m³），空气质量等级为良。

2. SO_2 月度与逐日变化规律

基于成渝城市群日均 SO_2 浓度，得到每个城市各个 SO_2 污染等级天数的频率，结果显示 2015 年成渝城市群 SO_2 污染等级达标的天数（即 SO_2 污染等级为优或良）为 269 天，总体呈现夏季达标天数最多、秋春季次之、冬季最少的规律，夏季 SO_2 污染等级的达标率为 97.6%，秋季和春季分别为 92.3% 和 75%，冬为 39.1%。基于不同月份的角度，6 月、8 月和 11 月 SO_2 污染等级的达标率均为 100%，全年最高；1 月 SO_2 污染最为严重，全月均为轻度污染（图 4.16）。

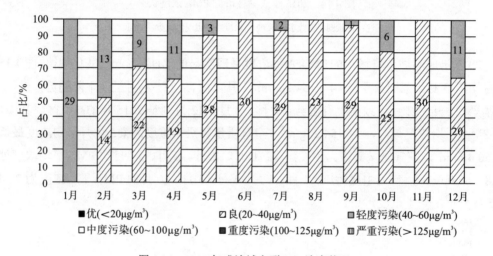

图 4.16   2015 年成渝城市群 SO_2 浓度状况

2015 年成渝城市群的 SO_2 月均浓度整体呈现为较为平缓的"U"形起伏变化规律（图 4.17）。1~3 月的 SO_2 浓度依旧位于年度高值区，其中 1 月的 SO_2 浓度最高，为 25.1μg/m³；2 月 SO_2 浓度稍有降低，为 19.3μg/m³；3 月浓度转而升高为 21.1μg/m³。这 3 个月的 SO_2 平均浓度高于 20μg/m³。4~12 月的 SO_2 平均浓度为 15.9μg/m³，且各月的 SO_2 月均浓度均低于 20μg/m³。因此，4~12 月是全年 SO_2 浓度相对较低的月份。

2015 年成渝城市群 SO_2 日均浓度变化规律总体呈波动较为平缓的周期性变化。全年 SO_2 浓度呈现"两头高，中间低"的变化趋势（图 4.17）。2015 年 SO_2 日均浓度最高值出现在 2 月（29.2μg/m³），最低值出现在 7 月（7.6μg/m³）。总体上，全年 SO_2 浓度的空气质量等级均为优或良。

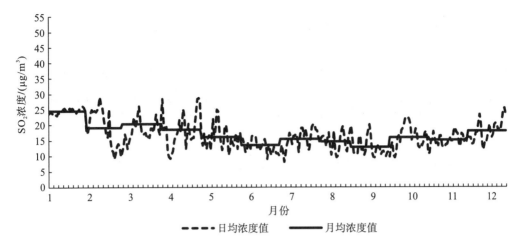

图 4.17　2015 年成渝城市群 SO_2 月均和日均浓度变化规律

3. NO_2 月度与逐日变化规律

基于成渝城市群 NO_2 口均浓度，得到每个城市各个 NO_2 污染等级天数的频率，结果显示 2015 年成渝城市群 NO_2 污染的达标天数(即 NO_2 污染等级为优或良)为 354 天，达标率为 100%。其中，NO_2 污染等级为优的天数总体呈现为夏秋季节最多、春冬季节较少的季节规律，夏季 NO_2 日均浓度为优的比例为 98.8%，秋季和春季分别为 90.1% 和 84.8%，冬季为 42.5%。基于不同月份的角度，5 月、6 月、7 月和 9 月的 NO_2 浓度为优的比例为 100%，全年最高；1 月 NO_2 污染最为严重，其达标率仅为 10.3%(图 4.18)。

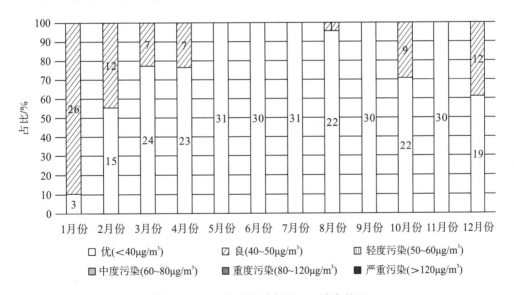

图 4.18　2015 年成渝城市群 NO_2 浓度状况

2015 年成渝城市群 NO_2 月均浓度呈现为平缓的"一"字形起伏变化规律，其月均浓度变化范围为 23.8～41.8μg/m³(图 4.19)。除 1 月和 12 月的 NO_2 月均浓度较高以外，其余

月份的 NO_2 浓度均处于缓慢变化状态。其中，1 月 NO_2 平均浓度最高，为 41.8μg/m³，空气质量等级为良；2～12 月的 NO_2 平均浓度处于 23.8～37.3μg/m³，空气质量等级为优。整体上，除 1 月 NO_2 浓度位于年度高值区，其余月份 NO_2 月均浓度等级均为优。

2015 年成渝城市群 NO_2 日均浓度变化规律也呈波动起伏平缓的周期性脉冲型变化（图 4.19），浓度变化范围处于 15.9～51.9μg/m³。全年 NO_2 日均浓度整体呈现"两头高，中间低"的变化趋势。2015 年 NO_2 日均浓度最高值出现在 12 月 30 日（51.9μg/m³），为轻度污染；NO_2 日均浓度最低值出现在 4 月 7 日（15.9μg/m³），空气质量等级为优。

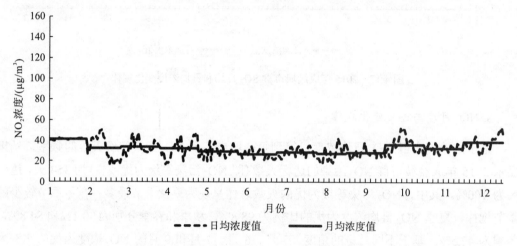

图 4.19   2015 年成渝城市群 NO_2 月均和日均浓度变化规律图

4. CO 月度与逐日变化规律

通过成渝城市群 CO 日均浓度计算，得到每个城市各个 CO 污染等级天数的频率，结果显示 2015 年成渝城市群 CO 污染等级的达标天数为 354 天，达标率 100%。其中，CO 浓度为优的天数总体呈现春夏季节最多、秋冬季节较少的规律，夏季 CO 浓度等级为优的比例为 98.8%，秋季和春季的优达标率分别为 68.1% 和 81.5%，冬季为 25.3%。基于不同月份的角度，5 月、6 月、7 月和 9 月 CO 浓度的优达标率为 100%，全年最高；1 月 CO 浓度为优的天数为 0 天，但其污染等级均为良。总体上，2015 年成渝城市群 CO 浓度的达标率为 100%（图 4.20）。

2015 年成渝城市群城市的 CO 月均浓度呈平缓"U"形起伏变化规律，其月均浓度变化范围为 0.73～1.32mg/m³（图 4.21）。2～4 月呈现下降趋势，5～8 月基本平稳，9～11 月呈现上升趋势，1 月、2 月、11 月处于全年高值区。其中，1 月 CO 平均浓度最高，为 1.32 mg/m³，空气质量等级为良；8 月 CO 平均浓度最低，为 0.72mg/m³，空气质量等级为优；4～10 月以及 12 月的平均浓度处于 0.73～0.99 mg/m³，空气质量等级均为优；1～3 月、11 月的 CO 平均浓度为 1.02～1.32 mg/m³，空气质量等级为良。

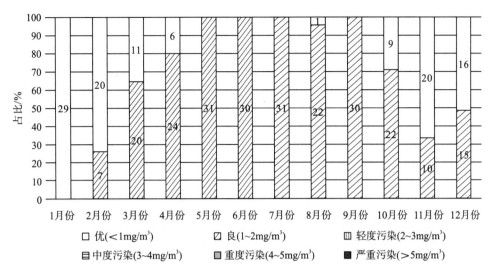

图 4.20　2015 年成渝城市群 CO 浓度状况

　　2015 年成渝城市群城市的 CO 日均浓度变化呈周期性脉冲型起伏变化规律，且日均浓度整体呈秋冬季节高、春夏季节低的平缓"U"形趋势（图 4.21）。2015 年 CO 日均浓度最高值出现在 1 月，为 1.83mg/m³；最低值出现在 8 月，为 0.58mg/m³。CO 平均日均浓度为 0.89mg/m³，空气质量等级为优。

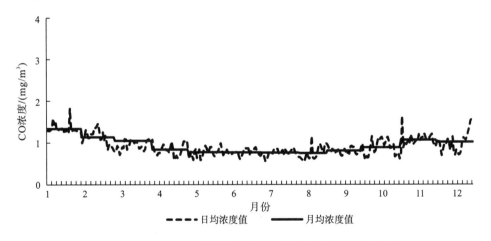

图 4.21　2015 年成渝城市群 CO 月均和日均浓度变化规律

5. O_3 月度与逐日变化规律

　　通过 2015 年成渝城市群 O_3 日均浓度的计算，得到每个城市各个 O_3 污染等级天数的频率。结果显示 2015 年成渝城市群 O_3 污染等级的达标天数为 46 天，总体呈现冬季最多、秋季次之、春夏季较少的规律，冬季 O_3 浓度达标率为 34.5%，其次为秋季的 17.6%，春季和夏季的达标率均为 0%，即达标天数为 0 天。基于不同月份的视角，11 月和 12 月的 O_3 浓度达标率均超过 50%，全年最高；1 月和 2 月的达标率分别为 34.5% 与 11.1%，大多数天数的 O₃ 浓度未达标；3~10 月的月均达标率为 0。此外，O₃ 污染天数呈现为春夏季节多、秋冬季节少的规律，重度及以上污染天气主要出现在春夏季节，严重污染天气则集中于 4 月和 7 月(图 4.22)。

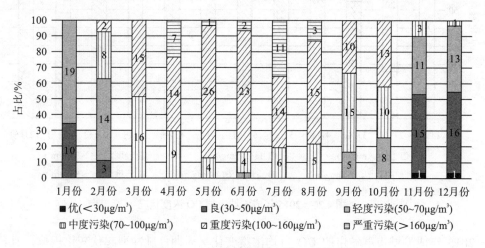

图 4.22　2015 年成渝城市群 O₃ 浓度状况

2015 年成渝城市群城市的 O₃ 月均浓度呈倒"U"形的起伏变化规律(图 4.23)，其月均浓度变化范围为 54.3~143.5μg/m³。1~4 月呈现增长趋势，7~11 月份总体呈现下降趋势，7 月与 8 月则处于全年高值区。其中，7 月 O₃ 月均浓度最高(143.5μg/m³)，为重度污染；1 月、11 月和 12 月平均浓度则分别低至 54.3μg/m³、55.2μg/m³ 和 55.4μg/m³，处于轻度污染；4~8 月的 O₃ 平均浓度处于 116.2~143.5μg/m³，为重度污染；2 月、3 月、9 月和 10 月 O₃ 平均浓度为 73.3~99.1μg/m³，为中度污染。

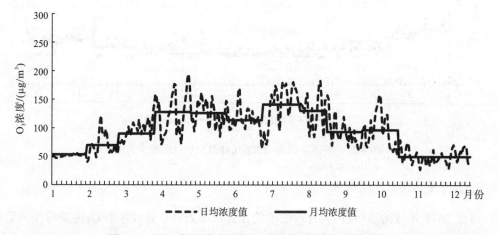

图 4.23　2015 年成渝城市群 O₃ 月均和日均浓度变化规律

2015 年成渝城市群 O₃ 日均浓度变化呈现周期性脉冲型起伏变化规律。全年 O₃ 日均浓度总体呈现春夏季节高、秋冬季节低的倒"U"形趋势(图 4.23)。2015 年 O₃ 日均浓度的最高值出现在 4 月 (187.9μg/m^3)，最低值出现在 11 月 (30.1μg/m^3)，平均日均值为
101.13μg/m^3，处于重度污染。

4.3　小　　结

根据第 3 章城市群发展对空气环境影响作用机理的理论及模型分析，首先，本章梳理
了成渝城市群的形成发育、自然和人文发展背景，以及成渝城市群目前发展阶段面临的生
态环境(空气污染)问题；其次，为了进一步揭示成渝城市群空气环境的污染现状，本书通
过收集并处理成渝城市群 2015 年五种空气污染物的小时浓度数据(除 PM$_{2.5}$ 污染物，因为
PM$_{2.5}$ 浓度的时空特征及其影响因素研究在本书第 7 章专题研究)，全面分析了五种空气污
染物的时间数理统计和空间分布格局，为后续探索成渝城市群空气污染的影响因素奠定了
基础。

2015 年成渝城市群 PM$_{10}$ 年均浓度为 73.05μg/m^3，PM$_{10}$ 月均浓度具有显著的"U"
形变化规律，PM$_{10}$ 日均浓度呈现起伏较大的周期性脉冲型逐日变化规律。区域整体而言，
城市群全年共有 326 天处于 PM$_{10}$ 污染状态，空气质量亟待改善。成渝城市群 PM$_{10}$ 日均
浓度的平均达标天数为 26 天，秋季达标天数最多，其余季节达标天数较少；基于月度
角度，1 月~5 月、10 月和 12 月处于中度污染及以上，其中 1 月 83%天数处于严重污染
状况，其余月份的平均达标率仅为 8%。PM$_{10}$ 年均浓度的空间分布整体呈现两大极点，
其余地区 PM$_{10}$ 浓度则较低，两大极点为成都市和自贡市。

成渝城市群 2015 年的 SO$_2$ 年均浓度为 17.01μg/m^3，SO$_2$ 月均浓度呈现较平缓的"U"
形变化规律，SO$_2$ 日均浓度具有周期性脉冲型变化规律，城市群 SO$_2$ 日均浓度的平均达标
天数为 269 天。夏季 SO$_2$ 浓度的达标天数最多，秋春季次之，冬季较少；基于月度角度，
6 月、8 月、和 11 月的达标率均为 100%，全年最高，而 1 月总体处于 SO$_2$ 轻度污染状况，
达标率为 0。成渝城市群 SO$_2$ 年均浓度的高值区集中在资阳市，SO$_2$ 污染最为严重，次高
值区为广安市、内江市以及宜宾市。

成渝城市群 2015 年的 NO$_2$ 年均浓度为 28.71μg/m^3，NO$_2$ 月均浓度呈平缓波动的"一"
字形的变化规律，NO$_2$ 日均浓度则具有较小波动的周期性脉冲型逐日变化规律。成渝城市
群 NO$_2$ 浓度的平均达标天数为 354 天，污染等级均为优或良。基于不同季节的角度，夏
秋季节 NO$_2$ 浓度为优的天数最多，春冬次之，其中夏季 NO$_2$ 浓度为优的天数占比高达
98.8%。成渝城市群内成都市的 NO$_2$ 年均浓度最高，NO$_2$ 污染最为严重，重庆市和达州
市为 NO$_2$ 浓度次高值区

成渝城市群 2015 年的 CO 年均浓度为 0.922mg/m^3，CO 月均浓度呈平缓波动的"U"
形变化规律，CO 日均浓度则表现为较小波动的周期性脉冲型逐日变化规律。成渝城市群
整体 CO 浓度的达标天数为 354 天，全年 CO 浓度均处于优或良。成渝城市群 CO 年均浓
度呈现两大极点，即重庆市与广安市，其 CO 年均浓度最高，眉山市、内江市和泸州市则

为 CO 年均浓度的低值区。

　　成渝城市群 2015 年的 O_3 年均浓度为 83.56μg/m³，O_3 月均浓度呈现倒 "U" 形变化规律，O_3 日均浓度具有周期性脉冲型逐日变化规律。成渝城市群整体 O_3 浓度的达标天数为 46 天，达标天数呈现冬季最多、秋季次之、春夏季较少的规律。其中，春季和夏季的达标率均为 0；基于月度角度，3~10 月的月均达标率为 0，O_3 严重污染天气则集中于 4 月和 7 月。成渝城市群 O_3 年均浓度的最高值位于成都市，次高值位于德阳市、眉山市、内江市和资阳市，而低值区则为南充市与雅安市

第5章 成渝城市群空气污染影响因子体系

为了探寻前文所诊断出的成渝城市群空气污染重要驱动因子(pressure)及其影响机制,本章将对可能影响成渝城市群空气质量的影响因素进行指标选取和验证。首先,对城市群空气污染影响因子体系构建进行概述,并对所运用的方法和数据进行梳理。其次,通过文献梳理和频次统计的方法定性识别和提取一般影响因子体系。同时,为了影响因子选取的客观性,本书运用一元回归和共线性诊断进行定量化的筛选和专家验证,最终构建相对全面的人文-自然要素影响的成渝城市群空气污染影响因子指标体系。

5.1 空气污染影响因子体系构建

5.1.1 影响因子体系构建原则

1. 指标与指标体系

指标具有揭示、指明、宣布或者使公众了解等作用(汤光华等,1997)。指标是帮助人们理解事物如何随时间发生变化的定量化信息,反映总体现象的特定概念和具体数值。指标由指标名称和具体数值组成,指标名称表达的是研究现象数值方面的科学概念,即质的规定性。依据指标名称所反映的自然社会经济等内容,再通过统计工作获得的统计数字就是指标数值。本书涉及的空气污染指标体系将呈现如下两点特征:

(1)指标体系必须满足城市群人文-自然要素对空气污染的影响范围,并且通过定性与定量相结合的研究方法来构建影响因子体系。

(2)本章研究的影响因子指标体系将服务于后续的空气污染影响机理分析,进而为优化成渝城市群空气环境质量路径提供理论支撑,使其能更科学、更精准地结合城市群自身决策需求对路径进行选择和提升。

2. 指标体系构建原则

城市群空气污染物影响因子选取及指标体系构建基于以下四项原则。

(1)科学性原则。影响因子的选取及指标体系的构造应基于区域自然因素提供的本底条件和社会经济活动支持发展的物质基础条件两方面,且各指标应有明确的界定。

(2)系统性原则。城市污染物浓度及空间分布特征是由自然要素和人文要素共同作用的结果,因子指标应该尽可能全面反映所研究区域的概况与特征,包括地形地貌、天气状况、经济发展以及社会发展等,其中每一个方面又是由一组指标来描述,以体现指标体系的多层次和多属性特征。所以，本书构建的因子指标体系也应该遵循指标体系的系统整体性、综合性、相关性以及层次性等其他原则。

(3)完备性与可量性原则。因子指标体系应尽量全面反映城市空气污染的影响因素；所选指标尽可能是可度量的，并且可以获取科学、确凿的判别依据。

(4)可获取性和规范性原则。成渝城市群空气污染影响因子分析是一项长时序性的分析工作，因此在时间和空间上，所获取的数据和资料都应具有可获取性和可比性，所采用指标的内容和方法都必须尽量统一和规范。此外，需要对各项指标进行规范化处理以便于后续计算，并对最终结果进行比较。

5.1.2 影响因子选取逻辑与方法

1. 指标选取逻辑分析

指标体系的构建是一个系统的过程，一般通过两种方式实现，即定量分析法与定性分析法，也就是咨询专家法与测算数据法。在设计成渝城市群空气污染影响因子体系时，应力求定性分析和定量分析的相互结合。学术界关于城市(群)发展对空气环境质量影响的测度或衡量指标并不统一，不同学者由于研究角度的差异，给出的指标体系亦有所区别(陈仁杰等，2013；孟小峰，2011)。本书的城市群空气污染影响因子指标体系的具体选取步骤和方法如下(图5.1)。

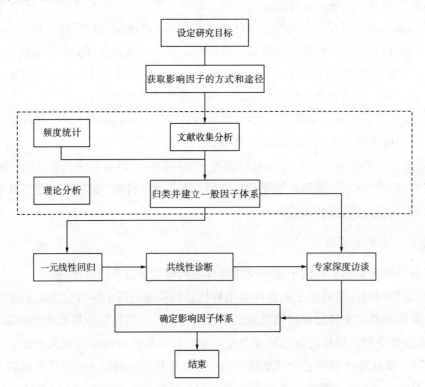

图 5.1 城市群空气污染影响因子指标筛选逻辑

(1)设定研究目标。成渝城市群空气污染影响因子体系建立的主要目标是构建影响城市群空气污染的主控因素,有助于系统分析空气污染的影响机制和提出具有针对性的防控策略。

(2)确定获取影响因子的方式和途径。本书主要通过理论分析、频度统计、专家深度访谈等途径识别并获取空气污染影响因子。

(3)专家补充和修正。该环节主要是补充遗漏的影响因子,或提出影响关系较低且未被识别的影响因子,保证所选影响因子的科学合理性。

(4)归类提取主要影响因子。按影响因子的关联属性对影响因子进行分析归类,进而建立影响因子体系的初始结构。

(5)采用一元线性回归和共线性诊断等定量方法对影响因子定量化筛选并检验。利用一元线性回归对一般性影响因子体系进行量化分析,剔除相关性较小的因子,并采用共线性诊断的方法对影响关系相近的因子进行合并或剔除。最终,构建完整的成渝城市群空气污染影响因子体系。

2. 影响因子选取采用的具体方法

(1)运用理论分析法、频次统计法和专家深度访谈得到一般的影响因子体系。理论分析法是对目前基于城市(群)发展对空气环境质量影响的相关文献的综合梳理,并将相关的理论文献归类;频次统计法是指识别并选择使用频次较高的相关指标,对频次较高的繁杂无序的指标进行归类并提取有效因子;专家深度访谈法是基于识别和提取显著影响空气污染的指标,进一步征询有关专家的建议并对指标体系进行修改和补充,从而得到一般性影响因子指标体系。

(2)一元线性回归。在得到一般测度的影响因子体系后,由于指标体系所涵盖的因子较多,并且因子间普遍存在或大或小的相关性(包括正相关或负相关)。因此,为了合理地选取量化指标,本书使用一元线性回归筛选出相关性较大的因子。一元回归模型是指基于一个自变量和一个因变量,二者之间的关系通过一条直线近似表示的回归分析方法,其函数公式为

$$y = ax + b \tag{5.1}$$

式中,y 表示因变量;x 表示自变量;a 表示回归方程的回归系数;b 表示常数项。

(3)共线性诊断。为避免所筛选因子指标间存在共线性问题,本书利用 SPSS 对因子指标进行共线性诊断。所谓多重共线性是指变量之间存在线性相关关系的现象。一组自变量为 $x_1, x_2, \cdots, x_m$,如果存在 $a_0, a_1, a_2, \cdots, a_m$,使得线性等式 $a_1x_1 + a_2x_2 + \cdots + a_mx_m = a_0$ 成立,即表明至少存在一个 x_n 可以由其他变量决定,即

$$x_n = \frac{\left(a_0 - \sum_{j \neq n} a_j x_j \right)}{a_n} \tag{5.2}$$

则称 $x_1, x_2, \cdots, x_m$ 之间存在完全多重共线性，即相关系数为 1；若所有指标数据在式(5.2)中都不成立，则所有变量之间没有相关性，即相关系数为 0；若式(5.2)对指标数据近似成立，则 $x_1, x_2, \cdots, x_m$ 之间存在近似多重共线性，其相关系数介于 0～1。

5.2　空气污染影响因子初次提取

5.2.1　影响因子一般识别

基于国内外城市群发展过程及空气污染问题的相关研究，结合本书 3.3 节的理论基础，本书首先从理论上进行分析和整合，同时梳理近年来有关我国城市(群)空气污染影响因素的研究，以更全面地了解城市群空气污染的驱动因素，为后文成渝城市群空气污染影响因子作用机制的分析奠定基础。

已有学者对我国城市群空气污染的驱动因素进行了相关研究，不过由于所处领域的不同，得出的驱动因素有较大差异。本章通过文献分析法对造成我国城市群空气污染的相关因子进行辨别，并呈现相应的空气污染物。具体而言，以"城市""城市群""空气污染"等作为主题词在中国知网、万方等数据库中检索，发现有 400 多篇相关文献，为保证研究的科学性与有效性，本书结合我国城市发展进程，最终选取发表时间为 2002 年及以后、引用频率较高的文献，约 50 篇。通过对上述文献的分析研究，得出城市群空气污染的主要影响因子，见表 5.1。

表 5.1　近年来国内学者提出的城市(群)空气污染影响因子

学者	选取指标	相关污染物
张殷俊等(2015)	单位 GDP 能耗	SO_2、NO_2、PM_{10}
郭晓梅等(2014)	人口增长，能源消耗，经济发展	CO、SO_2、NO_2、PM_{10}
符传博等(2016)	空气污染排放强度、气象条件	$PM_{2.5}$、PM_{10}
高歌(2008)	风速、降水、太阳总辐射、日照时数	$PM_{2.5}$
刘端阳等(2014)	城市建设用地、工业排放、汽车排放	NO_x、PM_{10}、SO_2
曹广忠等(2012)	GDP、第三产业比重、区位条件	$PM_{2.5}$
孙丹等(2013)	城镇人口、污染企业	API
戴永立等(2013)	温度、大气压、相对湿度、降雨量、风向、风速	SO_2、NO_2、PM_{10}
向敏等(2009)	人类活动、地理地貌、沙尘	API
王占山等(2015)	工业排放、能源使用	$PM_{2.5}$
王振波等(2015)	城镇化发展、建筑业、能源消耗、产业结构	$PM_{2.5}$
张佟佟等(2014)	地形、气候、产业结构、风速、温度、气压	$PM_{2.5}$

学者	选取指标	相关污染物
林学椿等 (2005)	人口密度、建筑密度、居民取暖、汽车保有量、土地利用、天气形势、风、云量	SO_2、NO_2、CO、O_3、PM_{10}
唐新明等 (2015)	建成区面积、城镇化、城市交通、建设用地、人口数量、覆盖状况	$PM_{1.0}$
张智胜等 (2013)	土壤尘及扬尘、生物质燃烧、机动车源、二次硝酸盐/硫酸盐	$PM_{2.5}$
徐祥德 (2002)	城市密度、下垫面、大气边界层	SO_2、NO_x、O_3、CO
吴玥玹等 (2015)	能源消耗结构,汽车尾气、建筑扬尘	SO_2、NO_2、PM_{10}
黄金川等 (2003)	GDP、人口增长,能源消耗	SO_2
李汝资等 (2013)	外资引入、治理水平、产业升级、技术进步	$PM_{2.5}$
张光智等 (2005)	城市边界层、城市建筑群分布、热岛、山谷风或海陆、建筑高度、建筑密度	SO_2、NO_x、CO
徐建春等 (2015)	逆温层、半封闭结构地形、城市土地利用结构、风速、风向、植被覆盖	$PM_{2.5}$
张燕等 (2015)	城镇化率、建筑业、工业化、科技进步、治理	$PM_{2.5}$、PM_{10}
刘伯龙等 (2015)	能源消费结构,工业污染、人口增长、汽车保有量,国外投资	PM_{10}、CO、SO_2、NO_x
郭新彪等 (2013)	机动车、扬尘、空间输送	NO_x、$PM_{2.5}$、PM_{10}
贺泓等 (2013)	汽车保有量,工业污染、人口密度	SO_2、CO、NO_x
王文林 (2013)	工业废气、机动车辆尾气、人口密度	$PM_{2.5}$、PM_{10}、CO、SO_2、NO_x
高明等 (2015)	人口密度、工业企业数量	SO_2、NO_x
陈彬彬等 (2016)	城镇化,能源消耗、人口数量,汽车数量	CO、SO_2、$PM_{2.5}$、PM_{10}、NO_x
蒋春艳等 (2014)	城镇化、产业结构,建筑业	SO_2、NO_x
丁镭等 (2016)	工业污染、汽车尾气、建成面积、风速、风向	$PM_{2.5}$、PM_{10}、CO、SO_2、NO_x
韩贵锋等 (2005)	煤烟、机动车尾气、工业密度	CO、SO_2、NO_x
杜雯翠等 (2016)	产业集聚、人口增加	PM_{10}、CO、SO_2、NO_x
缪育聪等 (2015)	人为排放	$PM_{2.5}$、PM_{10}、CO、SO_2、NO_x
李晓燕 (2016)	GDP、汽车保有量、建筑粉尘、汽车尾气、煤炭消费、人口密度、建筑施工面积、工业生产排放	PM_{10}、CO、SO_2、NO_x
王跃思等 (2014)	天气过程、气候变化、气象条件与大气边界层结构、燃煤和汽车尾气、人口密度	$PM_{2.5}$、PM_{10}、CO、SO_2、NO_x
张朝能等 (2016)	地形特点、气候条件、城市结构、植被覆盖	$PM_{2.5}$
洪也等 (2012)	机动车尾气、大气细粒子、酸雨、降尘、大气能见度、太阳辐射	PM_{10}、$PM_{2.5}$、$PM_{1.0}$、黑炭、SO_2、NO_2
李元宜等 (2010)	产业结构,城市布局	SO_2、NO_2、PM_{10}
马雁军等 (2011)	风速、温度、湿度、降水、工业及生活燃料	SO_2、PM_{10}、NO_2、TSP

续表

学者	选取指标	相关污染物
蒋洪强等(2012)	城镇人口增加、第三产业发展	SO_2、NO_x、CO_2
王立平等(2016)	产业结构、能源消费结构、城市建筑施工、人口规模、汽车保有量	$PM_{2.5}$
刘敏等(2014)	地域、气候、气压、气温、相对湿度、风速	$PM_{2.5}$、$PM_{1.0}$、PM_{10}
车汶蔚等(2008)	污染源格局及贡献、气象特征、经济产业结构、区域污染	SO_2、NO_2、PM_{10}
胡晓宇等(2011)	风向、风速、城市距离	PM_{10}
陈训来等(2007)	城市机动车尾气，工厂和居民排放	PM_{10}、CO、SO_2、NO_x
童玉芬等(2014)	人口增长	$PM_{2.5}$、PM_{10}、O_3
蔺雪芹等(2016)	人口集聚、经济发展、城镇化、工业化、能源消耗、社会发展、环境管理	AQI
钱俊龙等(2015)	城市扩张、建筑高度、建筑密度	$PM_{2.5}$
张宇等(2013)	工业污染、环境监管	$PM_{2.5}$
杨英(2005)	产业聚集，产业转移	NO_2

5.2.2　影响因子初次提取

影响空气污染的具体因素较多，厘清不同因素间的层次关系对于影响因子的提取意义重大。由于不同学者的研究视角不同，再加上个人研究习惯的差异，导致所得出的影响因素在结构和数量上比较混乱。为了更好地分析影响因素，本书合并了部分意思相近的因素，主要是基于字面意思与标签的相近程度。本书分类办法如下：①基于人文角度，汪冬梅(2003)界定了产业发展的内涵，认为无论是第一、二、三产业，或者产业聚集、经济产业结构、产业升级等，均包括产业发展的含义；经济发展、国民生产总值则归为国民生产总值；机动车污染源、城市交通、机动车保有量、汽车排放、汽车尾气均归为机动车保有量(唐德才等，2008)；城市扩张、建筑密度、城市建筑施工、城市密度等属于城市建筑用地；人口规模、人口数量、人口密度、人口增长则统一归为人口密度；城镇人口数量、城市化、城镇化则用城镇化率表示；一次性能源消费、居民取暖、煤炭使用、万元 GDP 能耗等归为能源消耗；张燕等(2015)认为工业污染、工业废气、工业化、工业排放等因素可用工业因素概括。②基于自然要素角度，张佟佟等(2014)将地理地貌、地形、高程、土地利用结构等划归为地形因素；马雁军等(2006)指出降雨量、降水、日均降水量都属于年均日降水量；风向与风速归为年均风速；地表覆盖状况、植被覆盖等划归为植被覆盖度。最终，合并后的影响因素以及其余有明显界限的影响因素，共 19 个因素。统计并提取各研究者提出的影响因子，见表 5.2。

表 5.2　各学者研究及涉及的空气污染影响因子

学者	地形	坡度坡向	植被覆盖	日降水量	相对湿度	年均风速	人口密度	城镇化率	治理政策	机动车保有量	建筑用地面积	国民生产总值	建筑高度	工业	建筑业	能源消耗	产业发展	教育水平	城市数量
张殷俊等 (2015)												√							
郭晓梅等 (2014)							√					√				√			
符传博等 (2016)				√	√	√													
高歌 (2008)				√															
刘端阳等 (2014)										√	√			√					
曹广忠等 (2012)								√				√			√		√		
孙丹等 (2013)							√												
戴永立等 (2013)			√	√	√	√		√			√			√					
向敏等 (2009)	√		√																
王占山等 (2015)		√																	
王振波等 (2015)			√								√								
张修芳等 (2014)	√																		
林学椿等 (2005)			√				√		√	√	√								
唐新明等 (2015)	√		√				√	√	√	√	√								
张智胜等 (2013)			√							√	√								
徐祥德等 (2002)	√	√					√			√	√								
吴玥滢等																√			

续表

学者	地形	坡度坡向	植被覆盖	日降水量	相对湿度	年均风速	人口密度	城镇化率	治理政策	机动车保有量	建筑用地面积	国民生产总值	建筑高度	工业	建筑业	能源消耗	产业发展	教育水平	城市数量
黄金川等 (2015)												√				√			
李汝资等 (2003)							√		√									√	
张光智等 (2013)		√				√													
徐建春等 (2005)	√		√			√					√		√		√				
张燕等 (2015)								√	√	√	√			√					
刘伯龙等 (2015)							√			√	√			√		√			
郭新彪等 (2015)										√									
贺泓等 (2013)							√			√				√	√				
王文林 (2013)							√			√				√					
高明等 (2015)							√	√		√						√			
陈彬彬等 (2016)							√	√											
蒋春艳等 (2014)																	√		
丁镭等 (2016)						√	√			√	√			√					
韩贵锋等 (2005)							√			√				√		√			
杜雯翠等 (2016)														√	√				
缪育聪等 (2015)										√	√	√					√		
李晓燕 (2016)														√		√			

续表

学者	地形	坡度坡向	植被覆盖	日降水量	相对湿度	年均风速	人口密度	城镇化率	治理政策	机动车保有量	建筑用地面积	国民生产总值	建筑高度	工业	建筑业	能源消耗	产业发展	教育水平	城市数量
王跃思等 (2014)						√	√			√	√								
张朝能等 (2016)	√		√	√	√	√					√				√				
洪也等 (2012)										√									
李元宜等 (2010)						√					√				√		√		√
马雁军等 (2011)				√	√	√								√					
蒋洪强等 (2012)							√										√		
王立平等 (2016)							√			√	√					√	√		
刘敏等 (2014)	√		√	√	√	√					√								
车汶蔚等 (2008)				√	√	√					√						√		
胡晓宇等 (2011)						√													
陈训来等 (2007)							√			√	√			√					
童玉芬等 (2014)							√	√		√	√								
蔺雪芹等 (2016)										√	√					√			
钱俊龙等 (2015)											√				√				
张宇等 (2013)														√			√		
杨英 (2005)																	√		

然后，本书统计了不同影响因素出现的次数，按自然-人文因素分类且按从大到小的顺序排序，结果见表 5.3。

表 5.3　影响因子频次统计与分类

自然因素		人文因素		
建筑用地面积(19)	人口密度(18)	机动车保有量(18)	年均风速(14)	工业(14)
建筑业(8)	能源消耗(9)	产业发展(9)	植被覆盖(7)	地形(7)
相对湿度(6)	降水量(7)	城镇化率(6)	国民总收入(5)	坡向坡度(3)
教育水平(1)	城市数量(1)	建筑高度(1)	治理政策(2)	

基于表 5.3 中不同影响因子的频次统计，结果表明建筑用地面积、年均风速、机动车保有量、人口密度等 14 个因素通常被视为空气污染的重要影响因子，而坡向坡度、教育水平、城市数量、建筑高度和治理政策 5 个因素则较少被考虑为空气污染的影响因子。

5.2.3　专家补充和修正

深度访谈是合理科学构建指标因子体系的重要途径之一。本书主要采用深度专家访谈的方法，即组织专家、学者以及决策者召开相关议题的座谈会，各抒己见，继而根据专家建议对已构建的指标进行完善、修正。该环节的主要目的是加强指标体系与影响或决策者之间的沟通，使所构建的指标体系能够反映决策者的意愿与需求。本次专家座谈会依托于重庆大学城市可持续发展中心的"生态环境保护工程管理"会议，具有多学科交叉专业的背景，同时访谈对象均在业内有丰富的理论和实践经验。专家深度访谈整理的会议意见如下：

（1）人文因素：首先，能源消费产生的污染物排放作为空气污染的重要驱动力，可以从能源消费和能源利用效率两方面考虑。同时，基于数据可获取性，专家建议本书采用煤炭消费量、单位工业增加值能耗、单位地区生产总值能耗指标作为能源因子指标。其次，产业发展是城市群形成的重要集成部分，其内容包含多个方面，且对空气环境质量的影响也不统一，可分为第一产业、第二产业和第三产业。其中，由于建筑业的研究统计频次较高，可将第二产业再细化为建筑业和工业两个部分。

（2）自然因素：考虑到自然要素对空气污染作用的复杂程度，部分自然因素可能存在对空气污染的共同作用和影响，建议选取若干有代表性的自然因子进行量化分析。因此，专家建议采用地形、年均风速、植被覆盖度和年均日降水量四个自然影响因子。

5.2.4　影响因子归类与代指

本书基于城市群与空气污染之间的多层级、多要素的影响关系，结合第 3 章的理论框架和其他学者的已有研究，将得到的影响因子进行分层归类并解释。自然因素方面，地形、植被覆盖等属于下垫面因子；降水量、相对湿度和风速等属于气象因子。人文因素方面，人口密度、城镇化率、机动车保有量、建筑用地面积属于社会因子；国民生产总值、单位地区生产总值能耗、第一产业、第三产业、工业、建筑业和外商投资等属于经济因子；单位工业增加值能耗和煤炭消费则属于能源因子。

　　为了科学、客观和方便地选取城市群发展对空气环境质量的重要影响因子，根据指标体系的构建原则，本书还需要通过代指指标和数据将所选指标量化。其中，自然要素方面的地形、植被覆盖指标分别用高程和归一化植被指数代指；第一产业、第三产业、工业和建筑业则分别用各自的产值代指；建筑用地面积则用建筑用地指数(IBI)代指。最终，得出城市群空气污染影响因子一般指标体系(表 5.4)。

表 5.4　城市群空气污染影响因子一般体系

目标系统	子系统	类别	指标
驱动力因子系统	自然要素	下垫面因子	高程(DEM)
			植被覆盖度(NDVI)
		气象因子	年均风速/(0.1m/s)
			年均相对湿度/(1%)
			平均日降水量/(0.1mm)
	人文要素	社会因子	人口密度/(人/km^2)
			城镇化率/%
			机动车保有量/万辆
			建筑用地指数/IBI
		经济因子	地区生产总值/万元
			第一产业产值/万元
			第三产业产值/万元
			工业产值/万元
			建筑业产值/万元
		能源因子	煤炭消费量/万吨标准煤
			单位工业增加值能耗/(吨标准煤/万元)
			单位地区生产总值能耗/(吨标准煤/万元)

5.2.5　影响因子数据处理

1. 人文要素数据选取与处理

　　地区生产总值、工业产值、建筑业产值、人口密度、城镇化率、机动车保有量、第一产业产值、第三产业产值等社会经济备选指标的数据来源于四川省、重庆市各城市的《统计年鉴》《环境公报》《环境年鉴》等文献，最终构建社会经济因子数据库。另外，由于本书研究涉及六种空气污染物，选取影响因子时将影响因子与六种污染物一一分析的工作量太大，因此本书采用成渝城市群 2015 年 AQI 指数[①]与"自然-人文"因素的影响因子数据进行一元线性回归分析与线性诊断分析，以进一步分析和遴选影响因子指标。

2. 建筑用地指数

建设用地指标采用压缩数据维提取建筑用地指数(index-based built-up index，IBI)，该方法不直接采用影像的原始波段，而是采用由其衍生的 3 个指数波段来构成新型建筑用地指数。研究表明，建筑用地指数对建筑用地的提取精度最高可达 98%(马红，2014)。

IBI 计算公式如式(5.3)～式(5.6)所示：

$$MNDWI = \frac{\rho_{gre} - \rho_{mir}}{\rho_{gre} - \rho_{mir}} \tag{5.3}$$

$$NDBI = \frac{\rho_{mir} - \rho_{nir}}{\rho_{mir} + \rho_{nir}} \tag{5.4}$$

$$SAVI = \frac{(\rho_{nir} - \rho_{red})(1+L)}{(\rho_{nir} - \rho_{red} + L)} \tag{5.5}$$

$$IBI = \frac{NDBI - \dfrac{SAVI + MNDWI}{2}}{NDBI + \dfrac{SAVI + MNDWI}{2}} \tag{5.6}$$

式中，MNDWI、NDBI、SAVI、IBI 分别表示修正归一化水体指数、归一化建筑指数、土壤调节植被指数、压缩数据维建筑用地指数；ρ_{mir}、ρ_{nir}、ρ_{red}、ρ_{gre} 分别为中红外、近红外、红光、绿光波段地表反射率数据；L 为土壤调节因子，取值范围为 0～1，本书取 L=0.5。

3. 自然要素数据选取和处理

1)数字高程模型

数字高程模型(digital elevation model，DEM)，能够较好地对区域地形数据进行数字化模拟。本书研究所用的 DEM 数据来自 ASTER GDEM 数据集，由日本经济产业省和美国宇航局共同发布，空间分辨率为 30m，全球范围内，置信度为 95%时，ASTER GDEM 的垂直精度约为 20m，可以满足本书研究需要。成渝城市群研究共需要 ASTER GDEM 数据 61 景，通过 ArcGIS 10.5 拼接、裁剪后得到成渝城市群 30 m×30 m 的 DEM 数据。

2)植被覆盖度

归一化植被指数(NDVI)是指利用多光谱遥感影像的近红外波段和红光波段遥感值，通过一定处理运算后表示植被生长特征的数据，能够反映植被冠层的背景影响，如土壤、潮湿地面、枯叶、粗糙度等，该指数比用单波段探测绿色植被更具有灵敏性，是目前运用最为广泛的植被指数数据。NDVI 是基于遥感影像波段的比值运算，其值为 $-1 \leqslant NDVI \leqslant 1$，

---

① AQI 指数是根据国家新环境空气质量标准(GB 3095—2012)算出，其中参与评价的污染物为 SO_2、NO_2、PM_{10}、$PM_{2.5}$、O_3、CO 六项空气污染物。

负值表示地面覆盖为云、水、雪等，对可见光高反射；0 表示岩石或裸土等，NIR（近红外波段）和 R（可见红波段）近似相等；正值表示地表存在植被覆盖，且随覆盖度增大而增大，正值的值越接近 1，其植被覆盖度越大（裴志远等，2000）。

本研究主要采用 Landsat 8 OLI 遥感影像数据提取 NDVI 数据。根据成渝城市群地域范围确定所需 Landsat 8 OLI 遥感影像数据共 17 景。基于成渝城市群春、夏、秋季（4～10月）平均气温均高于 10℃的特征，本书首先从 2015 年 5～9 月内选取云量为 3%及以下的 Landsat 8 OLI 数据，若 2015 年数据不满足研究条件，本书将根据最优组合原则从 2014年和 2016 年的 Landsat 8 OLI 数据中补充（李旭文等，2013）。最终，获得研究区精度为 30m×30m、整体云量近似为 0 的 Landsat 8 OLI 遥感数据。

对既得的遥感影像数据通过 ENVI/IDL 软件进行辐射定标与大气校正，分别获得 17景影像数据的地表反射率数据。在此基础上通过影像拼接、裁剪等，得到研究区 OLI 数据，再利用公式(5.7)计算 NDVI 指数：

$$NDVI = \frac{\rho_{nir} - \rho_{red}}{\rho_{nir} + \rho_{red}} \tag{5.7}$$

式中，NDVI 为归一化植被指数；ρ_{nir}、ρ_{red} 分别为近红外、红光波段反射率。

3）气象数据

气象数据来自中国气象数据网（http://data.cma.cn/site/index.html），涵盖成渝城市群 39个气象监测站，其中重庆市 12 个监测站，四川省 27 个监测站。气象数据为各气象监测站的逐日监测数据，本书根据研究选取的影响因子（包括平均相对湿度、平均风速、20:00～20:00 降水量），计算得出 2015 年各个气象因子的平均值。此外，最大风速风向取全年出现频率最高的最大风速风向，最大风速风向的赋值情况见表 5.5。

表 5.5　最大风速风向赋值

风向	赋值	风向	赋值	风向	赋值	风向	赋值	风向	赋值	风向	赋值
N	1	ENE	4	SE	7	SSW	10	W	13	NNW	16
NNE	2	E	5	SSE	8	SW	11	WNW	14	C（静风）	17
NE	3	ESE	6	S	9	WSW	12	NW	15		

5.3　空气污染影响因子的二次提取

为了定量分析成渝城市群自然-人文因素对空气污染的影响因子，本书收集了 2015 年成渝城市群内 36 个城市或区县的一系列可能影响空气环境质量的自然因素和人为因素数据，包括下垫面因子、气象因子、社会因子、经济因子和能源因子。

5.3.1　一元线性回归分析

　　已有研究表明影响空气污染的因素繁杂,每个影响因素的细微改变都会导致某种污染物的浓度变化。由于本书的研究对象是六种空气污染物,考虑到客观复杂程度,本书在对空气污染影响因子定量筛选时,采用六种污染物的综合 AQI 指数。具体而言,本书先通过一元线性回归分析不同影响因子与 AQI 指数之间的相关性。为了使统计分析过程标准化,将各城市的社会经济参数先除以城市面积然后取自然对数。如图 5.2 所示,年均 AQI 指数与高程、植被覆盖度、年均风速、年均日降水量、年均相对湿度 5 个影响因子有明显的负相关性,而 AQI 指数与人口密度、城镇化率、机动车保有量等 12 个影响因子呈正相关,但与第一产业产值和第三产业产值 2 个影响因子的相关性较小。

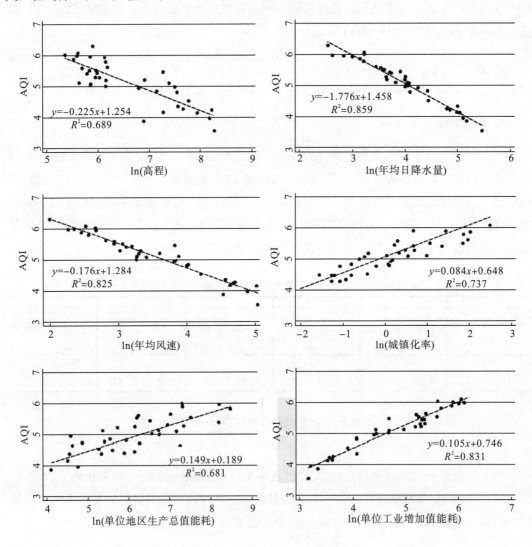

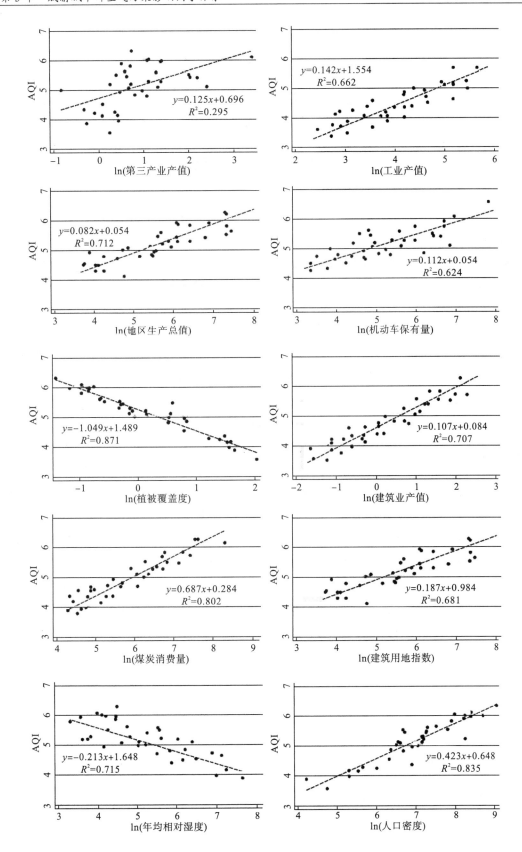

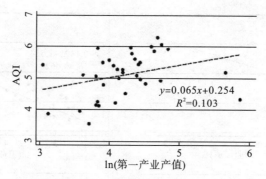

图 5.2　成渝城市群 AQI 指数与影响因子的一元相关分析

AQI 指数和下垫面初级驱动因子整体呈负相关。其中，AQI 与高程、植被覆盖度、年均风速、年均日降水量、年均相对湿度的 R^2 值分别是 0.689、0.871、0.825、0.859 和 0.715，表明 AQI 指数与高程、植被覆盖度、年均风速、年均日降水量、年均相对湿度呈现出显著的负相关性，与已有研究观点和成果基本一致(Guo et al.，2012)。年均 AQI 指数随着植被覆盖度、高程、风速和降水量的减小而增加。具体而言，空气污染物平面扩散时会受到高海拔阻碍，所以污染物会在海拔较低的地方堆积，导致其局部浓度升高；植被覆盖茂盛的地方受到人文因素的作用较少，能够吸附和吸收更多的污染物，降低污染浓度(郝吉明等，2012)；区域风速和降水量越多，空气污染物越容易扩散和转移，空气污染程度就会减轻。

除第一产业产值和第三产业产值以外，AQI 指数与其他社会经济因子的相关性都较高，其显著的相关性表明成渝城市群人类活动因素对区域空气污染的贡献较大。其中，AQI 指数与人口密度、城镇化率、机动车保有量及建筑用地指数等重要社会驱动因子密切相关，相关系数分别为 0.835、0.737、0.624 和 0.681。随着成长型城市群的快速发展，城镇人口规模激增，生活需求和层次逐步提高，机动车保有量也持续增长，与此同时区域城市规模扩大和建设面积增加，都消耗了大量资源。AQI 指数和地区生产总值、工业产值及建筑业产值相关程度很高，其相关系数分别为 0.712、0.662 和 0.707。AQI 指数与作为重要驱动力的能源因子的相关性最高，其中 AQI 指数与煤炭消耗、单位 GDP 能耗、单位工业增加值能耗等因子的相关系数分别为 0.802、0.681 和 0.831。由此可见，成渝城市群区域快速发展阶段也是大量能源消耗的高峰时期，能源消耗是直接驱动空气污染的重要因素。另外，第一产业产值和第三产业产值 2 个影响因子对城市空气污染的影响作用不是很大，其与 AQI 指数的相关系数分别为 0.103 和 0.295，说明区域内第一产业和第三产业的发展对空气环境质量的影响较小，而植被覆盖度与 AQI 指数的负相关性也可以反映出第一产业的发展对空气环境质量的影响程度较低。

5.3.2　共线性诊断分析

利用 SPSS 回归分析中的共线性诊断对成渝城市群空气污染影响因子进行共线性诊断分析，其结果包含特征值(eigenvalue)、条件指数(condition index)、变异数比例三大部分。

其中，特征值在多个维度的特征根约为 0 时，表明存在多重共线性；条件指数大于 10 时，表明可能存在多重共线性，大于 30 时，表明存在比较明显的共线性；变异数比例趋于 1 时，表明存在共线性。

将 AQI 指数作为因变量，自然要素和人文要素的子因子分别作为自变量，对不同要素间的因子进行共线性诊断，诊断结果见表 5.6 与表 5.7。由表可知，自然要素因子和人文要素因子共线性检验的多个特征值趋于 0（即表中特征值显示为 0.000），且其对应的条件指数均大于 10，变异数比例也较大，结果表明筛选后的自然要素因子和人文要素因子存在共线性，需要进一步剔除影响因子。具体而言，表 5.6 显示的自然要素因子共线性诊断特征值中，第 6 维度的特征值为 0（即表中特征值显示为 0.000）且条件指数为 45.154（大于 30），表现出共线性的可能。其中，年均相对湿度的变异数比例较大，为 1，表现为较强的共线性，由此将年均相对湿度剔除。表 5.7 所显示的人文要素因子共线性诊断结果表明，建筑用地指数和煤炭消费量存在较强的共线性，多个特征值趋于 0（即表中特征值显示为 0.000）且其对应的条件指数大于 10，变异数比例也较大，最后将建筑用地指数和煤炭消费量剔除。

表 5.6 自然要素因子共线性诊断 [a]

模型	维度	特征值	条件指数	变异数比例					
				(常数)	DEM	NDVI	年均日降水量	年均相对湿度	年均风速
1	1	4.767	1.000	0.00	0.00	0.00	0.00	0.00	0.00
	2	0.214	4.723	0.00	0.06	0.01	0.00	0.00	0.00
	3	0.11	7.067	0.00	0.03	0.42	0.00	0.00	0.00
	4	0.32	9.808	0.00	0.51	0.23	0.02	0.00	0.04
	5	0.502	1.54	0.00	0.40	0.34	0.66	0.81	0.01
	6	0.000	45.154	0.00	0.23	0.49	0.14	1.00	0.12

a. 应变数：AQI。

表 5.7 人文要素因子共线性诊断 [a]

模型	维度	特征值	条件指数	变异数比例									
				(常数)	人口密度	城镇化率	机动车保有量	建筑用地指数	地区生产总值	工业产值	建筑业产值	煤炭消费量	单位工业增加值能耗	单位GDP能耗
2	1	4.430	1.000	0.00	0.00	0.00	0.00	0.00	0.00	0.00	0.00	0.00	0.00	0.00
	2	0.926	2.187	0.00	0.00	0.00	0.00	0.00	0.03	0.03	0.25	0.00	0.00	0.00
	3	0.560	2.812	0.00	0.02	0.00	0.01	0.04	0.00	0.00	0.46	0.13	0.14	0.11
	4	0.062	8.480	0.00	0.27	0.01	0.12	0.05	0.16	0.16	0.12	0.04	0.03	0.07
	5	0.021	1.554	0.03	0.57	0.00	0.44	0.57	0.02	0.02	0.85	0.05	0.24	0.31
	6	0.012	3.066	0.60	0.14	0.49	0.43	0.34	0.88	0.78	0.30	0.24	0.43	0.55
	7	0.351	5.156	0.23	0.16	0.16	0.28	0.44	0.75	0.81	0.41	0.51	0.61	0.75
	8	0.000	74.120	0.93	0.42	0.09	0.08	0.97	0.58	0.63	0.89	0.18	0.44	0.26
	9	0.194	4.183	0.62	0.65	0.26	0.16	0.30	0.34	0.58	0.31	0.88	0.66	0.09
	10	0.140	13.654	0.58	0.14	0.15	0.22	0.41	0.42	0.79	0.67	0.75	0.63	0.07
	11	0.000	30.3755	0.98	0.13	0.11	0.48	0.10	0.79	0.89	0.40	10.00	0.98	0.77

a. 应变数：AQI。

5.4　影响因子的有效性分析及影响因子体系的最终确定

5.4.1　影响因子体系有效性分析

基于前文理论视角构建的模型和本书的研究思路,上述初步筛选的影响因子是否真的可以用来评价和分析其与空气污染的影响关系,其有效性还需进一步确认。为此,作者再次组织了城市群发展与空气环境关系的专题讨论会,参会专家人员与第一次会议相同。经过会议的反复讨论,多次论证了本书城市群整体系统以及"自然"和"人文"两个要素系统中的空气环境影响因素,反复修正了构建的影响因子体系,最后成渝城市群空气污染影响因子的有效性得到了专家的一致认可,其有效性得以确认。

5.4.2　影响因子体系的最终确定

根据上述一系列筛选和专家确认过程,得出了最终成渝城市群空气污染影响因素的指标体系(表 5.8),为更好地分析城市群发展对空气污染的作用机理奠定了科学基础。

表 5.8　成渝城市群空气污染影响因子指标体系

目标系统	子系统	类别	指标
驱动力因子系统	自然要素	下垫面因子	高程(DEM)
			植被覆盖度(NDVI)
		气象因子	年均风速/(0.1m/s)
			年均日降水量/(0.1mm)
	人文要素	社会因子	人口密度/(人/km²)
			城镇化率/%
			机动车保有量/万辆
		经济因子	地区生产总值/万元
			工业产值/万元
			建筑业产值/万元
		能耗因子	单位工业增加值能耗/(吨标准煤/万元)
			单位 GDP 能耗/(吨标准煤/万元)

5.5　小　　结

首先,本章运用理论分析、频次统计、专家深度访谈等定性研究方法,分析并甄选了2015 年所有影响成渝城市群空气环境质量的自然-人文要素因子。其中,基于文献全面梳理识别相关影响因子,通过频次统计初次提取了 17 个一般影响因子。其次,本书采用一元线性回归和共线性诊断分析等定量研究方法进一步提取了成渝城市群空气污染的影响因子。其中，一元线性分析结果表明，除第一产业产值、第三产业产值 2 个因子与 AQI 指数的相关系数较低外，其他影响因子与 AQI 指数的相关系数都较高；随后，将上述影响因子与 AQI 指数进行共线性诊断，剔除了共线性较高的建筑用地指数、年均相对湿度和煤炭消费量 3 个因子。最后，经过专家深度研讨的方法进行影响因子体系的有效性论证，最终构建了成渝城市群空气污染影响因子指标体系，为后续揭示成渝城市群空气污染的主控影响因素及其影响机理奠定了基础。

第6章　成渝城市群空气污染空间
相关性及其影响机制研究

目前，我国区域空气污染已经从局地单一污染物进入到多污染物影响、大尺度区域关联、多过程演化的区域复合型污染阶段。影响城市群空气环境变化的因素十分复杂，且空气污染物会随着大气湍流向气流经过的沿线城市扩散和转移。换而言之，某个城市的空气污染不仅和当地的经济社会发展状况有关，还与周边城市的空气污染有关。因此，分析影响城市群空气污染物的内外影响因素是区域空气污染联防联控的微观现实基础，直接关系着防控协作的路径选择和治理成效。

本章基于城市群空间视角，首先运用空间热点探测技术和莫兰指数等空间相关性技术方法来判断区域内空气污染的内在空间联系。其次，分别运用空间计量模型分析影响空气污染空间相关性的内在因素。再次，结合前文的成渝城市群空间层次划分，设置了7个不同距离的空间权重矩阵，探索空气污染空间相关性与空间距离的变化关系。最后，基于城市群空气污染的内外部影响因素的分析，探索影响成渝城市群空气污染的影响因素及其影响机制。

6.1　理论模型与数据来源

6.1.1　空间插值模型

由于空气污染物浓度受人类活动影响较大，且受到空气气团的作用，因此其在空间分布上具有较强的关联性。与此同时，我国经历了三轮空气质量监测点建设，空气质量监测范围基本覆盖到全国，但是我国国控空气质量监测点主要分布于城市中心地区，郊区、农村等的分布较少，且不同城市拥有的监测点数量相差较大。现阶段，已有研究文献主要利用大气遥感气溶胶反演或空气质量监测点数据的空间插值结果等方法研究区域空气污染物浓度的空间分布特征。同时，有的学者提出在区域层面利用空气质量监测数据的空间插值精度优于遥感反演(Lee et al.，2012)。

在区域尺度，常用的插值方法主要有反距离权重插值法、全局多项式插值法、局部多项式插值法、径向基函数插值法、普通克里金插值法、简单克里金插值法及泛克里金插值法等。针对空气污染物浓度的时空特征研究，已有文献更倾向于使用克里金插值法与反距离加权插值法(王振波等，2015)。

反距离加权插值法利用了相近相似的原理：两个物体的空间距离越小，其属性值越相似；距离越远，其属性值的相似性越小。该方法以插值点与样本点之间的距离为权重计算加权平均值，距离插值点越近的样本点具有较大的权重（杜朝正，2013）。计算公式为

$$Z(S_0) = \sum_{i=1}^{N} \lambda_i Z(S_i) \tag{6.1}$$

式中，$Z(S_0)$ 为 S_0 处的预测值；N 为预测点周边有效样本点的个数；λ_i 为各有效样本点的权重值，其随着样本点与预测点之间距离的增加而减少；$Z(S_i)$ 为在 S_i 处的属性值。

克里金插值法通过空间自相关性，利用原始数据和半方差函数的结构性，对区域变量的预测点进行无偏估值（何慧敏等，2012）。一般公式为

$$Z(S) = \mu(S) + \varepsilon(S) \tag{6.2}$$

式中，S 为不同位置的样本点，是以经纬度表示的空间坐标；$Z(S)$ 为 S 处的变量值，由确定趋势 $\mu(S)$ 和自相关随机误差 $\varepsilon(S)$ 构成，并由此产生不同类型的克里金法。

反距离权重插值法的使用前提：区域插值点分布尽量均匀，且布满整个插值区域。样本点分布不规则或朝向不同，均会降低插值结果的准确性。普通克里金插值法的插值过程与加权滑动平均相类似，对于不均匀分布的样本点估值效果较好。基于潘竟虎等（2014）、王振波等（2015）学者的已有研究成果，本书选择反距离权重插值法分析成渝城市群 $PM_{2.5}$ 污染的时空特征。

6.1.2　空间自相关模型

空间相关性是指要素在系统空间中的分布状态总是会形成一定的结构形式，而该结构形式是要素与要素之间、要素与系统之间各种相关联系的具体显现。因此，城市群发展要素及其空气污染在一定空间上有所关联，存在着集聚（clustering）、随机（random）或规则（regularity）分布，并且相关性随着距离的增大而减小，该现象称为地理空间自相关。空气污染物在空间上的分布就是一种显著的空间自相关格局，大气活动所具有的空间关联性特征导致相邻地区的空气污染物浓度在统计上会更加接近。空间自相关计量能够刻画影响空气污染物的变量在同一分布地区内的观测数据之间潜在的依赖性或者联系的紧密性，常用于分析地理事物和大气要素空间集聚的变化趋势，为探索要素的时空集聚与演变规律提供依据。在空气污染物研究领域，该模型已经成功用于分析各大城市群甚至国家范围内的污染物（如 $PM_{2.5}$）的空间格局，并得出空气污染物具有显著的空间自相关特性。可见，空间自相关可以解释空气污染物的空间演变规律，并可以有效提取污染物的热点地区。

1. 全局自相关模型

全局自相关与局部自相关通常被用来分析空气污染物的空间分布特征。其中，全局自相关通常用全局莫兰指数（Moran's I）表示，计算公式为

$$I = \frac{n}{S_0} \times \frac{\sum_{i=1}^{n} \sum_{j=1}^{n} w_{i,j} z_i z_j}{\sum_{i=1}^{n} z_i^2} \tag{6.3}$$

其中，I 表示莫兰指数；z_i 表示要素 i 的属性与其属性平均值的偏差；$w_{i,j}$ 表示要素 i 和要素 j 之间的空间权重；n 表示要素总数；S_0 表示所有空间权重的总和，其计算如下：

$$S_0 = \sum_{i=1}^{n} \sum_{j=1}^{n} w_{i,j} \tag{6.4}$$

Moran's I 检验的标准化统计量 $Z(I)$ 用 Z_I 表示，计算如下：

$$Z_I = \frac{I - E[I]}{\sqrt{V[I]}} \tag{6.5}$$

其中，

$$E[I] = -1/(n-1) \tag{6.6}$$

$$V[I] = E[I^2] - E[I]^2 \tag{6.7}$$

在 0.05 的显著性水平之下，$Z(I) > 1.96$，表示空气污染物浓度空间单元之间存在着正的空间自相关，即相似的高值或低值存在着空间集聚；$-1.96 < Z(I) < 1.96$，表示特定区域内空气污染浓度的空间相关性不明显；$Z(I) < -1.96$，表示空气污染物的空间单元分布存在着负相关，即属性值趋于分散分布。

2. 局部自相关模型

局部空间自相关主要用以确定空气污染物空间聚集的具体位置，通常用局部 Moran's I 表示，计算公式为

$$I = \frac{x_1 - \bar{x}}{S_i^2} \times \sum_{j=1, j \neq i}^{n} w_{i,j}(x_i - \bar{x}) \tag{6.8}$$

式中，x_i 表示要素 i 的属性；$\bar{x}$ 表示属性平均值；$w_{i,j}$ 为空间权重；S_i^2 表示属性 i 的方差，计算公式为

$$S_i^2 = \frac{\sum_{j=1, j \neq i}^{n} w_{i,j}}{n-1} - \bar{x}^2 \tag{6.9}$$

局部 Moran's I 检验的标准化统计量 $Z(I)$ 用 Z_{Ii} 表示，计算公式为

$$Z_{Ii} = \frac{I - E[I_i]}{\sqrt{V[I_i]}} \tag{6.10}$$

$$E[I_i] = -\frac{\sum_{j=1, j \neq i}^{n} w_{i,j}}{n-1} \tag{6.11}$$

$$V[I_i] = E[I_i^2] - E[I_i]^2 \tag{6.12}$$

在 0.05 的显著性水平下，若 $Z(I)>1.96$ 且该单元与其邻近单元的空气污染物浓度均高于浓度平均值，则称为"热点"（hot spot）；若 $Z(I)<1.96$，且该单元与其邻近单元的空气污染物浓度均低于浓度平均值，则称为"冷点"（cold spot）。若 $Z(I)<-1.96$，则表示存在空间负相关，即高空气污染物浓度单元被低空气污染物浓度所环绕的"高-低"关联（high-low），或者低空气污染物浓度单元被高空气污染物浓度单元环绕的"低-高"关联（low-high）。当 $Z(I)$ 小于 1.65 且大于-1.65 时，则表示观测值呈独立随机分布，即不满足 0.1 的显著性水平。

6.1.3　空间计量模型

经典线性回归模型是影响因素分析模型的一般形式，适合于时间序列层面的实证研究，未考虑区域间空间相关性的影响。另外，空间相关性检验可以准确判别被解释变量在空间上是否存在显著的空间相关性与依赖性，但无法解释产生空间相关性的原因。空间常系数回归模型能够有效解决上述问题，该模型包括空间自回归模型（spatial auto-regressive model, SAR）和空间误差模型（spatial error model, SEM）。

1. 空间自回归模型

空间自回归模型，也被称为空间滞后回归模型（spatial lag model, SLM），主要用以研究周边观测点对本地的扩散效应。换而言之，该模型用以分析被解释变量的空间相关性在多大程度上是由周边地区的扩散效应造成的。空间自回归模型的一般形式如下：

$$Y = \rho WY + X\beta + C + \varepsilon \quad \varepsilon \sim N(0, \sigma^2 I_n) \tag{6.13}$$

式中，Y 表示被解释变量；C 是常数项；W 表示空间相关矩阵，具体的构造方法见 6.1.4 章节；β 表示自变量的回归系数行列式；X 表示自变量矩阵；ε 表示服从正态分布的误差项；ρ 是自回归的回归系数，表示其他地区的溢出效应对本地被解释变量的影响，即 ρ 的大小衡量了被解释变量的空间相关性在多大程度上是由其他地区被解释变量的溢出效应造成的。

2. 空间误差模型

空间误差模型，也称空间移动平均模型，将残差视为空间自相关，其一般形式如下：

$$Y = X\beta + C + u \tag{6.14}$$

$$u = \lambda Wu + \varepsilon \quad \varepsilon \sim N(0, \sigma^2 I_n) \tag{6.15}$$

式中，Y、C、β、X、ε、W 表示的含义同式(6.13)。该模型表示被解释变量的空间相关性是由模型误差造成的，即模型以外的其他因素造成被解释变量的空间相关性。λ 表示空间残差自回归系数，λ 的大小用以衡量其他地区未被纳入模型的误差冲击对被解释变量空间相关性的影响。

总体而言，造成被解释变量具有空间相关性的因素可能有很多，空间自相关回归模型（SAR）从被解释变量的空间溢出效应角度解释了空间相关性存在的原因，空间误差模型则认为产生空间相关性的原因是其他地区模型误差的冲击。成渝城市群空气污染的空间相关性具体是由哪种因素引起的，则取决于两种模型的拟合效果。除拟合优度选择准则外，拉格朗日乘数(Lagrange multiplier，LM)检验、似然比(likelihood ratio，LR)检验也可以准确地检验出两种模型的适用性。

6.1.4　空间权重矩阵的构造

空间计量模型的核心是空间权重矩阵的构造，其构造方法有很多种，不同的权重矩阵表示周边地区对本地被解释变量的影响方式不同。一般认为空间权重大小应该随着空间距离的增加而递减，其原则为地理学第一定律，即空间上所有单元之间均存在一定程度的联系，但是这种联系以距离衰减规律为原则。换而言之，距离较远的单元之间联系较小，权重值则小；距离较近的观测单元之间联系较大，权重值较大。所以，距离反比法的空间权重矩阵构造如下式：

$$W_{ij} = \frac{1}{d_{ij}^{\alpha}} \tag{6.16}$$

其中，W_{ij} 是权重矩阵中的权重值，即权重矩阵中的要素，表示第 i 个观测单元与第 j 个观测单元之间的权重；d_{ij} 表示两个观测点之间的空间距离；α 是常数，通常取值为 1 或者 2。

6.1.5　影响因子指标体系及数据来源

本书第 5 章运用定性和定量相结合的方法筛选了成渝城市群空气污染的潜在影响因素，得到 12 个影响空气污染的人文-自然因子，包括高程(DEM)、植被覆盖度(NDVI)、年均日降水量(0.1mm)、年均风速(0.1m/s)、人口密度(人/km²)、城镇化率(%)、机动车保有量(万辆)、地区生产总值(万元)、工业产值(万元)、建筑业产值(万元/人)、单位 GDP 能耗(吨标煤/万元)、工业单位增加值能耗(吨标煤/万元)。其中，由于重庆市云阳县和开州区的部分区域不属于成渝城市群，因此这些区域的社会经济等数据按区域面积比例来确定。

本章涉及的 5 种空气污染物(除 $PM_{2.5}$，因为 $PM_{2.5}$ 污染专题研究位于第 7 章)浓度数据来自国家和省市环境监测中心的 108 个空气质量监测站点，时间跨度为 2015 年 1 月 1 日至 12 月 31 日，部分污染物浓度数据为空间插值结果。其他空气环境变量数据来自《中国环境统计公报》《环境统计公报》《中国环境年鉴》《中国城市年鉴》。

6.2　城市群空气污染空间自相关诊断

6.2.1　全局空间自相关分析

利用 MATLAB 空间分析模型验证成渝城市群 5 种空气污染物浓度(除 $PM_{2.5}$ 浓度)的

空间自相关性，得到结果见表 6.1 和图 6.1。

表 6.1　2015 年成渝城市群空气污染物浓度的全局 Moran's I

	CO	NO₂	O₃	PM₁₀	SO₂
Moran's I	0.1426	0.6338	0.6007	0.3526	0.5372
$Z(I)$	2.1447	8.9400	8.4613	5.0714	7.6101
P 值	0.0320	0.0001	0.0001	0.0001	0.0001

　　由表 6.1 的全局 Moran's I 可知，2015 年 5 种空气污染物的 $Z(I)$ 值均大于 1.96，其中 NO₂、O₃、PM₁₀ 和 SO₂ 的 $Z(I)$ 值大于 2.58，表明成渝城市群空气污染物浓度存在极其显著的全局空间自相关（即高-高集聚或者低-低集聚）。从图 6.1 的 Moran's I 散点图可知，5 种空气污染物的 Moran's I 均大于 0，表明成渝城市群 2015 年 5 种空气污染物均存在全局空间相关性，其中相关性大于 0.5 的空气污染物为 NO₂、SO₂ 和 O₃，说明这三种污染物在空间上集聚最为明显，即在整个城市群范围内存在着空气污染物的空间集聚现象。

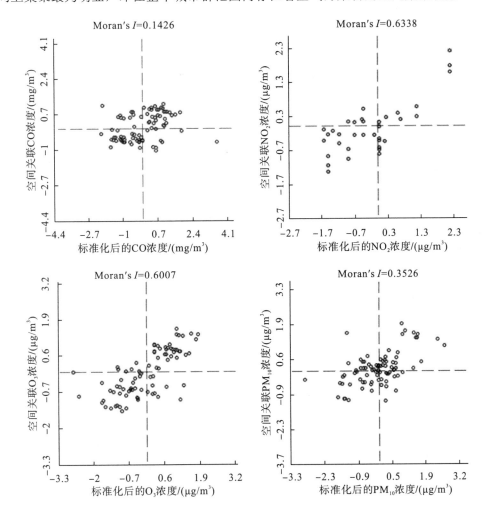

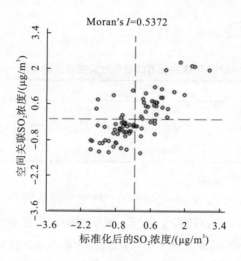

图 6.1　2015 年成渝城市群 5 种空气污染物的 Moran's I 散点分布

6.2.2　局部空间自相关分析

1. PM_{10} 的局部空间自相关性

根据局部自相关分析原理，利用 ArcGIS 10.5 的空间分析模块，对成渝城市群空气质量监测点的 PM_{10} 年均浓度进行局部空间自相关检验，得到 2015 年空气质量监测点 PM_{10} 年均浓度的冷热点分布情况，结果见表 6.2。置信区间为-1.65～1.65 的要素反映置信度为 99% 的统计显著性，置信区间为-1.96～1.96 的要素反映置信度为 95% 的统计显著性，置信区间为-2.58～2.58 的要素反映置信度为 90% 的统计显著性；而置信区间为 0 的要素聚类则无统计学意义。

表 6.2　2015 年成渝城市群空气质量监测点 PM_{10} 浓度的冷热点指数

冷热点及置信度	RD-99%	RD-95%	RD-90%	NOT-S	CD-90%	CD-95%	CD-99%
比例	5.75%	1.15%	2.30%	82.75%	8.05%	0.00%	0.00%

PM_{10} 年均浓度的冷点和热点数量均较少，其中冷点（CD）数占总数的 8.05%，热点（RD）数占总数的 9.2%。另外，置信度为 99%、95% 和 90% 的热点站点数占总数的百分比分别为 5.75%、1.15% 和 2.30%，主要分布于资阳市与成都市。PM_{10} 污染物不存在置信度为 99% 和 95% 的冷点，90% 置信度的冷点分布于雅安市、遂宁市等地区。因此，成渝城市群 PM_{10} 浓度空间分布的局部自相关性较弱。

基于成渝城市群各空气质量监测点的 PM_{10} 浓度数据，以地级市及以上行政区划为单位计算 PM_{10} 年均浓度，并利用 MATLAB 的空间分析模块对成渝城市群 36 个城市和区县的 PM_{10} 污染物进行局部空间自相关分析，得到 2015 年成渝城市群 PM_{10} 污染物的空间集聚状况，如表 6.3 所示。具体而言，成渝城市群 PM_{10} 污染物浓度的低-高聚集区分布在雅安市，高-高类聚集区分布在宜宾市和泸州市，不存在高-低聚集和低-低聚集类型的分布，即成渝城市群南部表现为 PM_{10} 重污染区。

表 6.3　2015 年成渝城市群 PM_{10} 污染物的空间集聚

污染物	空间聚集性				
	高-高聚集	低-低聚集	低-高聚集	高-低聚集	不显著
PM_{10}	宜宾，泸州	无	雅安	无	其余地区

2. SO_2 的局部空间自相关性

根据局部自相关分析原理，利用 ArcGIS 10.5 的空间分析模块，对成渝城市群空气质量监测点的 SO_2 年均浓度进行局部空间自相关检验，得到 2015 年空气质量监测点 SO_2 年均浓度的冷热点分布情况，结果如表 6.4 所示。

表 6.4　2015 年成渝城市群空气质量监测点 SO_2 浓度的冷热点指数

冷热点及置信度	RD-99%	RD-95%	RD-90%	NOT-S	CD-90%	CD-95%	CD-99%
比例	24.14%	4.60%	6.90%	48.27%	1.15%	14.94%	0.00%

SO_2 浓度的热点分布占总数的 35.64%。其中，置信度为 99%的热点占 24.14%，主要分布于成渝城市群内资阳市及以南地区，包括资阳市、内江市、自贡市、宜宾市、乐山市和泸州市北部区域；热点置信度为 90%和 95%的站点主要分布于眉山市、遂宁市和成都市，站点占比分别为 6.90%和 4.60%。另外，SO_2 浓度冷点占总数的 16.09%。其中，不存在置信度为 99%的冷点，置信度为 95%和 90%的冷点分别占总数的 14.94%和 1.15%，主要分布于绵阳市、达州市和广安市。可见，成渝城市群空气质量监测点的 SO_2 浓度呈现较强的局部空间自相关性，尤其表现为较强的集聚性。

基于成渝城市群各空气质量监测点的 SO_2 浓度数据，以地级市及以上行政区划为单位计算 SO_2 年均浓度，并利用 MATLAB 的空间分析模块对成渝城市群 36 个城市和区县的 SO_2 污染物进行局部空间自相关分析，得到 2015 年成渝城市群 SO_2 污染物的空间集聚状况，见表 6.5。具体而言，成渝城市群 SO_2 浓度的低-低聚集区主要分布在绵阳市和南充市，高-高聚集区分布在资阳市、自贡市、宜宾市和泸州市，高-低聚集区为广安市。总体而言，成渝城市群 SO_2 浓度的空间分布主要表现为空间正相关性(即高-高聚集或低-低聚集)，广安市则表现为空间负相关性(高-低聚集)，其他城市未呈现明显的集聚性。

表 6.5　2015 年成渝城市群 SO_2 污染物的空间聚集

污染物	空间聚集性				
	高-高聚集	低-低聚集	低-高聚集	高-低聚集	不显著
SO_2	资阳、自贡、宜宾、泸州	绵阳、南充	无	广安	其余地区

3. NO$_2$ 的局部空间自相关性

根据局部自相关分析原理，利用 ArcGIS 10.5 的空间分析模块，对成渝城市群空气质量监测点的 NO$_2$ 年均浓度进行局部空间自相关检验，得到 2015 年空气质量监测点 NO$_2$ 年均浓度的冷热点分布情况，结果如表 6.6 所示。

表 6.6　2015 年成渝城市群空气质量监测点 NO$_2$ 浓度的冷热点指数

冷热点及置信度	RD-99%	RD-95%	RD-90%	NOT-S	CD-90%	CD-95%	CD-99%
比例	6.90%	6.90%	0.00%	62.07%	1.15%	10.34%	12.64%

NO$_2$ 浓度的热点占总数的比例为 13.80%。其中，置信度为 99% 的热点占比 6.90%，置信度为 95% 的热点占比 6.90%，不存在置信度为 90% 的热点，NO$_2$ 浓度的热点主要分布在达州市、德阳市、绵阳市以及成都市西北部。另外，NO$_2$ 浓度的冷点占总站点数的 24.13%。其中，置信度为 99%、95% 和 90% 的冷点占比分别为 12.64%、10.34% 和 1.15%，NO$_2$ 浓度的冷点分布分散，主要分布于城市群中部的遂宁市和西南部的雅安市、乐山市、自贡市和内江市等地区。总体而言，2015 年成渝城市群 NO$_2$ 浓度冷点和热点的分布均较为分散，分散性大于集聚性。

基于成渝城市群各空气质量监测点的 NO$_2$ 浓度数据，以地级市及以上行政区划为单位计算 NO$_2$ 年均浓度，并利用 MATLAB 的空间分析模块对成渝城市群 36 个城市和区县的 NO$_2$ 污染物进行局部空间自相关分析，得到 2015 年成渝城市群 NO$_2$ 污染物的空间集聚状况，见表 6.7。具体而言，成渝城市群 NO$_2$ 污染物浓度高-高聚集区分布在绵阳市，低-低聚集区分布在资阳市和内江市，低-高聚集区集聚分布在广安市，其他城市未表现出明显的空间集聚性。总体而言，NO$_2$ 污染物的空间分布在城市群中部与北部地区主要表现为空间正相关，即低-低聚集或高-高聚集。

表 6.7　2015 年成渝城市群 NO$_2$ 污染物的空间集聚

污染物	空间聚集性				
	高-高聚集	低-低聚集	低-高聚集	高-低聚集	不显著
NO$_2$	绵阳	资阳、内江	广安	无	其余地区

4. CO 的局部空间自相关性

根据局部自相关分析原理，利用 ArcGIS 10.5 的空间分析模块，对成渝城市群空气质量监测点的 CO 年均浓度进行局部空间自相关检验，得到 2015 年空气质量监测点 CO 年均浓度的冷热点分布情况，结果如表 6.8 所示。

表 6.8　2015 年成渝城市群空气质量监测点 CO 浓度的冷热点指数

冷热点及置信度	RD-99%	RD-95%	RD-90%	NOT-S	CD-90%	CD-95%	CD-99%
比例	6.90%	12.64%	4.60%	55.17%	0.00%	12.64%	8.05%

CO 浓度的热点分布占总数的 24.14%。其中，置信度为 99% 和 95% 的热点分别占比 6.90% 和 12.64%，均集中分布在重庆市主城区、永川区、江津区、綦江区和南川区等地区。另外，CO 浓度的冷点占比为 20.69%。其中，置信度为 99% 的冷点占比 8.05%，置信度为 95% 的冷点占比 12.64%，主要分布于成渝城市群南部的宜宾市、泸州市和内江市。总体而言，2015 年重庆市大部分监测区域呈现明显的空间聚集性，成渝城市群体其余地区空气质量监测点的空间相关性自东向西逐渐减弱。

基于成渝城市群各空气质量监测点的 CO 浓度数据，以地级市及以上行政区划为单位计算 CO 年均浓度，并利用 MATLAB 的空间分析模块对成渝城市群 36 个城市和区县的 CO 污染物进行局部空间自相关分析，得到 2015 年成渝城市群 CO 污染物的空间集聚状况，见表 6.9。具体而言，成渝城市群 CO 浓度的低-高聚集区分布在广安市，高-高聚集区分布在绵阳市，不存在低-低聚集和高-低聚集的区域，且其他城市未表现出明显的集聚性。

表 6.9　2015 年成渝城市群 CO 污染物的空间集聚

污染物	空间聚集性				
	高-高聚集	低-低聚集	低-高聚集	高-低聚集	不显著
CO	绵阳	无	广安	无	其余地区

5. O_3 的局部空间自相关性

根据局部自相关分析原理，利用 ArcGIS 10.5 的空间分析模块，对成渝城市群空气质量监测点的 O_3 年均浓度进行局部空间自相关检验，得到 2015 年空气质量监测点 O_3 年均浓度的冷热点分布情况，结果如表 6.10 所示。

表 6.10　2015 年成渝城市群空气质量监测点 O_3 浓度的冷热点指数

冷热点及置信度	RD-99%	RD-95%	RD-90%	NOT-S	CD-90%	CD-95%	CD-99%
比例	25.29%	2.30%	0.00%	55.17%	10.34%	6.90%	0.00%

基于表 6.6 与图 6.10 的综合分析，O_3 浓度的热点数量较多，热点数占总数的比例为 27.59%。其中，置信度为 99% 的热点占比 25.29%，置信度为 95% 的热点占比为 2.30%，不存在置信度为 90% 的热点，O_3 浓度的热点主要分布于成都市、眉山市、资阳市、德阳市和绵阳市。另外，O_3 浓度的冷点数量较少，占总数的 17.24%。其中，不存在置信度为 99% 的冷点，置信度为 95% 和 90% 的冷点占比分别为 6.90% 和 10.34%，O_3 浓度的冷点主

要分布于城市群的广安市、达州市、重庆市主城区及南部区域。总体而言，热点主要分布在城市群西北部和东部，且 O_3 浓度的集聚性由东南向西北地区不断降低。

基于成渝城市群各空气质量监测点的 O_3 浓度数据，以地级市及以上行政区划为单位计算 O_3 年均浓度，并利用 MATLAB 的空间分析模块对成渝城市群 36 个城市和区县的 O_3 污染物进行局部空间自相关分析，得到 2015 年成渝城市群 O_3 污染物的空间集聚状况，见图 6.11。具体而言，成渝城市群 O_3 污染物浓度的高-高聚集区分布在德阳市和成都市，低-高聚集区分布在雅安市，高-低聚集区分布在广安市，其他城市未表现出明显的空间集聚性。

6.3　空气污染物内部主控影响因子分析

成渝城市群 5 种空气污染物的空间相关性分析结果表明，这 5 种污染物（PM_{10}、SO_2、NO_2、CO、O_3）浓度在城市群空间上的集聚现象非常明显，城市群西北区域的成都市、德阳市空气污染最为严重，其次是城市群南部的宜宾市、泸州市和自贡市等地区。本节拟采用空间计量模型，进一步探究成渝城市群发展导致的空气污染问题的内在影响因素和机制。

一般而言，探索空间相关性内在影响因素的空间计量模型主要包括空间滞后模型和空间误差模型。为了在空间滞后模型与空间误差模型中选择更科学和更具有实际意义的模型，本书借助空间计量经济学中的拉格朗日乘子检验（Lagrange multiplier test，LM）判断模型的适用性。该方法共有五个统计检验量，分别为拉格朗日乘子（滞后）统计量（LM-lag）、拉格朗日乘子（误差）统计量（LM-error）、稳健性拉格朗日乘子（滞后）统计量（Robust LM-lag）、稳健性拉格朗日乘子（误差）统计量（Robust LM-error）和拉格朗日空间自回归移动平均（LM SARMSA），其中 LM SARMA 表示空间滞后与空间误差项的高阶模型的相关统计检验量，在实际检验中用处较少。

基于拉格朗日乘数统计量，Anseline 提出了空间回归模型选择机制，模型选择流程见图 6.2。首先，构建 OLS 回归模型，借助拉格朗日统计量判断空间依赖性，即比较 LM-lag 和 LM-error 检验统计量的显著性（LM 诊断）。若两者都不显著，则选择 OLS 回归模型；若 LM-lag 显著但 LM-error 不显著，则选择空间滞后模型；如果 LM-error 显著但 LM-lag 不显著，则选择空间误差模型；如果两者都显著，则继续下一步判别与筛选。其次，比较 Robust LM-lag 和 Robust LM-error 检验统计量的显著性水平，即 Robust LM 诊断，一般而言，这两个检验统计量只可能存在一个显著的统计量。若 Robust LM-lag 显著但 Robust LM-error 不显著，则选择空间滞后模型；若 Robust LM-error 显著但 Robust LM-lag 不显著，则选择空间误差模型。如果 Robust LM-lag 和 Robust LM-error 检验统计量均显著，则比较二者的显著性水平，选择显著性水平更高的检验统计量所对应的空间计量模型。例如，Robust LM-lag 与 Robust LM-error 统计量分别对应 $P<0.001$ 和 $P<0.05$，则 $P<0.001$ 所对应的空间滞后模型更加显著，因此选择空间滞后模型。

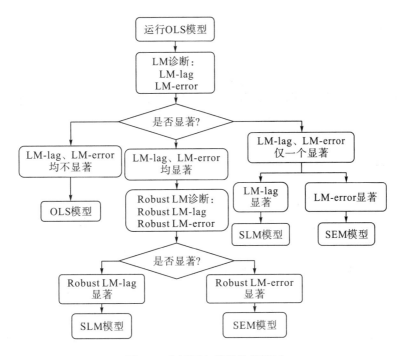

图 6.2　空间回归模型选择机制

除上述提及的拉格朗日乘数统计量以外，还有许多常用的判断标准用以检验空间计量模型的显著性，如基于似然函数的检验准则——似然函数对数值（log likelihood，log L）、似然比（likelihood ratio，LR），基于拟合优度的信息准则——赤池信息量准则（akaike information criterion，AIC）、施瓦茨准则（schwartz criterion，SC）。本书则主要将拉格朗日检验统计量作为模型选择的判断依据。

首先，基于筛选得到的空气污染影响因子指标体系，根据空间滞后模型和空间误差模型原理，构建回归方程，进而运用 GeoDa 空间计量软件分析成渝城市群人文-自然因子的相关数据，得到的拉格朗日乘数检验结果，见表 6.11。

表 6.11　拉格朗日乘数检验结果

	MI/DF	统计量	P 值
Moran's I（error）	0.925	1.118	0.264
LM-lag	1	0.000	1.000
Robust LM-lag	1	0.000	1.000
LM-error	1	28.286	0.000
Robust LM-error	1	28.286	0.000
LM-SARMA	2	28.286	0.000

注：MI/DF 表示 Moran's I 或自由度，即第二行表示的是 Moran's I 指数，后面几行表示的是自由度。

拉格朗日乘数检验结果显示 LM-error 的 P 值为 0,满足 1%的显著性水平,而 LM-lag 检验统计量的 P 值为 1,在统计上不显著,因此空间误差模型更适合于成渝城市群空气污染研究。基于统计量(value)角度,LM-error 统计量为 28.285,大于 LM-lag 统计量(0),因此空间误差模型更有利于解释成渝城市群空气污染的空间相关性,故本书选择空间误差模型研究成渝城市群空气污染物的影响机制。

6.3.1　PM_{10} 空气污染影响因子分析

空间回归模型的选择结果已经表明,空间计量学中的空间误差模型能够正确解释空间相关性前提下成渝城市群各因子系统对 PM_{10} 污染的影响状况。本书将地理数据库中的成渝城市群矢量文件数据导入 GeoDa 空间计量软件,并构建不同城市单元之间的空间权重矩阵,进而建立空间误差回归模型。回归模型构建环节中,本书利用 GeoDa 的回归模型模块,模型的因变量为 PM_{10} 浓度,自变量包括高程(DEM)、植被覆盖度(NDVI)、年均日降水量、年均风速、机动车保有量、城镇化率、人口密度、地区生产总值、工业产值、建筑业产值、单位地区生产总值能耗、单位工业增加值能耗等指标,其空间权重为前文已构建的空间权重矩阵,回归结果见表 6.12。

表 6.12　成渝城市群 PM_{10} 浓度影响因子空间误差模型估计结果

子系统	变量/指标	系数	P 值
下垫面因子	高程(DEM)	−0.012	0.081
	植被覆盖度(NDVI)	−0.052	0.035
气象因子	年均日降水量/(0.1mm)	−0.693	0.010
	年均风速/(0.1m/s)	−3.331	0.002
社会因子	人口密度/(人/km²)	0.280	0.445
	城镇化率/%	0.155	0.043
	机动车保有量/万辆	0.206	0.030
经济因子	地区生产总值/万元	0.315	0.135
	工业产值/万元	0.332	0.027
	建筑业产值/万元	0.302	0.338
能耗因子	单位地区生产总值能耗/(吨标准煤/万元)	0.544	0.092
	单位工业增加值能耗/(吨标准煤/万元)	0.190	0.036
	常数项	1.263	0.251
	λ	0.522	0.001
	R^2	0.484	

成渝城市群 PM_{10} 浓度的空间误差模型估计结果显示气象因子、经济因子和能耗因子对城市群 PM_{10} 浓度的影响较大。

下垫面因子系统中，植被覆盖度指标对成渝城市群 PM_{10} 浓度的影响程度较大，估计系数为-0.052，且其显著性水平为 0.035，满足 0.05 的显著性水平，表明随着成渝城市群植被覆盖度的提高，区域 PM_{10} 浓度将呈现下降趋势。

气象因子系统中，年均日降水量和年均风速指标的显著性水平较高。具体而言，年均日降水量与城市群 PM_{10} 浓度呈现负相关关系，表明随着年均日降水量的升高，城市群 PM_{10} 浓度呈现下降趋势；年均风速指标的显著性水平为 0.002，满足 0.05 的显著性水平，其估计系数为-3.331，说明随着年均风速升高，成渝城市群 PM_{10} 浓度呈现明显的下降趋势。

社会因子系统中，城镇化率和机动车保有量指标与城市群 PM_{10} 浓度的相关性较为显著。其中，城镇化率指标的显著性水平为 0.043，小于 0.05，且估计系数为 0.155，即城市群内部城镇化率较高的城市其 PM_{10} 浓度相对较低。机动车保有量指标的显著性水平为 0.030，满足 0.05 的显著性水平，其估计系数为 0.206，表明城市群机动车保有量与区域 PM_{10} 浓度呈现出显著的正相关性。

经济因子系统中，工业产值指标与城市群 PM_{10} 浓度的相关性较为显著，满足 0.05 的显著性水平，其估计系数为 0.332，说明城市群的工业发展会导致 PM_{10} 浓度的升高，导致 PM_{10} 污染加剧。因此，成渝城市群产业结构调整过程中应重视第三产业，尤其是现代服务业的发展，以构建合理的产业结构体系。

能耗因子系统中，单位工业增加值能耗指标与城市群 PM_{10} 浓度的相关性较为显著。单位工业增加值能耗指标的显著性水平为 0.036，估计系数为 0.190，说明随着单位工业增加值能耗的升高，城市群 PM_{10} 浓度也随之升高。因此，在城市群产业结构调整中，应重点发展低能耗和环保型产业，促进城市群产业结构的绿色化和生态化，保障城市群经济社会的可持续发展。

根据表 6.12 的回归分析结果，本书剔除了显著性水平高于 10% 的影响指标，并计算剩余影响指标估计系数的绝对值，进而分析 PM_{10} 空气污染影响因子的平均估计系数，分析结果见表 6.13。影响成渝城市群 PM_{10} 浓度和空间分布的因子强弱关系为：气象因子>能耗因子>经济因子>社会因子>下垫面因子。其中，气象因子是影响 PM_{10} 浓度的首要影响因素，其中主要受年均风速的影响较大。成渝城市群 PM_{10} 污染复杂多样，不同因素的微小变化都会对 PM_{10} 污染带来极大的影响，下垫面因子的相关度较小，但也存在一定的相关性。因此，可以从城市群层面考虑引入通风走廊，引入富氧源。

表 6.13　成渝城市群 PM_{10} 浓度影响因子平均估计结果

项目	下垫面因子	气象因子	社会因子	经济因子	能耗因子
平均估计系数	0.032	2.011	0.180	0.332	0.367

6.3.2　SO_2 空气污染影响因子分析

空间回归模型的选择结果已经表明,空间计量学中的空间误差模型能够正确解释空间相关性前提下成渝城市群各因子系统对 SO_2 污染的影响状况。

本书将地理数据库中的成渝城市群矢量文件数据导入 GeoDa 空间计量软件,并构建不同城市单元之间的空间权重矩阵,进而建立空间误差回归模型。回归模型构建环节中,本书利用 GeoDa 的回归模型模块,模型的因变量为 SO_2 浓度,自变量包括高程(DEM)、植被覆盖度(NDVI)、年均日降水量、年均风速、机动车保有量、城镇化率、人口密度、地区生产总值、工业产值、建筑业产值、单位地区生产总值能耗、单位工业增加值能耗等指标,其空间权重为前文已构建的空间权重矩阵,回归结果见表 6.14。

表 6.14　成渝城市群 SO_2 浓度影响因子空间误差模型估计结果

子系统	变量/指标	系数	P 值
下垫面因子	高程(DEM)	−0.135	0.174
	植被覆盖度(NDVI)	−0.042	0.041
气象因子	年均日降水量/(0.1mm)	−0.082	0.012
	年均风速/(0.1m/s)	−0.361	0.031
社会因子	人口密度/(人/km^2)	0.157	0.000
	城镇化率/%	−0.294	0.001
	机动车保有量/万辆	0.138	0.068
经济因子	地区生产总值/万元	0.024	0.102
	工业产值/万元	0.198	0.031
	建筑业产值/万元	0.084	0.615
能耗因子	单位地区生产总值能耗/(吨标准煤/万元)	11.139	0.007
	单位工业增加值能耗/(吨标准煤/万元)	3.015	0.030
	常数项	−0.457	0.034
	λ	0.316	0.020
	R^2	0.452	

成渝城市群 SO_2 浓度的空间误差模型估计结果显示气象因子、社会因子、经济因子和能耗因子对成渝城市群 SO_2 浓度的影响较大。

下垫面因子系统中,植被覆盖度指标与成渝城市群 SO_2 浓度的相关性较为显著,而高程因子的显著性则不高。植被覆盖度指标的显著性水平为 0.041,满足 0.05 的显著性水平,其估计系数为−0.042,表明随着城市群植被覆盖度的上升,城市群空气污染物 SO_2 浓度呈现出下降的趋势。

气象因子系统中,年均日降水量和年均风速指标与城市群 SO_2 浓度的相关性均较为显著。年均日降水量指标的显著性水平为 0.012,小于 0.05,显著性水平较高,且与城市群

SO$_2$ 浓度呈现负相关关系，其估计系数为-0.082，说明随着城市群年均日降水量的增加，SO$_2$ 浓度将会随之下降。年均风速指标的显著性水平为 0.031，满足 0.05 的显著性水平，且与城市群 SO$_2$ 浓度也呈负相关，其估计系数为-0.361，说明随着城市群年均风速的增加，城市群 SO$_2$ 浓度会随之下降。

社会因子系统中，人口密度和城镇化率指标与成渝城市群 SO$_2$ 浓度的相关性较为显著。人口密度指标的显著性水平为 0.000，满足 0.001 的显著性水平，极为显著，且与城市群 SO$_2$ 浓度的相关系数为 0.157，说明随着城市群人口密度的增加，城市群 SO$_2$ 浓度会随之轻微上升，间接说明控制城市群人口规模和人口密度对于城市群空气污染防治十分重要。城镇化率指标的显著性水平为 0.001，估计系数为-0.294，城镇化率与城市群 SO$_2$ 浓度呈低位负相关，说明 2015 年期间城市群城镇化率的提高能够缓解城市群 SO$_2$ 污染，侧面反映出城市群发展与空气环境质量是相辅相成的螺旋形发展关系。

经济因子系统中，工业产值指标与成渝城市群 SO$_2$ 浓度的相关性较为显著。工业产值指标的显著性水平为 0.031，估计系数为 0.198，与城市群 SO$_2$ 浓度呈现出正相关关系。

能耗因子系统中，单位地区生产总值能耗和单位工业增加值能耗指标与成渝城市群 SO$_2$ 浓度的相关性较为显著。单位地区生产总值能耗指标的显著性水平为 0.007，满足 0.01 的显著性水平，与城市群 SO$_2$ 浓度的相关性显著，且其估计系数为 11.139，表明随着城市群单位地区生产总值能耗的上升，城市群 SO$_2$ 浓度会显著上升。单位工业增加值能耗指标的显著性水平为 0.030，小于 0.05，估计系数为 3.015，说明随着城市群单位工业增加值能耗的上升，城市群 SO$_2$ 浓度会随之上升。因此，在成渝城市群未来发展中应注重能源结构的调整优化，进一步促进新能源与清洁能源产业的发展。

根据表 6.14 的回归分析结果，本书剔除了显著性水平高于 10% 的影响指标，并计算剩余影响指标估计系数的绝对值，进而分析 SO$_2$ 空气污染影响因子的平均估计系数，分析结果见表 6.15。影响成渝城市群 SO$_2$ 污染与空间分布的因子强弱关系为：能耗因子>气象因子>经济因子>社会因子>下垫面因子。其中，能耗因子对城市群 SO$_2$ 污染的影响较大，而单位地区生产总值能耗的影响占比最大，因此在追求城市群国民经济增长的同时，可通过调整区域经济结构、引入新的清洁能源等具体策略来治理 SO$_2$ 污染。

表 6.15　成渝城市群 SO$_2$ 浓度影响因子平均估计结果

子系统	下垫面因子	气象因子	社会因子	经济因子	能耗因子
平均估计系数	0.042	0.221	0.196	0.198	7.077

6.3.3　NO$_2$ 空气污染影响因子分析

空间回归模型的选择结果已经表明，空间计量学中的空间误差模型能够正确解释空间相关性前提下成渝城市群各因子系统对 NO$_2$ 污染的影响状况。

本书将地理数据库中的成渝城市群矢量文件数据导入 GeoDa 空间计量软件，并构建不同城市单元之间的空间权重矩阵，进而建立空间误差回归模型。回归模型构建环节中，本书利用 GeoDa 的回归模型模块，模型的因变量为 NO_2 浓度，自变量包括高程（DEM）、植被覆盖度（NDVI）、年均日降水量、年均风速、机动车保有量、城镇化率、人口密度、地区生产总值、工业产值、建筑业产值、单位地区生产总值能耗、单位工业增加值能耗等指标，其空间权重为前文已构建的空间权重矩阵，回归结果见表 6.16。

表 6.16　成渝城市群 NO_2 浓度影响因子空间误差模型估计结果

子系统	变量/指标	系数	P 值
下垫面因子	高程（DEM）	−0.018	0.000
	植被覆盖度（NDVI）	−0.062	0.027
气象因子	年均日降水量/(0.1mm)	−0.181	0.174
	年均风速/(0.1m/s)	−0.050	0.050
社会因子	人口密度/(人/km^2)	0.011	0.292
	城镇化率/%	0.486	0.005
	机动车保有量/万辆	0.259	0.020
经济因子	地区生产总值/万元	0.381	0.113
	工业产值/万元	0.009	0.030
	建筑业产值/万元	0.007	0.372
能耗因子	单位地区生产总值能耗/(吨标准煤/万元)	0.285	0.050
	单位工业增加值能耗/(吨标准煤/万元)	0.110	0.012
	常数项	−0.054	0.102
	λ	0.422	0.001
	R^2	0.503	

成渝城市群 NO_2 浓度的空间误差模型估计结果显示社会因子、能耗因子和经济因子对成渝城市群 NO_2 浓度的影响较大。

下垫面因子系统中，显著性水平较高的为高程（DEM）指标，其 P 值为 0.000，满足 0.01 的显著性水平，且高程（DEM）指标与成渝城市群 NO_2 浓度的相关系数为-0.018，呈现出显著的低位正相关关系，即随着区域海拔的上升，NO_2 浓度呈现出下降趋势，不仅说明 NO_2 污染物主要来源于下垫面，而且表明了 NO_2 浓度的垂直分布结构。

气象因子系统中，显著性水平较高的指标为年均风速，满足 0.05 的显著性水平，且其与城市群 NO_2 浓度呈现负相关关系，估计系数为-0.050，表明成渝城市群 NO_2 浓度随着风速增加而降低。

社会因子系统中，在 0.05 的显著性水平上，城镇化率和机动车保有量指标与城市群 NO_2 浓度存在显著的相关关系。具体而言，2015 年期间的城镇化率水平越高，成渝城市群的 NO_2 浓度越高，且相关系数为 0.486；机动车保有量的相关系数为 0.259，显著性水平较高, 为 0.020, 表明城市群各城市的机动车保有量越高, 其 NO_2 浓度上升越快。因此, 在城市建设中应鼓励绿色交通和低碳交通, 促进共享交通的发展, 并协同其他治理措施, 则城市群空气污染的治理成效就会较为显著。

经济因子系统中, 在 0.05 的显著性水平上, 工业产值指标与成渝城市群 NO_2 浓度呈现为低位的正相关关系, 相关系数为 0.009, 即城市群工业等部门的发展会导致区域 NO_2 浓度的升高, 政府应注重发展绿色工业和高附加值工业, 促进城市群工业结构的转型升级。

能耗因子系统中, 单位地区生产总值能耗与单位工业增加值能耗指标均满足 0.05 的显著性水平, 表明成渝城市群 NO_2 浓度与能耗指标的相关性较高。城市群经济社会的发展, 尤其是产业部门的能耗水平直接影响着城市群 NO_2 污染, 因此后续城市群空气污染治理过程中, 应充分认识降低能耗对于城市群空气环境整治的必要性与重要性。

根据表 6.16 的回归分析结果, 本书剔除了显著性水平高于 10% 的影响指标, 并计算剩余影响指标估计系数的绝对值, 进而分析 NO_2 空气污染影响因子的平均估计系数, 分析结果见表 6.17。影响成渝城市群 NO_2 浓度及空间分布的因子强弱关系为: 社会因子>能耗因子>气象因子>下垫面因子>经济因子。其中, 社会因子和能耗因子的影响较大。其中, 影响程度最大的社会因子系统中的机动车保有量起着关键影响作用。可见, 加大对区域机动车保有量的控制, 是解决城市群 NO_2 污染的主要途径。

表 6.17　成渝城市群 NO_2 浓度影响因子平均估计结果

子系统	下垫面因子	气象因子	社会因子	经济因子	能耗因子
平均估计系数	0.040	0.050	0.372	0.009	0.197

6.3.4　CO 空气污染影响因子分析

空间回归模型的选择结果已经表明, 空间计量学中的空间误差模型能够正确解释空间相关性前提下成渝城市群各因子系统对 CO 污染的影响状况。

本书将地理数据库中的成渝城市群矢量文件数据导入 GeoDa 空间计量软件, 并构建不同城市单元之间的空间权重矩阵, 进而建立空间误差回归模型。回归模型构建环节中, 本书利用 GeoDa 的回归模型模块, 模型的因变量为 CO 浓度, 自变量包括高程(DEM)、植被覆盖度(NDVI)、年均日降水量、年均风速、机动车保有量、城镇化率、人口密度、地区生产总值、工业产值、建筑业产值、单位地区生产总值能耗、单位工业增加值能耗等指标, 其空间权重为前文已构建的空间权重矩阵, 回归结果见表 6.18。

表 6.18　成渝城市群 CO 浓度影响因子空间误差模型估计结果

子系统	变量/指标	系数	P 值
下垫面因子	高程(DEM)	−0.002	0.069
	植被覆盖度(NDVI)	−0.015	0.000

子系统	变量/指标	系数	P 值
气象因子	年均日降水量/(0.1mm)	-0.006	0.183
	年均风速/(0.1m/s)	-0.374	0.012
社会因子	人口密度/(人/km²)	0.091	0.028
	城镇化率/%	0.575	0.034
	机动车保有量/万辆	0.553	0.012
经济因子	地区生产总值/万元	0.351	0.037
	工业产值/万元	0.340	0.215
	建筑业产值/万元	0.154	0.315
能耗因子	单位地区生产总值能耗/(吨标准煤/万元)	0.771	0.031
	单位工业增加值能耗/(吨标准煤/万元)	0.110	0.000
	常数项	0.151	0.541
	λ	0.313	0.065
	R^2	0.554	

成渝城市群 CO 浓度的空间误差模型估计结果显示气象因子、社会因子、经济因子和能耗因子对成渝城市群 CO 浓度的影响较大。

下垫面因子系统中，植被覆盖度(NDVI)指标对成渝城市群 CO 浓度的影响极为显著，满足 0.05 的显著性水平，估计系数为-0.015，表明成渝城市群的植被覆盖度越高，城市群 CO 污染物浓度就越低。另外，高程(DEM)指标与 CO 污染物浓度的负相关性并不是十分显著。

气象因子系统中，年均风速因子与城市群 CO 浓度的相关性较为显著，满足 0.05 的显著性水平，且其估计系数为-0.374，与 CO 浓度呈现负相关关系，说明成渝城市群中风速越大，CO 浓度越低。

社会因子系统中，人口密度、城镇化率和机动车保有量指标显著影响着成渝城市群的 CO 污染物浓度。具体而言，人口密度、城镇化率与城市群 CO 浓度呈现为低位正相关关系，即成渝城市群 2015 年期间的人口密度和城镇化率提高，使得区域 CO 浓度缓慢升高；机动车保有量指标则不同，回归分析结果显示成渝城市群机动车保有量与 CO 污染物浓度呈现正相关关系，估计系数达到 0.553，表明成渝城市群机动车保有量越多，则 CO 浓度就会越高。

经济因子系统中，地区生产总值指标较为显著，其显著性水平接近 0.05，即区域经济发展水平越高，其 CO 浓度越高。

能耗因子系统中，单位地区生产总值能耗和单位工业增加值能耗指标均满足 0.05 的显著性水平。其中，单位工业增加值能耗与 CO 浓度呈现为极为显著的正相关关系，估计系数为 0.110，说明单位工业增加值能耗越高，成渝城市群 CO 浓度越高，而且该相关关系较为显著。与单位工业增加值能耗指标类似，单位地区生产总值能耗越高，则成渝城市群 CO 浓度越高。因此，空气环境污染调控过程中，政府应因势利导，扶持单位工业增加值能耗较低的企业，促进区域经济向绿色化和科学化方向转化。

根据表 6.18 的回归分析结果，本书剔除了显著性水平高于 10%的影响指标，并计算剩余影响指标估计系数的绝对值，进而分析 CO 空气污染影响因子的平均估计系数，分析结果见表 6.19。影响成渝城市群 CO 污染物浓度及空间分布的因子强弱关系为：能耗因子>社会因子>气象因子>经济因子>下垫面因子。其中，能耗因子与区域 CO 空气污染的相关性最强，且影响最为显著。在能耗因子系统中，单位工业增加值能耗指标起着关键作用。因此，未来治理 CO 空气污染时，可以将调整能源结构、控制工业能源消耗量作为污染防治的主要关注点。

表 6.19　成渝城市群 CO 浓度影响因子平均估计结果

子系统	下垫面因子	气象因子	社会因子	经济因子	能耗因子
平均估计系数	0.008	0.374	0.406	0.351	0.440

6.3.5　O_3 空气污染影响因子分析

空间回归模型的选择结果已经表明，空间计量学中的空间误差模型能够正确解释空间相关性前提下成渝城市群各因子系统对 O_3 污染的影响状况。

本书将地理数据库中的成渝城市群矢量文件数据导入 GeoDa 空间计量软件，并构建不同城市单元之间的空间权重矩阵，进而建立空间误差回归模型。回归模型构建环节中，本书利用 GeoDa 的回归模型模块，模型的因变量为 O_3 浓度，自变量包括高程（DEM）、植被覆盖度（NDVI）、年均日降水量、年均风速、机动车保有量、城镇化率、人口密度、地区生产总值、工业产值、建筑业产值、单位地区生产总值能耗、单位工业增加值能耗等指标，其空间权重为前文已构建的空间权重矩阵，回归结果见表 6.20。

表 6.20　成渝城市群 O_3 浓度影响因子空间误差模型估计结果

子系统	变量/指标	系数	P 值
下垫面因子	高程（DEM）	−0.111	0.160
	植被覆盖度（NDVI）	−0.081	0.011
气象因子	年均日降水量/(0.1mm)	−0.374	0.245
	年均风速/(0.1m/s)	−0.145	0.032
	人口密度/(人/km²)	0.045	0.143
社会因子	城镇化率/%	0.087	0.007
	机动车保有量/万辆	0.513	0.016
经济因子	地区生产总值/万元	0.221	0.120
	工业产值/万元	0.157	0.012

子系统	变量/指标	系数	P 值
	建筑业产值/万元	0.669	0.296
能耗因子	单位地区生产总值能耗/(吨标准煤/万元)	0.212	0.014
	单位工业增加值能耗/(吨标准煤/万元)	0.136	0.136
	常数项	−0.023	0.041
	λ	0.513	0.022
	R^2	0.604	

下垫面因子系统中，高程因子的 P 值为 0.160，大于 0.1，估计系数为−0.111。随着海拔的升高，O_3 浓度水平随之下降。另外，植被覆盖度的显著性水平为 0.011，小于 0.05，属于高水平显著，随着植被覆盖度的升高，O_3 浓度会随之下降，估计系数为−0.081。

气象因子系统中，年均风速因子对成渝城市群 O_3 浓度影响最为显著。年均风速因子的 P 值为 0.032，小于 0.05，为高显著性。但是，从估计系数来看，年均风速与城市群 O_3 浓度呈现出低位的正相关，这可能是由于数据的处理误差所致，因此这里不再深入探讨。

社会因子系统中，显著性水平满足 0.1 的影响因子主要为机动车保有量因子与城镇化率因子。具体来看，机动车保有量因子的显著性水平为 0.016，显著性水平较高，从相关性来看，估计系数为 0.513，呈现出正相关趋势，说明随着成渝城市群机动车保有量增加，其 O_3 浓度升高；城镇化率因子与城市群 O_3 浓度呈现出低位的正相关格局，即随着城市群城镇化率的增加，O_3 浓度会随之增加。

经济因子系统中，显著性水平在 0.1 左右的影响因子主要有地区生产总值因子和工业产值因子。其中，工业产值因子与城市群 O_3 浓度呈现出较为显著的正相关关系，即成渝城市群工业产值较高的地区其 O_3 浓度也呈现出较高的趋势。

能耗因子系统中，能耗因子系统与城市群 O_3 浓度相关性整体并不显著。从估计系数来看，单位工业增加值能耗与城市群 O_3 浓度呈现出较高水平的正相关，从一定程度上说明能耗越高城市群 O_3 浓度也会升高。因此，城市群产业发展过程中应重点发展低能耗产业部门，促进产业结构向绿色、生态、高技术方向发展。

根据表 6.20 的回归分析结果，本书剔除了显著性水平低于 10%的影响指标，并计算剩余影响指标估计系数的绝对值，进而分析 O_3 空气污染影响因子的平均估计系数，分析结果见表 6.21。影响 O_3 空气污染浓度及空间分布因子强弱关系为：社会因子>能耗因子>经济因子>气象因子>下垫面因子。可见，O_3 空气污染主要受社会因子、能耗因子和经济因子影响，其次为下垫面因子和气象因子的影响，下垫面因子对 O_3 浓度的影响程度极低。综合来看，O_3 的空气污染浓度和空间分布是多因素综合作用的结果，其中社会因子对 O_3 污染的影响较大，而社会因子系统中机动车保有量是起关键影响作用的因子，它能够通过间接二次化学反应产生 O_3。因此，在未来对 O_3 的治理过程中，要限制机动车保有量的急速增加，提倡绿色交通方式和推动公共交通基础设施的建设。

表 6.21　成渝城市群 O_3 浓度影响因子平均估计结果

子系统	下垫面因子	气象因子	社会因子	经济因子	能耗因子
平均估计系数	0.081	0.145	0.300	0.157	0.211

6.4　城市群空气污染外部溢出影响分析

空气流域理论表示空气污染扩散并不受限于区域内城市的行政边界,存在明显的区域空间外部溢出效应,这也通常被视为区域空气污染的重要影响因素。因此,研究成渝城市群空气污染溢出规律,结合成渝市群发展的空间结构并界定空气污染的时空扩散范围,有利于科学制定空气污染协同防治工作,推进成渝城市群可持续发展建设。

6.4.1　城市群空气污染物的溢出效应分析

空气污染具有空间维度特征,本书以成渝城市群 36 个城市和区县作为研究对象,且所有城市均位于四川盆地内部,空气污染物的传播存在显著的空间距离衰减规律。因此,本书选择距离反比法来构建权重矩阵[式(6.16)],此过程在 GeoDa 软件中实现,通过不同的空间距离来构建相应的距离空间权重矩阵。

前文已有分析表明,成渝城市群空气污染存在显著的空间相关性,主要表现为明显的“高-高”聚集与“低-低”聚集的空间结构。为探讨成渝城市群空气污染的空间溢出特征,本书选取前文空气污染影响因子作为成渝城市群空气污染溢出效应的判断因子。同时,为保证空气污染因变量涵盖主要空气污染物的信息,本书利用 ArcGIS 10.5 的空间叠置模块将 6 种空气污染物的空间浓度栅格叠加,得到各城市空气污染的因变量数据。此外,为分析成渝城市群区域内不同空间距离对空气污染空间溢出效应的影响,本书利用 GeoDa 软件构建了 7 个不同距离的空间权重矩阵(分别为 30km、60km、100km、200km、300km、400km、500km),进而利用空间 GeoDa 软件进行回归分析,得到基于不同空间距离权重矩阵的回归结果,见表 6.22。

表 6.22　成渝城市群空气污染空间溢出效应回归模型检验表

	500km		400km		300km		200km		100km		60km		30km	
	统计量	P 值	统计量	P 值	统计量	P 值	统计量	P 值	统计量	P 值	统计量	P 值	统计量	P 值
Moran's I(error)	—	—	—	—	4.97	0.00	2.35	0.02	0.24	0.81	1.30	0.19	1.91	0.06
LM-lag	1.76	0.19	2.15	0.14	0.50	0.48	0.44	0.51	0.81	0.37	6.96	0.01	8.56	0.00
Robust LM-lag	9.28	0.00	8.26	0.00	4.61	0.03	9.14	0.00	0.60	0.44	7.48	0.01	9.39	0.00
LM-error	0.52	0.47	0.86	0.35	0.03	0.86	3.91	0.05	0.40	0.53	1.86	0.17	2.56	0.11
Robust LM-error	8.04	0.00	6.97	0.01	4.14	0.04	12.60	0.00	0.19	0.66	2.38	0.12	3.39	0.07
LM-SARMA	9.80	0.01	9.12	0.01	4.64	0.10	13.04	0.00	1.00	0.61	9.33	0.01	11.95	0.00

　　由表 6.22 可知，基于不同的空间距离权重矩阵，回归结果涉及的各检验统计量差别显著，为了更清晰地判断不同距离权重下空间溢出效应的差异，根据表 6.22 的 Robust LM-lag 和 Robust LM-error 检验统计量绘制图 6.3 和图 6.4。由图 6.3 可知，距离小于 100km时，成渝城市群空气污染的空间溢出效应的显著性随距离的增加而降低；距离为 100～200km 时，区域空气污染的空间溢出效应的显著性随距离的增加而逐渐升高；距离为 200～300km 时，空间溢出效应的显著性与距离的关系呈现为一定的波动性；距离大于 300km时，由于 Moran's I(error)不满足要求，不存在空间相关性，故无空间溢出效应。由图 6.4可知，基于不同检验统计量值视角，当距离小于 100km 时，Robust LM-lag 统计量高于Robust LM-error 统计量，表明空间滞后模型更能解释成渝城市群空气污染的空间相关性，说明在 100km 范围内，城市群内邻近地区的空气污染是影响这一地区的主要因素。换而言之，在 100km 范围内，城市群空气污染的溢出效应最为显著，某一地区最容易受周边地区空气污染的影响。另外，图 6.3 的显著性结果也表明空间溢出效应符合距离衰减规律，在 100km 范围内，距离某一地区越近则该地区的空气污染溢出效应越显著。

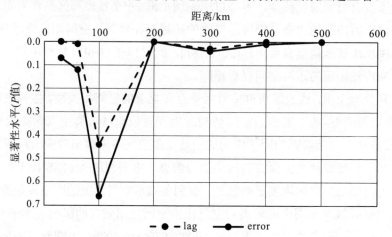

图 6.3　基于不同距离空间权重矩阵的空间溢出效应显著性趋势（Robust LM）

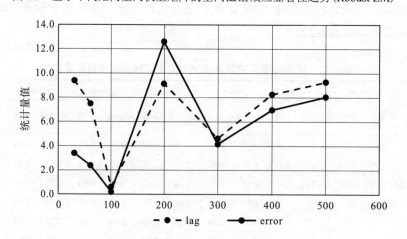

图 6.4　基于不同距离空间权重矩阵的空间溢出效应分析（Robust LM）

因此，有以下结论：①成渝城市群城市之间的空间距离在 300km 基准空间溢出范围内时，城市间空气污染的区域性影响显著；空间距离超过 300km 时，城市间空气污染的区域性不再显著，即无空间自相关性。简而言之，成渝城市群内空气污染的基准空间溢出范围为 300km。②空间距离小于 100km 时，尤其是 60km 左右时，成渝城市群空气污染的区域影响满足 1%的显著性水平；当空间距离为 30km 时，空气污染区域的影响更为显著，说明城市间空间距离为 100km 以内的空气污染均可以产生相互影响，且距离越近，影响越显著。换而言之，空气污染物的空间作用呈现出典型的距离衰减型特征，即随着距离的增加成渝城市群空气污染物的空间溢出效应呈衰减趋势。

根据本书关于不同空间距离的空间溢出效应分析结果，提出成渝城市群空气污染的空气污染圈层结构，即中心城市污染区的空气污染物向外围区扩散呈现为以中心城市为核心的圈层状结构，且受空间距离的影响。根据成渝城市群空间溢出效应的阈值范围，选择成渝城市群两大核心都市区（重庆市与成都市）30km、60km、100km、300km 为界进行划分。60km 以内为空气污染的核心圈层，60~100km 为次级核心圈层，100~300km 为污染的过渡圈层，超过 300km 为无影响圈层。

其中，以成都市和重庆市两大城市为核心，成渝城市群空气污染的 30km 圈层仅包括成都市和重庆市的市辖区范围；60km 范围内为城市群污染的核心圈层；60~100km 圈层为次级核心圈层；成都市的 100km 圈层包括德阳市、资阳市与眉山市，共同构成成渝城市群西北部的污染圈层结构重心；重庆市的 100km 圈层则包括广安市以及重庆市的永川区、潼南区等地；重庆市与成都市的 300km 圈层则几乎涵盖成渝城市群的所有城市，因此本书以 300km 为空间溢出范围界线，超过 300km 城市间的空间溢出效应不再显著。

6.4.2　城市群空间层次与溢出关系分析

圈层结构理论指出城市地域的相互影响受到"距离衰减规律"的影响，导致区域形成以中心城市为核心的聚集区，并逐步向外部扩散，呈同心圆状的空间分布。由于空气污染存在空间溢出效应，受下垫面、气象因子等因素的影响，极易形成以中心城市为核心，边缘城市为腹地的污染聚集空间结构，这对于污染防治有着很大的影响。一方面，中心城区的污染物受到外围区污染物的"补给"；另一方面，中心城区的污染物会向外围区扩散，形成相互影响的空间格局（钟士恩等，2007）。此外，中心区和外围区空气污染物的相互转移受到空间距离因素的影响，离城市核心区越远其影响力越小，因此势必形成以中心城市为核心向外围梯度式蔓延的空间层次分布（王志高，2011）。

成渝城市群深处大陆腹地的盆地区域，对空气污染物的扩散极为不利。结合我国国务院提出的成渝城市群发展规划及以核心都市区为辐射效应的空间结构层次需求，本书将进一步探索成渝城市群发展的空间结构与其空气污染格局的关系。因此，基于成渝城市群发展的空间层次结构，本书进一步以 30km、60km、100km 和 300km 为缓冲距离在 ArcGIS 10.5

中构建缓冲区，并以缓冲区为属性对 $PM_{2.5}$、PM_{10}、SO_2、NO_2、CO、O_3 以及空间叠加图层(共 7 个图层)分别进行栅格统计分析，统计其平均值，见表 6.23，以此为依据探讨成渝城市群核心都市区、都市发展区和多极网络区的空间溢出效应。

表 6.23　城市群不同圈层的污染物浓度差异

	30km	60km	100km	300km
$PM_{2.5}/(\mu g/m^3)$	56.64	53.28	51.12	53.98
$PM_{10}/(\mu g/m^3)$	91.52	85.66	82.18	83.54
$SO_2/(\mu g/m^3)$	15.88	16.47	17.43	16.37
$NO_2/(\mu g/m^3)$	34.74	29.59	24.92	24.12
$CO/(mg/m^3)$	1.10	1.00	0.94	0.91
$O_3/(\mu g/m^3)$	103.40	101.89	98.73	88.32
空间叠加图层	303.29	287.92	274.55	268.06

由表 6.23 的统计结果可知，CO、O_3、NO_2、PM_{10} 和由空间叠加的空气总污染物浓度的空间溢出效应较为显著，呈现出城市群核心都市区高于都市发展区、都市发展区高于多极网络区的趋势；$PM_{2.5}$ 浓度则从都市核心区到都市发展区呈现出递减趋势；SO_2 浓度则从都市核心区到多极网络区则呈现出先增后减的趋势。

综上所述，成渝城市群空间结构圈层与空气污染物的空间溢出效应具有显著的相关关系，整体呈现出从城市群都市核心区到多极网络区逐步递减的趋势，因此本书提出关于成渝城市群空气污染的内-外"污染圈层结构"。其中，成渝城市群都市核心区空气污染的集聚性最为显著，都市发展区的空气污染则受到核心都市区的空间溢出效应影响，污染物浓度略低于都市核心区，多极网络区整体的空气污染物浓度较轻。在地理空间上，主要是以污染严重的城市为中心，周边都市区以圈形紧紧围绕在污染中心区周围。总而言之，根据空气环境的浓度程度和空间外溢的影响范围不同，成渝城市群依次形成向外扩散、梯度差异明显的多层级圈层结构。

6.5　成渝城市群空气污染影响机制分析

6.5.1　自然因子系统影响机制分析

1. 自然因子系统影响

根据不同空气污染物的自然要素回归分析结果，本书主要涉及下垫面因子系统和气象因子 2 个空气污染驱动因子系统。其中，下垫面因子系统主要有高程因子、植被覆盖度因子。

成渝城市群位于我国四川盆地，盆地底部地势低、平坦，城市群周边海拔较高，坡度主要在 30 度以内，城市群全域内坡向为西(W)、南(S)和西南(SW)的较多，而四川盆地周边的山地山麓地区的坡向变化多样，川东平行岭谷地区的坡向具有明显的变化。成渝城市群边缘的植被覆盖度明显高于其内部，东南地区的植被覆盖度高于西北地区，岭谷区和山地区的植被覆盖度则高于平原地区。

区域降水量方面，成渝城市群的降水量高值区主要集中分布在城市群东南地区，城市群西北地区的降水量则较少。成渝城市群西部和边缘区为横断山脉、大娄山与乌蒙山，由于高大山体的阻挡，印度洋和太平洋的暖湿气流难以到达，再加上该区域位于高大山体的山麓地带，易形成焚风效应，导致成渝城市群中的绵阳市、德阳市、成都市、雅安市、眉山市、乐山市、宜宾市、自贡市等地区年均日降水量较少，而重庆市及其周边地区的年均日降水量较多的空间分布格局。成渝城市群风速低值区位于城市群中的宜宾市以及重庆市的东南部，风速高值区则位于雅安市西部的山地地区；四川盆地的边缘位置风速较高，盆地底部风速较低。成渝城市群整体平均风速小于 $3.4\sim5.4m/s$（微风），且城市群西北部与东南部的风向差异明显。具体而言，成渝城市群西北部，以成都市、南充市和宜宾市为典型，盛行北(N)、东北(NE)和北北东(NNE)风向；城市群东南部，以重庆市和达州市为代表，盛行北(N)、西北(NW)和北北西(NNW)风向。

根据空气污染物的空间相关性分析结果，总体上，下垫面因子是成渝城市群空气污染影响因子系统的基础，人类的生产生活活动均建立在下垫面因子之上。地形海拔因子与空气污染物浓度大多呈现为负相关关系，植被覆盖度因子与空气污染物浓度整体呈现负相关关系。气象因子系统中，年均日降水量与空气污染物浓度呈现为低位的负相关关系，年均风速与污染物浓度则呈现出负相关关系，当风向为偏北风时，成渝城市群空气污染浓度则降低显著。

6.5.2　人文因子系统影响机制分析

本书所涉及的人文驱动因子系统主要包括三个方面：社会因子系统、经济因子系统和能耗因子系统。社会因子系统具体包含人口密度、城镇化率、机动车保有量等因子，经济因子系统中包括地区生产总值、工业产值和建筑业产值，能耗因子系统中包括单位地区生产总值能耗、单位工业增加值能耗。

基于空气污染影响因子的回归分析结果，社会因子系统中，人口密度越高的地区空气污染物浓度越高，人口密度与污染物浓度呈现为显著的正相关关系；城镇化率与城市群污染物浓度呈现为正相关关系；机动车保有量因子主要是考量汽车尾气对污染物的影响程度，总体呈现正相关关系。经济因子系统中，地区生产总值因子与空气污染物的相关性不显著；工业产值与空气污染物多为正相关；建筑业产值因子与空气污染物浓度的相关性整体不显著。能耗因子系统中，单位地区生产总值能耗、单位工业增加值能耗均与空气污染物浓度呈现为正相关关系。

6.5.3　人文-自然要素影响机制分析

根据城市群空气环境影响因素分析的理论框架和模型，结合成渝城市群空气污染影响因子的空间计量分析结果，本书构建了成渝城市群空气污染的影响机制，见图6.5。

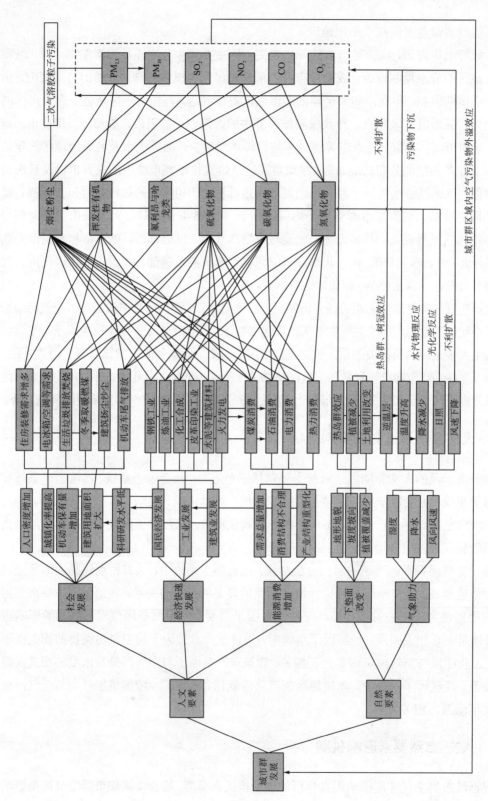

图6.5　成渝城市群污染物影响机制分析

　　城市群空气污染的环境问题实质上是人地关系突出矛盾的主要表现之一。城市群空气污染影响机制是由自然因子系统和人文因子系统共同影响而产生的,是在自然因子的基础上,人类活动和人口增长过程中经济社会共同发展导致人地矛盾激化的一种表现。

　　成渝城市群空气污染影响机制中,多数空气污染物的主要影响因子是自然因子,特别是下垫面因子系统和气象因子系统的影响,包括海拔和植被覆盖度等一系列自然因子。另外,气象因子系统与成渝城市群空气污染的关系也较为紧密,作为自然系统的一部分,气象因子系统受人为影响较小,但风速、降水等对空气污染物的传送、扩散和堆积起着重要的决定性作用,因此气象因子系统也是不可忽视的重要方面。自然系统是整个影响机制的基础,支撑着成渝城市群人地关系系统的发展和演变。

　　基于下垫面系统的支撑作用,成渝城市群经济与社会因子系统耦合发展。社会系统角度,城市群人口数量的增加导致城市群城镇化率和城市规模上升,居民需求的增加会促进教育、医疗、卫生等条件的改善,反过来再促进人口增加与城市空间扩张,导致空气污染物排放量上升。与此同时,城市群人口的增加也会促进机动车保有量上升,使得汽车尾气排放量上升,导致空气污染加重。从经济系统角度来看,由于城市群产业部门的发展,初期产业结构的粗放式发展很大程度上依赖于低级的能源结构和高能耗企业,此过程会产生大量的工业废气,造成空气污染;后期产业转型升级成为城市群发展重点,产业结构调整会促进经济规模的增加,进而促进资源消耗量的增加,间接产生更多的空气污染物。因此,从整个空气污染影响机制出发,能耗因子是影响城市群空气污染的间接性因子。

　　因此,宏观尺度上,自然系统(下垫面系统和气象因子系统)是城市群空气污染影响机制的基础,在此基础上经济系统和社会系统得以发展,由于人口增加、需求增加,导致城市扩张、能耗增加,空气污染加重,形成整个成渝城市群的空气污染系统。

6.6　小　　结

　　本章首先通过莫兰指数和热点探测技术等方法判断和检验了成渝城市群空气污染的空间相关性与依赖性,继而基于已构建的成渝城市群空气污染影响因子体系,运用空间计量模型,定量分析成渝城市群五种空气污染物的内在主控影响因子。然后,通过构建不同距离的空间权重矩阵以判断成渝城市群空气污染的空间外溢效应。最后,分析影响成渝城市群空气污染的内外部影响因素,构建影响城市群空气污染的影响机制路线。以上过程得出了以下主要结论:

　　(1)成渝城市群不同空气污染物在城市群尺度上呈现一定的空间依赖性与相关性。基于全局空间自相关分析结果,2015 年成渝城市群的五种主要空气污染物均存在全局相关性,其中 NO_2、SO_2 和 O_3 污染物在整个城市群范围内存在空间集聚现象。基于局部空间自相关分析结果,PM_{10} 空间分布的局部空间自相关性较弱,且集聚性大于分散性;SO_2的空间集聚特征呈现为较强的局部自相关性,尤其表现为较强的集聚性;NO_2 污染物的冷热点空间分布均较为分散，其空间分散性大于集聚性；CO污染物的冷热点空间分布主要高度集聚在重庆主城区；O_3污染物的热点主要分布在成渝城市群的西北部。

(2) 成渝城市群五种空气污染物的内在主控影响因素及其强弱关系也并不相同。其中，影响 PM_{10} 浓度及其空间分布的因子强弱关系为"气象因子>能耗因子>经济因子>社会因子>下垫面因子"；影响 SO_2 浓度及其空间分布的因子强弱关系为"能耗因子>气象因子>经济因子>社会因子>下垫面因子"；影响 NO_2 浓度及其空间分布的因子强弱关系为"社会因子>能耗因子>气象因子>下垫面因子>经济因子"；影响 CO 浓度及其空间分布的因子强弱关系为"能耗因子>社会因子>气象因子>经济因子>下垫面因子"；影响 O_3 浓度及其空间分布的因子强弱关系为"社会因子>能耗因子>经济因子>气象因子>下垫面因子"。

(3) 成渝城市群内不同城市间的空气污染相互影响，其空间交叉作用并不局限于邻近地区。受下垫面等模糊地理、气象、季节等因素的影响，成渝城市群空气污染的基准空间溢出范围为300km，呈现出内-外"污染圈层结构"。结合成渝城市群发展空间层次结构，本书提出城市群核心都市区60km以内为空气污染的核心圈层，60~100km为空气污染次级核心圈层，100~300km为空气污染的过渡圈层，超过300km为无影响圈层。其中，内圈层(核心圈层与次级核心圈层)是成渝城市群空气污染治理的核心区域，本书基于其实际影响范围，将其划分成渝城市群空气污染的重点防控区域。

第7章 成渝城市群 PM$_{2.5}$污染

成渝城市群是我国空气污染较为严重的区域之一,其中 PM$_{2.5}$ 污染尤为严重。2017 年,成渝城市群以 PM$_{2.5}$ 为首要污染物的天数占比高达 40.39%,位居六大空气污染物之首,区域内大部分城市的首要污染物是 PM$_{2.5}$ 的天数比例为 30%~65%,详细数据见附录表 1。2017 年,成渝城市群 PM$_{2.5}$ 年均浓度为 47.56μg/m^3,是我国平均水平的 1.11 倍,是我国目标限值的 1.36 倍,是世界卫生组织目标限值的 1.9 倍,其中 15 个地级及以上城市(总共 16 个地级及以上城市)的年均 PM$_{2.5}$ 浓度处于 35~70μg/m^3,未达标(<35μg/m^3),详细数据见附录表 2。鉴于成渝城市群 PM$_{2.5}$ 污染的严重性,本书开展成渝城市群 PM$_{2.5}$ 污染专题研究,以深入探索成渝城市群 PM$_{2.5}$ 污染的时空分布特征与影响机制。

7.1 成渝城市群 PM$_{2.5}$ 的时空差异

7.1.1 PM$_{2.5}$ 的年度时空差异

图 7.1 为 2015~2017 年成渝城市群各个空气质量监测点的小时 PM$_{2.5}$ 浓度密度图。结果显示:第一,2015 年概率峰值所处的 PM$_{2.5}$ 浓度略高于 2016 年,且 2017 年概率峰值所处的 PM$_{2.5}$ 浓度最低。根据本书统计,2015 年成渝城市群的平均 PM$_{2.5}$ 浓度为 55.31μg/m^3,略高于 2016 年的 54.10μg/m^3,而 2017 年为 48.29μg/m^3。第二,成渝城市群各个空气质量监测点的小时 PM$_{2.5}$ 浓度主要分布于 0~100μg/m^3,小部分位于 100~200μg/m^3,而小时 PM$_{2.5}$ 浓度超过 200μg/m^3 则相对较少。

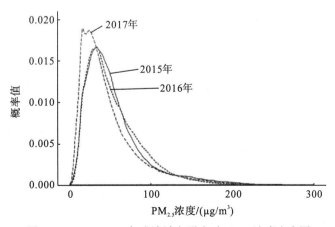

图 7.1 2015~2017 年成渝城市群小时 PM$_{2.5}$ 浓度密度图

本书 $PM_{2.5}$ 污染等级划分标准参考了 2012 年颁布的《环境空气质量指数 (AQI) 技术规定》(HJ 633—2012): $PM_{2.5}$ 浓度为 0～35μg/m³ 时, 污染等级为优; $PM_{2.5}$ 浓度为 36～75μg/m³ 时, 污染等级为良; $PM_{2.5}$ 浓度为 76～115μg/m³ 时, 污染等级为轻度污染; $PM_{2.5}$ 浓度为 116～150μg/m³ 时, 污染等级为中度污染; $PM_{2.5}$ 浓度为 151～250μg/m³ 时, 污染等级为重度污染; $PM_{2.5}$ 浓度大于 251μg/m³ 时, 污染等级为严重污染。

基于成渝城市群 $PM_{2.5}$ 优良天数与优良率的角度, 如表 7.1 所示, 2015 年成渝城市群日均 $PM_{2.5}$ 浓度的优良天数达到 300 天, 优良率为 82.42%; 2016 年, 成渝城市群的 $PM_{2.5}$ 优良天数为 287 天, 优良率为 78.42%, 比 2015 年约低 4 个百分点, 其中 $PM_{2.5}$ 污染等级为良的天数下降较多 (17 天); 2017 年, 成渝城市群的 $PM_{2.5}$ 优良天数为 305 天, 优良率为 84.02%, 比 2016 年约高 6 个百分点, 虽然 $PM_{2.5}$ 污染等级为良的天数下降了 33 天, 但是 $PM_{2.5}$ 污染等级为优的天数增加了 51 天。另外, 2015～2017 年成渝城市群日均 $PM_{2.5}$ 浓度超过 115μg/m³ (即中度及以上 $PM_{2.5}$ 污染等级) 的天数较少, 均少于 30 天, 且成渝城市群的日均 $PM_{2.5}$ 污染等级均未达到"严重污染"水平。

表 7.1 2015～2017 年成渝城市群不同 $PM_{2.5}$ 污染等级的天数及变化

$PM_{2.5}$ 污染等级	2015 年/天	2016 年/天	2015～2016 年增减幅度/天	2017 年/天	2016～2017 年增减幅度/天
优	102	106	+4	157	+51
良	198	181	-17	148	-33
轻度污染	37	68	+31	35	-33
中度污染	16	10	-6	17	+7
重度污染	11	1	-10	6	+5

注: 优良天数表示该年度日均 $PM_{2.5}$ 浓度的污染等级为优或良的天数之和。

下面基于成渝城市群城市层面对 $PM_{2.5}$ 的污染状况进行分析, 表 7.2 为成渝城市群范围内 16 个城市日均 $PM_{2.5}$ 的优良率及其变动情况。成渝城市群范围内 16 个城市 $PM_{2.5}$ 浓度的优良率存在较大的差异: 第一, 2015～2017 年重庆市、广安市、遂宁市、雅安市与资阳市等的优良率较高, 均超过了 80%, 其中, 2015 年雅安市的优良率更是高达 92.60%; 第二, 2015～2017 年自贡市每年的日均 $PM_{2.5}$ 浓度优良率均为最低, 均小于 70%。与 2015 年相比, 2016 年有 12 个城市 (除达州市、眉山市、内江市与遂宁市) 的优良率呈现下降趋势, 表明基于优良率视角这些城市 2016 年的 $PM_{2.5}$ 污染加剧; 与 2016 年相比, 2017 年有 15 个城市 (除雅安市) 的优良率均呈上升趋势, 涨幅最大的是泸州市 (增加了 12.21%), 表明 2017 年成渝城市群城市层面的 $PM_{2.5}$ 污染得到了显著的改善。

通过 2015～2017 年成渝城市群年均 $PM_{2.5}$ 浓度的反距离插值分析, 得到成渝城市群 $PM_{2.5}$ 浓度的空间栅格图, 并按不同 $PM_{2.5}$ 污染等级对其进行分类统计, 得到 2015～2017 年成渝城市群不同 $PM_{2.5}$ 污染等级的面积占比状况, 见表 7.3～表 7.5 (反距离插值法的具体内容均位于本书 6.1.1 节)。由于 2015～2017 年成渝城市群各个空气质量监测点的年均 $PM_{2.5}$ 浓度≤

75μg/m^3，且大部分位于 35～75μg/m^3，故本书进一步将 PM$_{2.5}$ 污染等级为良的区间细分为四个部分：良 1 表示 PM$_{2.5}$ 浓度为 35.1～45.0μg/m^3；良 2 表示 PM$_{2.5}$ 浓度为 45.1～55.0μg/m^3；良 3 表示 PM$_{2.5}$ 浓度为 55.1～65.0μg/m^3；良 4 表示 PM$_{2.5}$ 浓度为 65.1～75.0μg/m^3。

表 7.2　2015～2017 年成渝城市群 16 个城市日均 PM$_{2.5}$ 浓度的优良率及其变化

城市	日均 PM$_{2.5}$ 浓度的优良率/%				
	2015 年	2016 年	2015～2016 年变动幅度	2017 年	2016～2017 年变动幅度
重庆市	82.83	81.41	-1.42	86.99	+5.58
成都市	76.62	72.87	-3.75	79.47	+6.60
达州市	75.69	76.88	+1.19	84.02	+7.14
德阳市	81.19	77.39	-3.80	78.86	+1.47
广安市	87.43	87.14	-0.29	89.98	+2.84
乐山市	78.40	76.03	-2.37	78.55	+2.52
泸州市	76.35	68.37	-7.98	80.58	+12.21
眉山市	74.14	74.71	+0.57	83.66	+8.95
绵阳市	86.21	79.17	-7.04	82.44	+3.27
南充市	78.62	77.76	-0.86	86.64	+8.88
内江市	76.02	76.84	+0.82	81.46	+4.62
遂宁市	83.57	86.67	+3.10	89.67	+3.00
雅安市	92.60	85.97	-6.63	83.77	-2.20
宜宾市	77.92	73.21	-4.71	76.43	+3.22
资阳市	88.70	84.26	-4.44	91.13	+6.87
自贡市	65.43	59.85	-5.58	68.54	+8.69

注：优良天数表示该年度日均 PM$_{2.5}$ 浓度的污染等级为优或良的天数之和；

优良率$=\dfrac{\text{日均PM}_{2.5}\text{浓度为优的天数}+\text{日均PM}_{2.5}\text{浓度为良的天数}}{\text{一年的有效天数}}$。

表 7.3　2015 年成渝城市群 PM$_{2.5}$ 不同污染等级的区域占比状况

地区	不同污染等级面积占比/%				
	优	良 1	良 2	良 3	良 4
成都	0	0	100.00	0	0
资阳	0	0	93.39	6.61	0
遂宁	0	0	100.00	0.00	0
达州	0	0	11.28	88.72	0
德阳	0	0	100.00	0	0
广安	0	0	100.00	0	0
乐山	0	0	88.39	11.61	0
泸州	0	0	0.00	100.00	0

地区	不同污染等级面积占比/%				
	优	良1	良2	良3	良4
眉山	0	0	94.85	5.15	0
绵阳	0	0	100.00	0	0
南充	0	0	55.58	44.42	0
内江	0	0	8.62	91.38	0
雅安	0	28.08	71.92	0	0
宜宾	0	0	0.64	99.36	0
自贡	0	0	0	100.00	0
重庆	0	0	27.94	72.06	0
成渝城市群	0	1.44	51.77	46.79	0

表 7.4　2016 年成渝城市群 PM$_{2.5}$ 不同污染等级的区域占比状况

地区	不同污染等级面积占比/%				
	优	良1	良2	良3	良4
成都	0	0	76.68	23.32	0
资阳	0	0	98.21	1.79	0
遂宁	0	0	100.00	0	0
达州	0	0	100.00	0	0
德阳	0	0	100.00	0	0
广安	0	0	100.00	0	0
乐山	0	0	87.24	12.76	0
泸州	0	0	0	100.00	0
眉山	0	0	93.63	6.37	0
绵阳	0	0	100.00	0	0
南充	0	0	100.00	0	0
内江	0	0	12.48	87.52	0
雅安	0	0	100.00	0	0
宜宾	0	0	0.04	99.96	0
自贡	0	0	0	100.00	0
重庆	0	0	72.88	27.12	0
成渝城市群	0	0	72.10	27.90	0

表 7.5　2017 年成渝城市群 PM$_{2.5}$ 不同污染等级的区域占比状况

地区	不同污染等级面积占比/%				
	优	良1	良2	良3	良4
成都	0	7.72	76.03	16.25	0
资阳	8.22	71.57	19.84	0.37	0

地区	不同污染等级面积占比/%				
	优	良 1	良 2	良 3	良 4
遂宁	0	97.90	2.10	0	0
达州	0	22.22	77.74	0.04	0
德阳	0	10.49	87.21	2.30	0
广安	0.16	99.84	0	0	0
乐山	0	0	76.70	23.30	0
泸州	0	0	100.00	0	0
眉山	0	13.78	86.22	0	0
绵阳	0	14.96	85.04	0	0
南充	0	94.23	5.77	0	0
内江	0	16.24	73.58	9.82	0.37
雅安	0	0	100.00	0	0
宜宾	0	0	18.04	81.96	0
自贡	0	0	30.73	68.14	1.13
重庆	0.01	64.00	35.99	0	0
成渝城市群	0.36	36.09	53.15	10.36	0.04

区域整体而言，2015～2017 年成渝城市群的年均 PM$_{2.5}$ 浓度主要分布在 35.1～65.0μg/m^3，污染等级为良。2015 年成渝城市群的 PM$_{2.5}$ 年均浓度为 54.38μg/m^3，2016 年为 53.68μg/m^3，2017 年为 47.56μg/m^3，即三年的 PM$_{2.5}$ 污染整体呈逐年改善趋势。表 7.3 显示，2015 年成渝城市群 PM$_{2.5}$ 年均浓度为 45.1~55.0μg/m^3 的面积占比为 51.77%，55.1~65.0μg/m^3 的面积占比为 46.79%，且无 PM$_{2.5}$ 浓度为优的区域。城市层面，2015 年内江市、宜宾市、泸州市、自贡市、达州市以及重庆市等 6 个城市年均 PM$_{2.5}$ 浓度为 55.1～65.0μg/m^3 的面积占比均超过 72%，远高于其他地区，污染相对较为严重。表 7.4 显示，2016 年成渝城市群 PM$_{2.5}$ 年均浓度为 45.1~55.0μg/m^3 的区域占比 72.1%。同时，2016 年成渝城市群 PM$_{2.5}$ 年均浓度位于 55.1～65.0μg/m^3（良 3）的面积占比为 27.9%，比 2015 年下降 18.89%，主要分布于四川省南部的内江市、宜宾市、自贡市和泸州市，上述 4 个城市 PM$_{2.5}$ 污染等级为良 3 的面积占比均高于 87%。表 7.5 显示，与 2016 年相比，2017 年成渝城市群污染等级为良 2 与良 3 的面积占比分别下降 18.95% 与 17.54%，而污染等级为良 1 的面积上升 36.09%，表明 2017 年成渝城市群的 PM$_{2.5}$ 污染状况进一步改善。具体而言，PM$_{2.5}$ 浓度范围为 35.1~45.0μg/m^3 的区域集中分布于成渝城市群中部（包括四川省资阳市、南充市、遂宁市、广安市与重庆市大部分地区），且 PM$_{2.5}$ 污染较为严重的区域（即 PM$_{2.5}$ 浓度为 55.1～65.0μg/m^3 的区域）进一步缩小（仅限于宜宾市、自贡市及其他小部分区域）。

7.1.2 PM$_{2.5}$的季度时空差异

图 7.2 显示了 2015～2017 年成渝城市群 16 个城市不同季节的平均 PM$_{2.5}$ 浓度状况,其呈现出明显的季节性变化规律。首先,2015～2017 年各个城市的 PM$_{2.5}$ 浓度表现为冬季最高,且大多数城市冬季的平均 PM$_{2.5}$ 浓度均大于 75μg/m^3,而广安市、绵阳市、雅安市、遂宁市、资阳市等城市冬季的 PM$_{2.5}$ 浓度相对较小,部分年份处于 60～75μg/m^3;其次,春季与秋季的 PM$_{2.5}$ 浓度差异不大,2015 年与 2016 年大多数城市的 PM$_{2.5}$ 浓度位于 30～60μg/m^3,而 2017 年各个城市春季与秋季的 PM$_{2.5}$ 浓度则相对较小,大多数处于 25～50μg/m^3;最后,成渝城市群各个城市夏季的 PM$_{2.5}$ 浓度最低,其浓度值均小于 50μg/m^3。成渝城市群 16 个城市在 2015 年、2016 年与 2017 年的季度平均 PM$_{2.5}$ 浓度的详细数据见附录表 3。

由于成渝城市群不同季节的平均 PM$_{2.5}$ 浓度差异较大(分布区间为 0～150.0μg/m^3),为了更好地呈现其城市尺度的分布规律,因此本小节将 PM$_{2.5}$ 浓度划分为五个区间:优表示 PM$_{2.5}$ 浓度为 0～35.0μg/m^3;良+表示 PM$_{2.5}$ 浓度为 35.1～55.0μg/m^3;良-表示 PM$_{2.5}$ 浓度为 55.1～75.0μg/m^3;轻度污染表示 PM$_{2.5}$ 浓度为 75.1～115.0μg/m^3;中度污染表示 PM$_{2.5}$ 浓度为 115.1～150.0μg/m^3。

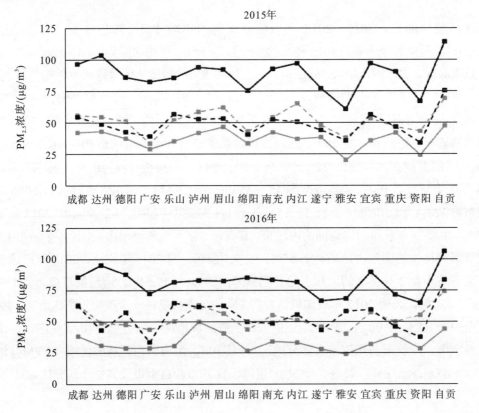

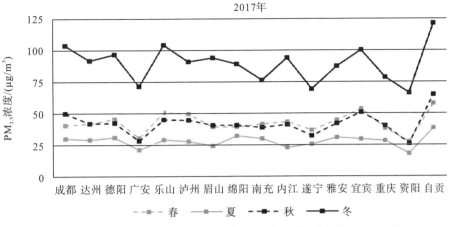

图 7.2　2015～2017 年成渝城市群 16 个城市不同季节的 PM$_{2.5}$ 浓度

由于成渝城市群 PM$_{2.5}$ 浓度存在明显的季节性差异，因此本书根据不同季节对成渝城市群各个地级及以上城市的 PM$_{2.5}$ 浓度进行分类统计，得到基于城市尺度不同 PM$_{2.5}$ 污染等级的面积占比状况。表 7.6 表示 2015～2017 年成渝城市群冬季 PM$_{2.5}$ 不同污染等级的区域占比状况。区域整体而言，冬季的 PM$_{2.5}$ 浓度主要分布在 55.1～115.0μg/m^3（良-与轻度污染），小部分地区也呈现为中度污染（115.1～150.0μg/m^3），即 2015 年与 2017 年自贡市的中心区域，其区域面积分别仅占为 1.97% 与 5.30%。

表 7.6　成渝城市群冬季 PM$_{2.5}$ 不同污染等级的区域占比（%）

地区	2015 年			2016 年		2017 年		
	良-	轻度污染	中度污染	良-	轻度污染	良-	轻度污染	中度污染
成都	4.45	95.55	0	12.25	87.75	3.90	95.82	0.27
资阳	21.76	78.05	0	77.81	22.00	43.62	56.19	0
遂宁	0.62	99.38	0	89.09	10.91	90.19	9.81	0
达州	0	99.80	0.20	0	100.00	2.28	97.72	0
德阳	0	100.00	0	8.23	91.77	3.07	96.93	0
广安	0.52	99.48	0	65.62	34.38	96.75	3.25	0
乐山	0.28	99.72	0	1.40	98.60	0	100.00	0
泸州	0	100.00	0	1.26	98.74	0.00	100.00	0
眉山	16.96	83.04	0	30.79	69.21	1.33	98.67	0
绵阳	0.29	99.71	0	2.31	97.69	4.87	95.13	0
南充	0.09	99.91	0	3.62	96.38	65.59	34.41	0
内江	2.06	97.32	0.62	12.64	87.36	4.19	94.57	1.24
雅安	91.28	8.72	0	95.64	4.36	0	100.00	0
宜宾	0	100.00	0	0	100.00	0	100.00	0
自贡	0	98.03	1.97	0	100.00	0	94.70	5.30
重庆	0.50	99.44	0	63.60	36.40	11.95	88.05	0
成渝城市群	6.88	93.02	0.08	32.19	67.80	16.29	83.52	0.18

注：2015~2017 年成渝城市群各个地级及以上城市的冬季 PM$_{2.5}$ 浓度为 35.1~55.0μg/m^3 的面积均小于 0.2%，故不具体分析。

基于季节维度，2015 年冬季的 $PM_{2.5}$ 污染最为严重，除雅安市、资阳市、眉山市等部分区域（区域占比分别为 91.28%，21.76%，16.96%）的 $PM_{2.5}$ 污染等级为良-（55.1～75.0μg/m³），其他城市的绝大部分区域（面积占比高于 95%）的冬季 $PM_{2.5}$ 污染等级均为轻度污染（75.1～115.0μg/m³）。2016 年与 2017 年冬季 $PM_{2.5}$ 污染状况较 2015 年有所改善，尤其是 $PM_{2.5}$ 污染等级为良-的区域占比的显著提升与轻度污染区域占比的减少。具体而言，2016 年成渝城市群的雅安市、资阳市、遂宁市、广安市及重庆市等的大部分区域（区域占比均高于 63%）的 $PM_{2.5}$ 污染等级为良-（55.1～75.0μg/m³），该污染等级面积增加；2017 年，南充市、遂宁市与广安市等的大部分区域（面积占比均高于 65%）以及资阳市的部分地区（面积占比为 43.62%）的 $PM_{2.5}$ 污染等级由轻度污染转为良-。

表 7.7 与表 7.8 分别表示 2015～2017 年春季、秋季成渝城市群不同 $PM_{2.5}$ 污染等级的区域占比状况。结果显示：第一，春秋两季成渝城市群 $PM_{2.5}$ 污染等级主要为优或良，主要分布于 0～75.0μg/m³，表明春秋季节的 $PM_{2.5}$ 污染程度比冬季更轻。第二，2017 年春季成渝城市群的 $PM_{2.5}$ 污染较前两年春季有所改善，绝大多数地区（除自贡市与宜宾市部分区域）$PM_{2.5}$ 污染等级为良+（35.1～55.0μg/m³），其中广安市与资阳市 $PM_{2.5}$ 污染等级为优（0～35.0μg/m³）的面积占比甚至高达 82.17%、54.42%。第三，2015～2017 年成渝城市群秋季的 $PM_{2.5}$ 污染则呈现明显的"先加剧，再改善"趋势。2015 年，成渝城市群大部分区域 $PM_{2.5}$ 污染等级为良+，且雅安市、资阳市（区域占比分别为 43.62%、41.34%）及其他小部分区域甚至为优（0～35μg/m³）；2016 年秋季，成都市及成渝城市群南部（自贡市、宜宾市、泸州市及重庆市）的 $PM_{2.5}$ 污染加剧，其污染等级为良-（55.1～75.0μg/m³）的面积比例大幅上升，其余区域则为良+（35.1～55.0μg/m³）；2017 年，成渝城市群秋季的 $PM_{2.5}$ 污染较前两年改善，成渝城市群西部的 $PM_{2.5}$ 污染等级为良+（35.1～55.0μg/m³），包括成都市、德阳市、乐山市、泸州市、眉山市、绵阳市、内江市、雅安市、宜宾市、自贡市等 10 个城市，而成渝城市群中部、东部的 $PM_{2.5}$ 污染等级为优（0～35.0μg/m³），涵盖资阳市、遂宁市、达州市、广安市、南充市与重庆市等 6 个城市。

表 7.7   成渝城市群春季 $PM_{2.5}$ 不同污染等级的区域占比状况（%）

地区	2015 年			2016 年		2017 年		
	优	良+	良-	良+	良-	优	良+	良-
成都	0	61.66	38.34	36.57	63.40	4.36	95.64	0
资阳	0.19	89.12	10.69	71.95	28.05	54.42	45.58	0
遂宁	0	99.31	0.69	100.00	0	11.33	88.67	0
达州	0	96.98	3.02	99.97	0.03	4.51	95.49	0
德阳	0	99.51	0.49	97.05	2.95	5.59	94.17	0.25
广安	18.41	81.59	0	99.94	0	82.17	17.83	0
乐山	0	99.50	0.50	89.50	10.50	0	100.00	0
泸州	0	29.70	70.30	2.68	97.32	0	100.00	0

续表

地区	2015 年			2016 年		2017 年		
	优	良+	良-	良+	良-	优	良+	良-
眉山	0	64.89	35.11	63.14	36.86	9.05	90.95	0
绵阳	0	100.00	0	100.00	0	0.80	99.20	0
南充	0	99.94	0.06	98.54	1.46	0.96	99.04	0
内江	0	23.56	76.44	50.07	49.66	6.11	91.83	2.06
雅安	0.04	99.96	0.00	100.00	0	0	100.00	0
宜宾	0	70.49	29.51	2.27	97.73	0	95.83	4.17
自贡	0	10.94	89.06	4.36	95.56	0	84.87	15.13
重庆	0.08	96.85	3.07	96.82	3.17	5.55	94.45	0
成渝城市群	0.67	82.81	16.53	74.42	25.56	8.33	90.95	0.72

注：2016 年成渝城市群各个地级及以上城市的春季 PM$_{2.5}$ 污染等级为优与轻度污染的面积占比均低于 0.3%，故不具体分析。

表 7.8　成渝城市群秋季 PM$_{2.5}$ 不同污染等级的区域占比状况（%）

地区	2015 年			2016 年			2017 年		
	优	良+	良-	优	良+	良-	优	良+	良-
成都	3.57	96.43	0	0.64	64.74	34.62	11.67	88.33	0
资阳	43.62	56.38	0	1.83	98.17	0	87.41	12.59	0
遂宁	0.69	99.31	0	0	100.00	0	100.00	0	0
达州	0	99.97	0.03	0	100.00	0	74.30	25.70	0
德阳	7.12	92.88	0	0	98.83	1.17	18.11	81.89	0
广安	1.16	98.84	0	0.06	99.94	0	100.00	0	0
乐山	0	100.00	0	0	94.34	5.66	0.03	99.97	0
泸州	0	100.00	0	0	0	100.00	0	100.00	0
眉山	8.78	91.22	0	0	81.94	18.06	29.83	70.17	0
绵阳	8.10	91.90	0	0	100.00	0	39.75	60.25	0
南充	0.03	99.97	0	0	100.00	0	98.10	1.90	0
内江	6.18	90.73	3.09	0	77.27	22.73	20.05	78.09	1.85
雅安	41.34	58.66	0	0	100.00	0	0.08	99.92	0
宜宾	0	100.00	0	0	65.15	34.85	0	100.00	0
自贡	0	83.42	16.58	0	12.56	87.44	0	91.97	8.03
重庆	0.10	99.90	0	0	63.78	36.22	89.68	10.32	0
成渝城市群	5.60	93.92	0.48	0.12	75.74	24.13	49.90	49.86	0.24

表 7.9 表示 2015～2017 年成渝城市群夏季 PM$_{2.5}$ 不同污染等级的区域占比状况。三年来，夏季成渝城市群全域的 PM$_{2.5}$ 污染等级均为优或良+，即 PM$_{2.5}$ 浓度为 0～55.0μg/m^3。时间维度，2015～2017 年成渝城市群夏季的 PM$_{2.5}$ 浓度也呈逐年改善的趋势，整体表现为

PM$_{2.5}$ 污染等级为优的面积占比逐年增加，而污染等级为良的面积占比逐年减少，至 2017 年夏季成渝城市群 PM$_{2.5}$ 污染等级为优的面积占比 99.45%。城市尺度，德阳市、绵阳市与雅安市 2017 年 PM2.5 污染等级为优的区域比例呈现微小幅度下降，其余 13 个地级及以上城市的 PM2.5 污染等级为优的区域占比三年来呈现逐年改善的态势，且 9 个城市的比例于 2017 年达到 100%。

表 7.9　成渝城市群夏季 PM$_{2.5}$ 不同污染等级的区域占比状况 (%)

地区	2015 年		2016 年		2017 年	
	优	良+	优	良+	优	良+
成都	16.67	83.33	39.13	60.87	99.97	0.03
资阳	83.16	16.84	97.84	2.16	100.00	0
遂宁	18.51	81.49	100.00	0	100.00	0
达州	4.22	95.78	100.00	0	100.00	0
德阳	23.51	76.49	99.69	0.31	98.83	1.17
广安	64.11	35.89	100.00	0	100.00	0
乐山	56.84	43.16	99.75	0.25	100.00	0
泸州	0	100.00	0	100.00	100.00	0
眉山	39.52	60.48	66.41	33.59	100.00	0
绵阳	70.82	29.18	100.00	0	99.81	0.19
南充	1.20	98.80	99.53	0.47	100.00	0
内江	34.68	65.32	69.57	30.43	97.05	2.95
雅安	100.00	0.00	100.00	0	99.92	0.08
宜宾	0.65	99.35	59.65	40.35	99.91	0.09
自贡	1.79	98.21	23.08	76.92	82.74	17.26
重庆	0.83	99.15	39.07	60.93	100.00	0
成渝城市群	24.77	75.23	67.22	32.78	99.45	0.55

注：2015 年成渝城市群各个地级及以上城市的夏季 PM$_{2.5}$ 浓度为良-的面积占比均低于 0.1%，故不具体分析。

　　表 7.10 表示 2015～2017 年成渝城市群 16 个城市不同季节的日均 PM$_{2.5}$ 浓度优良率，其呈现以下特征。

表 7.10　2015～2017 年成渝城市群不同季节的日均 PM$_{2.5}$ 浓度优良率 (%)

城市	春			夏			秋			冬		
	2015	2016	2017	2015	2016	2017	2015	2016	2017	2015	2016	2017
成都市	75.61	68.07	93.88*	94.89	98.90*	97.69	81.56	69.07	82.21*	43.79	46.77*	37.07
达州市	80.22	88.04*	98.04*	94.57	100.00*	99.78	84.92	91.15*	90.82	37.93	30.77	42.73*
德阳市	84.78	88.59*	91.03*	98.10	100.00*	96.47	90.57	70.08	84.02*	48.31	40.66	36.93

城市	春			夏			秋			冬		
	2015	2016	2017	2015	2016	2017	2015	2016	2017	2015	2016	2017
广安市	97.76	90.22	99.78*	99.78	100.00*	100.00*	95.08	98.03*	96.72	54.57	61.27*	61.14
乐山市	83.42	80.98	89.95*	96.70	99.73*	100.00*	81.56	67.62	85.06*	46.26	44.78	32.39
泸州市	76.36	68.48	86.14*	95.10	91.30	100.00*	84.84	64.75	82.79*	45.79	46.98*	46.31
眉山市	71.20	75.00*	97.28*	90.44	99.18*	100.00*	85.25	68.85*	90.50*	47.13	45.88	42.33
绵阳市	94.02	92.12	97.01*	100.00	100.00*	97.83	92.62	78.28	86.07*	55.06	38.74	42.61*
南充市	86.59	79.53	98.19*	98.73	100.00*	100.00*	84.43	86.34*	93.44*	38.76	42.57*	51.33*
内江市	69.84	81.52*	93.46*	98.10	98.91*	100.00*	85.66	72.54	89.34*	44.25	45.33*	37.78
遂宁市	88.86	89.40*	97.28*	98.04	100.00*	100.00*	90.16	88.93	98.77*	53.16	67.03*	61.36
雅安市	97.53	96.08	93.85	100.00	100.00	100.00*	97.12	78.33	88.52*	73.68	63.71	48.00
宜宾市	81.16	72.64	83.33*	99.28	98.55	100.00*	84.43	71.86	75.96*	40.53	40.29	37.38
重庆市	89.71	85.72	97.38*	96.29	99.49*	100.00*	95.65	87.49	87.15	47.26	61.42*	58.02
资阳市	90.63	78.26	100.00*	100.00	99.78	100.00*	99.34	91.80	99.34*	63.45	64.40*	63.86
自贡市	65.49	59.51	77.26*	93.19	92.52	99.46*	60.66	46.72	65.98*	29.49	26.92	16.67
平均值	83.32	80.89	93.37*	97.07	98.65*	99.45*	87.11	76.99	87.29*	48.09	47.97	44.74

注：优良率 = $\dfrac{\text{日均 PM}_{2.5}\text{浓度为优的天数} + \text{日均 PM}_{2.5}\text{浓度为良的天数}}{\text{一年的有效天数}}$；表中带有*的数据表示其与上一年相比优良率上涨；若连续两年的优良率为 100%，则视为优良率上涨。

第一，不同季节的优良率呈现明显的差异，与前文分析结果相一致。具体而言，2015～2017 年成渝城市群冬季的平均优良率最低，分别为 48.09%、47.97% 与 44.74%，且大部分城市冬季的优良率处于 35%～65%，其中最低的是自贡市，其三年的优良率均低于 30%；2015～2017 年春季与秋季的优良率差异较小，平均优良率处于 75%～95%，且大多数城市的优良率大于 80%；夏季成渝城市群的优良率最高，其三年的平均优良率分别为 97.07%、98.65% 与 99.45%，且 2015～2017 年 16 个城市的优良率均超过 90%。

第二，2015～2017 年 16 个城市不同季节的日均 PM$_{2.5}$ 优良率也呈现一定的增减趋势。与 2015 年相比，2016 年成渝城市群秋季的平均优良率下降幅度较大，由 87.11% 下降为 76.99%，且有 12 个城市 (除达州市、广安市、眉山市、南充市) 的优良率均呈下降趋势，而其他季节各个城市的 PM$_{2.5}$ 浓度优良率变动不大，优良率上升的城市数量与优良率下降的城市数量差距较小；与 2016 年相比，2017 年成渝城市群内 14 个城市的 PM$_{2.5}$ 污染呈改善趋势 (附录表 2) (除乐山与雅安)。另外，与 2016 年相比，2017 年春季、夏季与秋季成渝城市群优良率上升的城市个数分别为 15 个 (除雅安市)、12 个 (除成都市、达州市、德阳市与绵阳市)、13 个 (达州市、广安市、重庆市)，但是冬季的 PM$_{2.5}$ 优良率却大面积的下降，13 个城市 (除达州市、绵阳市、南充市) 的优良率呈现下降趋势。综上所述，秋季与冬季是成渝城市群 $PM_{2.5}$ 污染防治的重点阶段。

7.1.3　$PM_{2.5}$ 的月度时空差异

　　图 7.3 表示 2015～2017 年成渝城市群的月均 $PM_{2.5}$ 浓度分布状况。成渝城市群月均 $PM_{2.5}$ 浓度具有明显的周期性变化规律，2015～2017 年成渝城市群的月均 $PM_{2.5}$ 浓度峰值出现在 1 月或 12 月，且这两个月的 $PM_{2.5}$ 浓度均超过了 $75\mu g/m^3$。特别是 2015 年 1 月，其 $PM_{2.5}$ 污染程度最为严重，超过了 $115\mu g/m^3$（$PM_{2.5}$ 污染等级为中度污染）。而 2015 年～2017 年的月均 $PM_{2.5}$ 浓度最低值分别出现在 9 月、7 月、8 月，且均低于 $35\mu g/m^3$。2015 年、2016 年与 2017 年成渝城市群内 16 个城市的月均 $PM_{2.5}$ 浓度数据见附录表 4、表 5 与表 6。

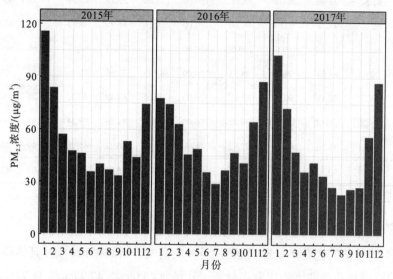

图 7.3　2015～2017 年成渝城市群月均 $PM_{2.5}$ 浓度

　　与此同时，成渝城市群各个月份的不同 $PM_{2.5}$ 污染等级占比也呈现出相似的规律。图 7.4 为根据 2015～2017 年成渝城市群范围内各空气质量监测点的日均 $PM_{2.5}$ 浓度得到的成渝城市群每个月不同 $PM_{2.5}$ 污染等级所占的比例。成渝城市群 $PM_{2.5}$ 污染等级的优良率（即污染等级为优或良的比重）表现为周期性峰谷分布。首先，2015 年 1～6 月，2016 年 1～7 月，2017 年 1～8 月（除 5 月呈小幅下降），成渝城市群 $PM_{2.5}$ 优良率均呈现逐步上升的趋势，同时优良率峰值均超过 95%。此外，2015 年 6～9 月呈波动性变化。其次，2015 年 10～12 月，$PM_{2.5}$ 浓度的优良率变化趋势不太显著。2016 年 7～12 月（除 10 月呈现波动性反弹），以及 2017 年 8～12 月，成渝城市群的优良率均呈现逐渐下降的趋势。2015 年 1 月与 2 月、2016 年 12 月、2017 年 1 月与 12 月的优良率均低于 50%，甚至有的低至 26%。最后，每年 1～3 月与 10～12 月的 $PM_{2.5}$ 污染等级为轻度污染及以上的比例较高，其中多数月份超过 20%。另外，三年来 $PM_{2.5}$ 污染等级为严重污染的比例则极少，均低于 3%。成渝城市群各月不同污染等级天数占比见附录表 7。

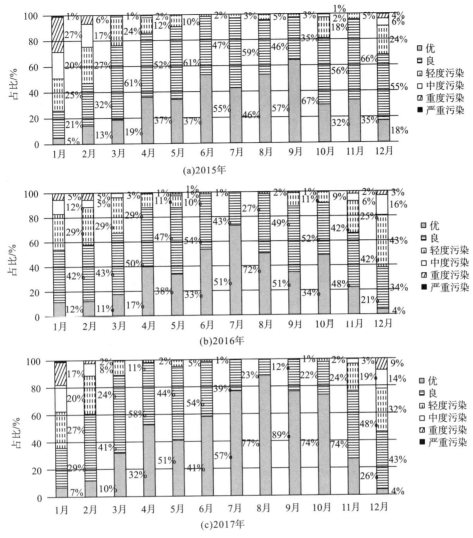

图 7.4　2015～2017 年成渝城市群各月的不同 PM$_{2.5}$ 污染等级占比

通过 2015~2017 年成渝城市群月均 PM$_{2.5}$ 浓度的反距离插值分析，得到成渝城市群 PM$_{2.5}$ 浓度的空间栅格图，并按城市与月份分类统计不同 PM$_{2.5}$ 污染等级的区域面积占比，得到 2015~2017 年成渝城市群基于城市尺度不同月份各个 PM$_{2.5}$ 污染等级的区域占比折线图，见图 7.5。

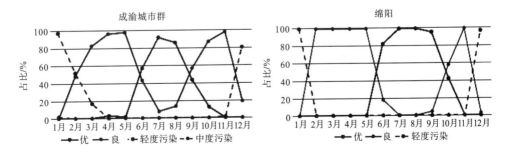

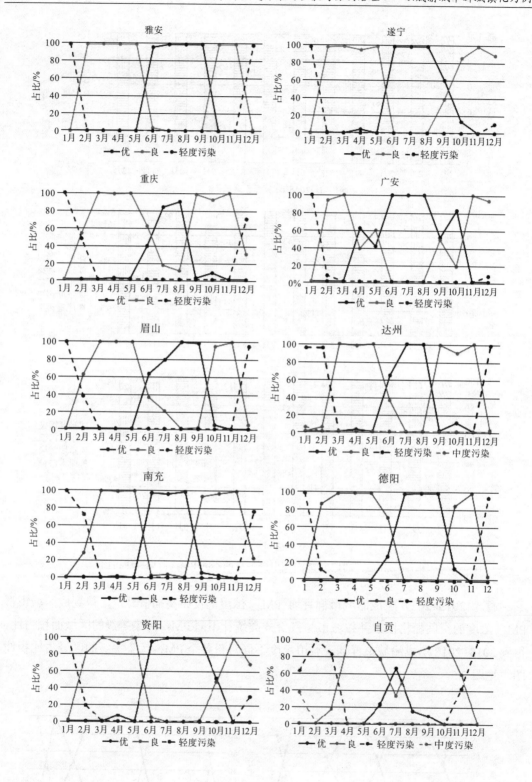

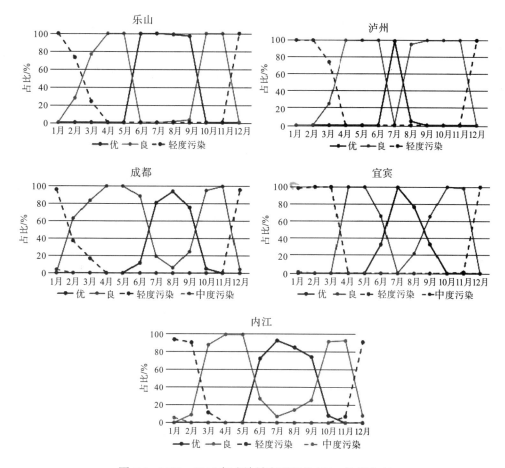

图 7.5　2015～2017 年成渝城市群月均 PM$_{2.5}$ 浓度分布

首先，4～11 月，成渝城市群绝大部分区域 PM$_{2.5}$ 污染等级为优或良（PM$_{2.5}$ 浓度为 0～75.0μg/m^3），表示这一阶段成渝城市群的 PM$_{2.5}$ 污染程度较轻，其中 7 月 PM$_{2.5}$ 污染等级为优的区域占比最大，为 92.36%，只有重庆市、眉山市、南充市、自贡市、成都市与内江市等 6 个城市的部分区域呈现轻度污染。城市尺度，绵阳市、雅安市与遂宁市等 3 个城市 2~11 月的 PM$_{2.5}$ 污染等级均为优或良；重庆市、广安市、眉山市、达州市、南充市、德阳市与资阳市等 7 个城市 3~11 月的 PM$_{2.5}$ 污染等级均为优或良；乐山市、泸州市、成都市、宜宾市与内江市等 5 个城市 4~11 月的 PM$_{2.5}$ 污染等级均为优或良；另外，自贡市 4~10 月的 PM$_{2.5}$ 污染等级为优或良。

其次，1～4 月，成渝城市群整体的 PM$_{2.5}$ 污染程度逐渐减轻，主要为轻度污染的区域占比逐月减少。1 月，整个成渝城市群的 PM$_{2.5}$ 污染等级为轻度污染，甚至部分区域（达州市、自贡市、成都市与内江市）的 PM$_{2.5}$ 污染等级为中度污染；2 月，成渝城市群 48.09% 区域的 PM$_{2.5}$ 污染等级由轻度污染转为良；3 月，除自贡市、乐山市、泸州市、成都市、宜宾市与内江市等部分区域仍处于轻度污染外，成渝城市群其他区域的月均 PM$_{2.5}$ 浓度均处于 35.1~75μg/m^3。

最后，11 月与 12 月成渝城市群的 $PM_{2.5}$ 污染程度逐步加重。其中，11 月自贡市的 $PM_{2.5}$ 污染等级为轻度污染的面积占比为 41.28%。此外，12 月除遂宁市、重庆市、广安市、南充市与资阳市等 5 个城市部分区域的 $PM_{2.5}$ 污染等级为良，其他地区均处于轻度污染。

7.1.4 $PM_{2.5}$ 的周与日差异

图 7.6 表示 2015～2017 年成渝城市群日均 $PM_{2.5}$ 浓度的分布状况。一方面，成渝城市群的日均 $PM_{2.5}$ 浓度在各年 1 月、2 月与 12 月呈灰色状态，说明这一阶段 $PM_{2.5}$ 污染较为严重，与前文成渝城市群 $PM_{2.5}$ 浓度的季度与月度分布规律相一致；另一方面，基于图 7.7，本书未发现成渝城市群层面的日均 $PM_{2.5}$ 浓度具有明显的周分布规律与日分布规律。

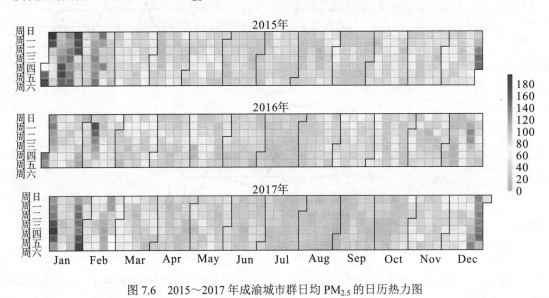

图 7.6 2015～2017 年成渝城市群日均 $PM_{2.5}$ 的日历热力图

7.2 $PM_{2.5}$ 空间自相关性

7.2.1 全局空间自相关性

表 7.11 表示成渝城市群 $PM_{2.5}$ 浓度的探索性空间分析结果。2015～2017 年成渝城市群 $PM_{2.5}$ 浓度的 Moran's I 分别为 0.485、0.655、0.631，均趋向于 1 且满足 1%显著性水平，$Z(I)$ 分别为 5.186、6.815、6.676（>1.96），说明成渝城市群 $PM_{2.5}$ 浓度分布存在明显的空间正自相关性（高-高聚集或低-低聚集）。另外，2015～2017 年的 General G 分别为 0.133、0.133、0.131，且 $Z(G)$ 位于-1.96～1.96，显著性较差，进一步说明成渝城市群 $PM_{2.5}$ 浓度的空间分布是高-高聚集与低-低聚集的共存。

表 7.11　成渝城市群 PM$_{2.5}$浓度的探索性空间分析

年份	Moran's I				General G			
	Moran's I	标准差	Z(I)	显著性	General G	标准差	Z(G)	显著性
2015	0.485	0.010	5.186	0.000	0.133	0.000	-1.071	0.284
2016	0.655	0.010	6.815	0.000	0.133	0.000	-0.153	0.879
2017	0.631	0.010	6.676	0.000	0.131	0.000	-1.490	0.136

图 7.7 表示 2015～2017 年成渝城市群范围内各个地区 PM$_{2.5}$浓度的 Moran's I 散点分布，不同年份的散点分布呈现高度相似性，大多数地区的 Moran's I 位于第一、三象限，即高-高聚集或低-低聚集的空间正自相关区域(Anselin，1995)，与表 7.11 的探索性空间分析结果相一致。

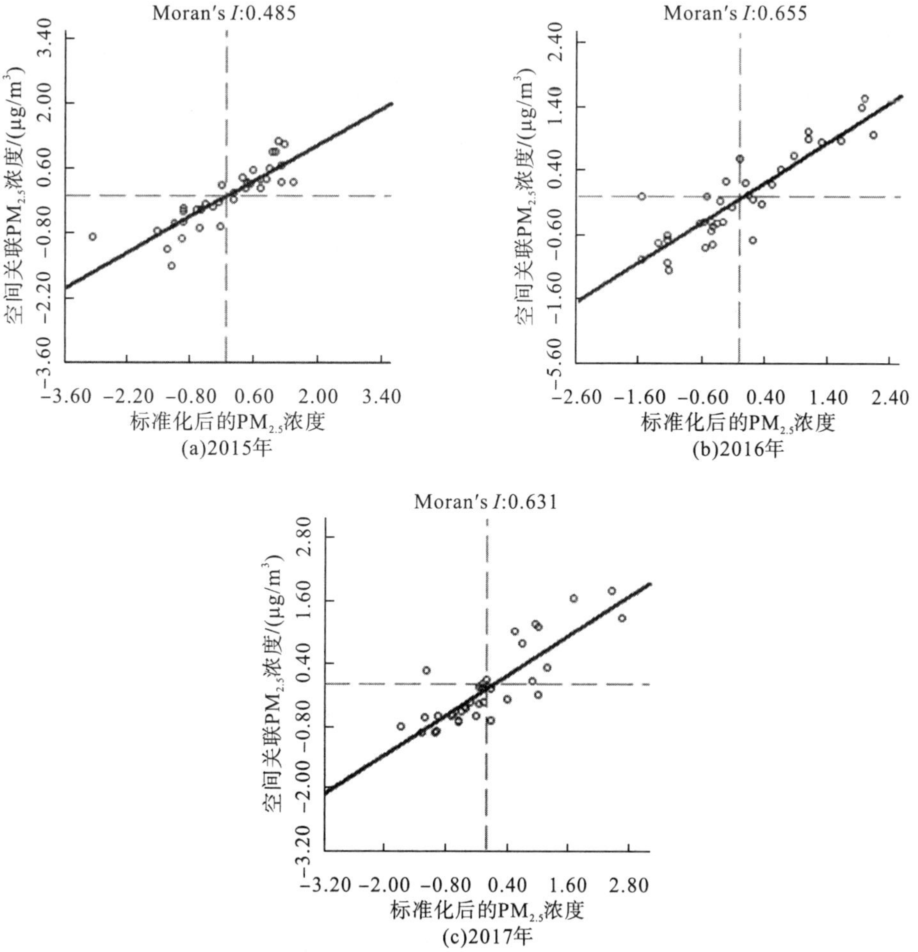

图 7.7　2015～2017 年成渝城市群 PM$_{2.5}$浓度的 Moran's I 散点分布

7.2.2　局部空间自相关性

表 7.12 表示基于 LISA 指数(Local indicators of spatial association)的 2015～2017 年成渝城市群范围内各个地区 $PM_{2.5}$ 浓度的局部空间聚类状况。区域整体而言,三年各个地区的 $PM_{2.5}$ 浓度呈高-高聚集与低-低聚集共存的空间正自相关模式,仅 2017 年达州市呈高-低聚集模式。因此,成渝城市群 $PM_{2.5}$ 浓度在局部空间上也存在着明显的空间集聚特征。

但是,不同年份成渝城市群 $PM_{2.5}$ 浓度的聚集区域也有差异。如表 7.12 所示,2015年成渝城市群 $PM_{2.5}$ 浓度高-高聚集区域分布在泸州市及重庆市的开州区、云阳县和万州区,低-低聚集区域分布在四川省的雅安市、成都市、德阳市、遂宁市与重庆市的南川区和潼南区,且满足 0.05 的显著性水平,其他区域没有明显的空间聚集。2016 年 $PM_{2.5}$ 浓度高-高聚集区域分布在宜宾市、泸州市、资阳市、内江市及重庆市的荣昌区、江津区、永川区,低-低聚集区域分布在德阳市、绵阳市、遂宁市、南充市、达州市、广安市及重庆市的合川区,且满足 0.05 的显著性水平。2017 年雅安市、眉山市、乐山市、内江市、自贡市、宜宾市、泸州市呈高-高聚集,遂宁市、广安市及重庆市的主城区、长寿区、垫江区、涪陵区、铜陵区、潼南区呈低-低聚集,均满足 0.05 的显著性水平,仅达州市的 $PM_{2.5}$浓度呈现为显著的高-低聚集。

表 7.12　2015～2017 年成渝城市群 $PM_{2.5}$ 空间聚类

年份	空间聚集性				
	高-高聚集	低-低聚集	低-高聚集	高-低聚集	不显著
2015	泸州[**]、重庆开州[*]、云阳[*]和万州[**]	雅安[*]、成都[**]、德阳[**]、遂宁[**]、重庆南川[*]和潼南[*]	无	无	其余地区
2016	宜宾[*]、泸州[***]、自贡[**]、内江[**]、重庆荣昌[*]、江津[*]和永川[*]	德阳[*]、绵阳[*]、遂宁[***]、南充[**]、达州[*]、广安[**]、重庆合川[*]	无	无	其余地区
2017	雅安[*]、眉山[**]、乐山[***]、内江[*]、自贡[***]、宜宾[**]和泸州[**]	遂宁[*]、广安[*]、重庆主城区[**]、长寿[*]、垫江[*]、涪陵[*]、合川[***]和潼南[**]	无	达州[*]	其余地区

注: *、**、***分别代表显著性水平为 5%、1%、0.1%。

7.3　$PM_{2.5}$ 浓度回归分析

7.3.1　空间回归模型的选择

空间回归模型的使用需要通过空间自相关性诊断,本书 7.2 节利用 Moran's I、General G 与 LISA 指数已证明成渝城市群 $PM_{2.5}$ 浓度存在显著的空间自相关性。其次,根据 Anselin(2005)提出的空间模型选择机制,正确选择空间回归模型需要基于拉格朗日乘子检验结果,模型选择流程如图 6.2 所示。表 7.13 表示拉格朗日乘子(LM)检验结果。2015 年,

PM$_{2.5}$ 浓度的 OLS 模型拟合系数为 0.747，但 LM-lag 满足 5% 的显著性水平且 LM-error 不显著，因此空间滞后模型效果更好。2016 年，PM$_{2.5}$ 浓度的拟合系数为 0.675，拟合效果不佳，而 LM-lag 满足 10% 的显著性水平且 LM-error 不显著，因此空间滞后模型也适用于 2016 年 PM$_{2.5}$ 浓度的回归分析。

表 7.13　基于 OLS 模型的拉格朗日乘子检验结果

年份	R^2	LM-lag	LM-error	Robust LM-lag	Robust LM-error
2015	0.747	0.018	0.478	0.001	0.022
2016	0.675	0.100	0.912	0.007	0.033

7.3.2　PM$_{2.5}$ 回归结果分析

由于本研究开展时 2017 年统计年鉴尚未公布（《四川统计年鉴 2018》于 2019 年 1 月左右公布），无法获得成渝城市群的部分经济社会数据，因此未对 2017 年成渝城市群的 PM$_{2.5}$ 浓度进行回归分析。另外，本书 5.2 节以 AQI 指数为因变量定量分析了不同空气污染影响因子与空气污染的相关关系，因此存在部分统计意义上不显著的自变量，可能影响空间回归模型的拟合度。为了排除不显著的自变量对回归分析结果的影响，本书基于 2015 年与 2016 年成渝城市群 PM$_{2.5}$ 浓度的空间滞后回归结果，剔除了两个模型中均不满足 10% 显著性水平的自变量，包括人口密度、建筑业产值、单位地区生产总值能耗。此外，本书将地区生产总值与工业产值影响因子整合为工业增加值占比。最后，本书再次对空气污染影响因子进行共线性诊断以确定回归模型的正确性，共线性诊断结果见附录表 8、表 9。

2015 年与 2016 年成渝城市群 PM$_{2.5}$ 浓度的回归分析结果见表 7.14。其中，2015 年的空间滞后模型的拟合系数为 0.913，拟合效果较好，空间滞迟系数为 0.428 且满足 1% 的显著性水平；2016 年 PM$_{2.5}$ 浓度的空间滞后模型拟合系数为 0.795，空间滞后系数为 0.387 且满足 1% 的显著性水平。结果表明，成渝城市群范围内某一地区的邻近区域平均 PM$_{2.5}$ 浓度增加 1% 时，该地区的 PM$_{2.5}$ 浓度将至少上升 0.38%。

表 7.14　2015 年与 2016 年 PM$_{2.5}$ 浓度回归分析结果

项目		2015 年空间滞后回归结果		2016 年空间滞后回归结果	
		系数	T 值	系数	T 值
空间滞迟系数		0.428	-5.933***	0.387	-4.661***
截距		0.297	2.645***	0.101	0.603
变量	植被覆盖度	-0.098	-0.864	-0.288	1.812*
	高程	-0.324	-2.928***	-0.325	-1.765*
	年均日降水量	-0.506	5.178***	-0.466	3.768***
	年均风速	-0.171	2.580***	-0.028	0.134
	城镇化率	-0.886	-4.023***	-1.118	-4.371***

续表

项目		2015年空间滞后回归结果		2016年空间滞后回归结果	
		系数	T值	系数	T值
变量	工业增加值占比	0.445	5.819***	0.460	2.982***
	机动车保有量	0.762	4.752***	0.959	4.903***
	单位工业增加值能耗	0.128	1.120	0.249	-1.695*
拟合系数（R^2）			0.913		0.795

注: *、**、***分别代表显著性水平为1%、5%、10%。

2015 年, 高程、年均日降水量、年均风速、城镇化率、工业增加值占比、机动车保有量 6 个自变量满足 1%的显著性水平, 而植被覆盖度、单位工业增加值能耗不满足 10%的显著性水平。2016 年回归结果中, 年均日降水量、城镇化率、工业增加值占比、机动车保有量 4 个自变量满足 1%的显著性水平, 高程、植被覆盖率与单位工业增加值能耗满足 10%的显著性水平, 而年均风速不满足 10%的显著性水平。整体而言, 上述 8 个自变量至少在一个模型中满足 10%的显著性水平。

7.3.3 PM$_{2.5}$影响因素分析

图 7.8 的横轴表示各个影响因子与 PM$_{2.5}$ 浓度的相关系数。总体而言, 2015 年与 2016 年 8 个不同影响因子对成渝城市群 PM$_{2.5}$ 浓度影响的正负性是一致的, 城镇化率、年均风速、年均日降水量、高程、植被覆盖度 5 个自变量与 PM$_{2.5}$ 浓度负相关, 而单位工业增加值能耗、机动车保有量、工业增加值占比 3 个自变量与 PM$_{2.5}$ 浓度正相关。

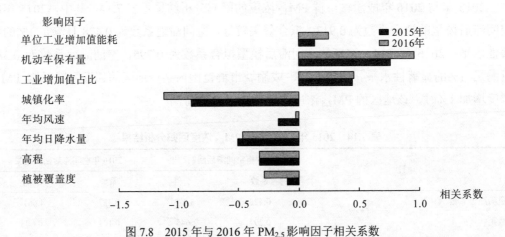

图 7.8   2015 年与 2016 年 PM$_{2.5}$影响因子相关系数

城镇化率、机动车保有量、工业增加值占比与年均日降水量 4 个自变量对 PM$_{2.5}$ 浓度的影响强度较大。首先, 城镇化率与成渝城市群 PM$_{2.5}$ 浓度负相关, 且相关系数绝对值最大。区域的城镇化率越高, 公共交通使用量越高, 且当地的服务业比重越大, 从而大幅降低人均能源消耗(Glaser, 2012)。城市化的核心是农村居民向城镇居民转变, 居民身份的转变会导致其生活消费方式的改变，即由原来的工业产品消费为主转向以服务型消费为主，显然服务业单位产值能耗远低于第二产业的能耗，减少了能源消耗(Brinkman et al.，1997)；Pachauri(2004)也提出城市化会间接优化产业结构，从而改善空气质量。Madu(2009)等基于 STIRPAT 模型分析了尼日利亚空气环境的影响因素，丁翠翠(2014)研究了我国城市化与环境污染的关系，结果都表明城市化对环境具有积极作用。宋言奇等(2005)从人口集散效应、资源集约、污染集中治理与环境教育效应等维度详细阐述了城市化对生态环境的正向积极作用。也有学者提出了不同的看法，杜雯翠等(2013)对 11 个新兴经济体国家 10 年面板数据进行了分析，提出城市化与空气质量呈U形关系，当城镇化率大于59%时，空气质量随城市化率的增加而改善，当城镇化率小于59%时，则反之。

其次，机动车保有量与 PM$_{2.5}$ 浓度正相关，且相关系数绝对值仅次于城镇化率。元洁等(2018)、陈刚等(2016)通过对细颗粒物的来源解析发现，机动车排放是许多大中城市空气污染物的重要来源，如天津等城市的移动源排放贡献率为25%左右，是细颗粒物的重要来源。机动车燃烧1000kg汽油，需要排出 10～70kg 尾气。同时，从燃油供给系统、润滑系统和燃烧系统中泄漏、蒸发的燃料和其他气体为 20～40kg。机动车发动机的工作环境也会影响其尾气排放量，当柴油汽车低速缓慢行驶时，燃油的燃烧条件不佳，容易导致燃烧不完全，尚未完全燃烧的颗粒物会随着汽车尾气一起排出。

最后，工业增加值占比与 PM$_{2.5}$ 浓度正相关，年均日降水量与 PM$_{2.5}$ 浓度呈负相关关系。我国能源消耗最大的是工业，其消耗的煤炭资源大约占我国总消耗量的70%，尤其是炼焦、钢铁、有色金属、水泥、砖瓦等传统重工业，这些企业的生产会排放大量工业废气，其中含有大量悬浮颗粒和有害物质，直接导致了周边区域 PM$_{2.5}$ 浓度升高并迅速扩散到其他区域(卢慧剑，2016；张振华，2014)。长三角和京津冀地区主要城市污染源解析结果显示，工业源排放对 PM$_{2.5}$ 的贡献率占17.0%～28.9%(刘亚勇等，2017)。另外，降水能有效冲刷、稀释空气中各种污染物，降低污染物在空气中的浓度，一般来说，在降雨时，雨滴在下落过程中可吸附、稀释直径大于 2μm 的气溶胶粒子，所以降水过程对空气质量好转有正向作用。已有研究表明各类空气污染物在降水日的平均浓度低于非降水日，且 PM$_{2.5}$ 浓度在降水前后的清除量与降水量呈正相关关系(张莹等，2016；蒲维维等，2011)。徐琼芳等(2017)针对降水对 PM$_{2.5}$ 浓度的影响开展了更深入的研究，结果显示 5mm 以下的弱降水会促进吸湿性细颗粒物生成，从而增加 PM$_{2.5}$ 日均浓度；5mm 以上降水对 PM$_{2.5}$ 污染有一定的清除作用，且降水量越大，清除作用越明显；其中，当日降水量为 5～50 mm 时，PM$_{2.5}$ 日均浓度降低的天数约占 70%；当日降水量为 50mm 以上时，PM$_{2.5}$ 日均浓度降低的天数占80%以上。

与东部城市群相比，成渝城市群 PM$_{2.5}$ 浓度的空间分布模式存在显著的差异。成渝城市的 PM$_{2.5}$ 浓度分布主要受城镇化率与机动车保有量的影响，呈现北部低-低聚集，南部高-高聚集；京津冀城市群 PM$_{2.5}$ 浓度则受地形影响较大，整体上以燕山-太行山脉为界，以北是 PM$_{2.5}$ 低污染区，以南区域 PM$_{2.5}$ 污染严重(杨兴川等，2017)；珠三角城市群的广州市、佛山市等城市由于远离海洋且因山脉阻隔导致空气扩散条件差，是 $PM_{2.5}$ 污染的高-高集聚区，而空气扩散条件较好的深圳市、珠海市等沿海城市是 $PM_{2.5}$ 浓度的低-低集聚区（昌晶亮等，2015）；长三角城市群的年均 $PM_{2.5}$ 浓度整体北部高、南部低，局部地区略有突出，这主要与地区的森林覆盖度及人类活动有关（戴昭鑫等，2016）。

7.3.4　$PM_{2.5}$ 浓度时空差异解析

2015～2017 年成渝城市群年均 $PM_{2.5}$ 浓度的逐年下降得益于当地政府的环保措施，尤其是 2016 年以来，四川省和重庆市大力实施了一系列环保措施，包括禁止新建高污染行业项目、落实工地扬尘整治、加快淘汰不达标的高污染汽车、调整能源消耗结构等，有效改善了成渝城市群的 $PM_{2.5}$ 污染状况。

本书 7.1 节已表明成渝城市群 $PM_{2.5}$ 浓度分布存在明显的季节、月度差异，其与该区域降水量的季节性变化有一定的关系。图 7.9 表示 2015～2017 年成渝城市群 11 个城市的月均降水量变化状况（眉山市、自贡市、德阳市、绵阳市、广安市无气象监测数据），各个城市的月均降水量峰值均位于 6～8 月，且大多数城市 6～8 月的降水量超过了 100mm；1～2 月与 11～12 月则是降水量的低谷期，降水量较少，多数城市的月均降水量小于 50mm。本书 7.2 节已证实成渝城市群的降水量与 $PM_{2.5}$ 浓度呈负相关，因此成渝城市群 $PM_{2.5}$ 浓度冬季（1 月、2 月与 12 月）最高、夏季（6 月、7 月与 8 月）最低，与成渝城市群降水量的季节性分布规律有关。

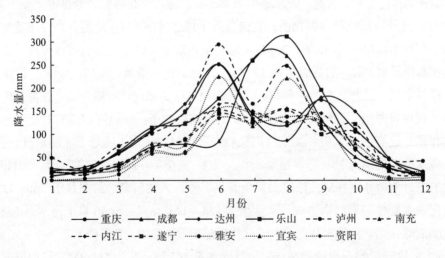

图 7.9　2015～2017 年成渝城市群 11 个城市的月均降水量

本书 7.1 节已证明成渝城市群 $PM_{2.5}$ 污染存在显著的空间分布差异，即南部地区的 $PM_{2.5}$ 污染较北部地区更为严重，尤其是成渝城市群南部的内江市、自贡市、宜宾市、泸州市等城市更是 $PM_{2.5}$ 重污染区。本书 7.3.2 节的空间回归结果已证明工业增加值占比与 $PM_{2.5}$ 浓度呈正相关，成渝城市群 $PM_{2.5}$ 污染的"南北差异"与各个城市的工业发展水平有一定的联系。表 7.15 显示了 2015～2017 年成渝城市群范围内 16 个城市的工业增加值占 GDP 比重及其排名(按工业增加值占比从小到大排名)情况，其中自贡市、泸州市、德阳市、内江市、宜宾市、乐山市、资阳市 7 个城市的工业增加值占比均超过 40%且其排名均位于 10 及以后。成渝城市群中的内江市、自贡市、宜宾市与泸州市是西南地区传统重工业基地，钢铁、石油化工、金属冶炼和水泥制造等高污染行业呈规模化和高集聚分布，使得成渝城市群南部一直是 PM₂.₅ 浓度的高-高聚集区域。

表 7.15   成渝城市群 16 个城市的工业增加值占比及其排名

城市	2015 年工业增加值占 GDP 比重/%	排名	2016 年工业增加值占 GDP 比重%	排名	2017 年工业增加值占 GDP 比重/%	排名
重庆市	35.36	1	34.40	1	33.78	3
成都市	37.55	3	37.05	3	37.56	5
自贡市*	52.93	11	52.34	12	53.87	16
泸州市*	55.25	13	48.93	11	45.42	15
德阳市*	55.29	14	53.04	14	45.26	14
绵阳市	42.82	6	41.69	6	40.64	9
遂宁市	47.36	7	47.16	8	39.13	7
内江市*	55.50	16	54.55	16	44.29	12
乐山市*	55.38	15	53.99	15	41.94	10
南充市	39.09	4	38.80	4	31.12	2
眉山市	48.28	9	47.60	9	37.04	4
宜宾市*	53.26	12	52.61	13	44.34	13
广安市	40.58	5	40.41	5	40.59	8
达州市	36.73	2	35.28	2	25.96	1
雅安市	47.60	8	45.09	7	38.63	6
资阳市*	49.67	10	48.10	10	42.93	11

注：排名基于各个城市的工业增加值占比大小，比重越大排名越高；带有*的城市每一年的排名均位于 10 及以后。

7.4 小   结

首先，本章探索了 2015～2017 年成渝城市群 PM₂.₅ 浓度的时空分布规律。从时间角度看，2015～2017 年成渝城市群的 PM₂.₅ 污染总体上呈现逐年改善的趋势，尤其是 2017 年的改善程度较为明显；成渝城市群 PM₂.₅ 污染表现出了明显的季节差异与月度差异，冬季的 PM₂.₅ 污染程度最为严重，春季与秋季次之且差异不大，夏季 PM₂.₅ 污染最轻。从空间角度看，成渝城市群的 PM₂.₅ 污染呈现出较明显的地域差异，成渝南部的泸州市、宜宾市、自贡市等地的 PM₂.₅ 污染相对较为严重。

其次，成渝城市群 PM₂.₅ 浓度的空间分布呈现显著的空间自相关性。在全局层面，

2015～2017 年成渝城市群 $PM_{2.5}$ 浓度均存在全局相关性，在整个城市群范围内呈现空间集聚特征。在局部层面，$PM_{2.5}$ 污染具有一定的空间自相关性，且集聚性大于分散性，尤其是成渝城市群南部的高-高聚集区和成渝城市群北部的低-低聚集区。

最后，空间滞后回归结果表明城镇化率、机动车保有量、工业增加值占比与年均日降水量 4 个自变量对 $PM_{2.5}$ 浓度的影响程度较大。其中，城镇化率、年均日降水量与 $PM_{2.5}$ 浓度呈负相关，而机动车保有量、工业增加值占比与 $PM_{2.5}$ 浓度呈正相关。

第8章 成渝城市群空气污染的防控政策与措施

环境空气质量作为公众用品，其质量好坏不仅影响着社会经济的发展，而且影响着人类的身体健康状况。目前，区域性、复合型空气污染是成渝城市群乃至国家尺度目前及今后一段时期内所面临的主要空气污染问题。基于环境空气质量的持续恶化，人类社会只能被迫通过制定防治政策、约束自身行为等活动做出积极应对空气污染的防控策略，该过程是 P-S-R 理论框架中的响应(response)部分，社会、组织或个人针对空气环境的恶化，如何做出有效的积极响应是城市群空气污染问题解决的关键。

首先，本章综合梳理了我国颁布的大气污染防治政策，以全面分析我国已实施的大气污染防治策略与措施，主要基于国家层面、区域层面以及地区层面。同时，根据《打赢蓝天保卫战三年行动计划》提出的 2020 年环境空气质量目标，分析了成渝城市群的空气污染治理现状，为成渝城市群空气污染策略奠定基础。其次，以成渝城市群多空气污染物管理协同为导向，从路径选择与方法支撑维度提出系统性的联防联控治理政策与措施。前文对城市群发展过程中空气污染的时空特征与影响机制的研究结果表明城市群多污染物的协同治理工作急需区域的联防联控策略。区域的联防联控是指通过建立城市群一体化组织，综合利用整体资源，打破原有以"行政属地"为主的环境管理模式，从整体上统筹安排，协同组织，相互配合、监督，最终达到控制城市群复合型空气污染，提高区域空气环境质量，优化区域整体生态平衡的目的。

8.1 大气污染防治政策与目标

8.1.1 大气污染治理政策梳理

21 世纪以来，随着我国环境污染问题的不断加剧，从中央到地方政府相继出台了诸多针对大气污染防治的政策措施，形成了国家层面、区域合作层面、地方层面的三级政策体系。

首先，国家层面的政策。2010 年 5 月，我国生态环境部等 9 部门联合发布了《关于推进大气污染联防联控工作改善区域空气质量的指导意见》，全面部署我国大气污染防治工作，明确提出区域联防联控"统一规划、统一监测、统一监管、统一评估、统一协调"的指导思想和"坚持环境保护与经济发展相结合，促进区域环境与经济协调发展；坚持属地管理与区域联动相结合，提升区域大气污染防治整体水平；坚持先行先试与整体推进相结合，率先在重点区域取得突破"的基本原则，并明确规定了我国区域联防联控工作目标、重点区域、防控重点和具体政策措施等。2010 年 11 月，生态环境部下发《关于编制〈"十二五"重点区域大气污染联防联控规划〉的通知》，决定在长三角、珠三角、京津冀三大区域和成渝、辽宁中部、山东半岛、武汉、长株潭、海峡西岸六个城市群(简称"三区六群")启动"十二五"重点区域大气污染联防联控规划编制工作，这些区域也是我国大气复合型污染严重的地区。《国家环境保护"十二五"规划》也提出了实行脱硫脱硝并举，多种污染物综合控制等措施；在"三区六群"等重点区域，开展臭氧、细颗粒物($PM_{2.5}$)的监测，加强颗粒物、挥发性有机物、有毒废气控制，健全大气污染联防联控机制，完善联合执法检查。2013 年 9 月，国务院发布《大气污染防治行动计划》，出台了大气污染防治十项措施，要求建立环渤海包括京津冀、长三角、珠三角等区域的联防联控机制，且逐步重视重污染天气治理。2018 年 6 月，国务院发布《打赢蓝天保卫战三年行动计划》，提出到 2020 年，SO_2、NO_x 排放总量分别比 2015 年下降 15%以上；$PM_{2.5}$ 未达标地级及以上城市浓度比 2015 年下降 18%以上，地级及以上城市空气质量优良天数比率达到 80%，重度及以上污染天数比率比 2015 年下降 25%以上；重点治理区域新增 $PM_{2.5}$ 污染严重的汾渭平原，更加关注秋冬季节的污染防控，以着力减少重污染天气。

　　表 8.1 汇总了我国国家层面的部分大气污染防治政策法规，其呈现如下特征。

表 8.1　国家层面颁布的大气污染防治政策与法规

年份	大气污染防治政策与法规
2005	《关于落实科学发展观加强环境保护的决定》《关于深入开展整治违法排污企业保障群众健康环保专项行动的通知》
2007	《节能减排综合性工作方案》《国家环境保护"十一五"规划》
2008	《国家环境保护"十一五"规划》
2009	《规划环境影响评价条例》
2010	《关于推进大气污染联防联控工作改善区域空气质量的指导意见》《关于进一步加大工作力度确保实现"十一五"节能减排目标的通知》
2011	《关于加强环境保护重点工作的意见》《国家环境保护 "十二五"规划》《国务院关于加强环境保护重点工作的意见》
2012	《重点区域大气污染防治"十二五"规划》《〈国家环境保护"十二五"规划〉重点工作部门分工方案》
2013	《大气污染防治行动计划》
2014	《关于加强环境监管执法的通知》《关于进一步推进排污权有偿使用和交易试点工作的指导意见》《大气污染防治行动计划实施情况考核办法》
2015	《大气污染防治法》
2016	《"十三五"生态环境保护规划》《控制污染物排放许可制实施方案》《扎实做好今冬明春大气污染防治工作》《"十三五"控制温室气体排放工作方案》《关于健全生态保护补偿机制的意见》
2017	《国家环境保护标准"十三五"发展规划》《中华人民共和国环境保护税法实施条例》《国务院关于修改<建设项目环境保护管理条例>的决定》
2018	《打赢蓝天保卫战三年行动计划》
2019	《柴油货车污染治理攻坚战行动计划》

第一，大气污染防治力度不断加强。2005～2009 年中央政府出台的环境保护政策较少，且更关注地方政府空气环境保护思想的转变，政策具有较大的战略指导性；2010 年及以后，中央政府每年发布的政策数量明显上升，且政策内容更重视可操作性的大气污染防治措施，甚至明确规定了地方政府的大气污染治理目标。第二，国家层面的政策主要包括综合性政策与专项性政策。综合性大气污染防治政策主要通过产业结构优化、能源结构优化、交通运输结构调整、区域联防联控实施等措施全面治理大气污染问题，而专项性大气污染防治政策更注重我国重点阶段、重点区域的大气污染治理，如冬春季节的重污染防治、柴油货车治理等(具体政策措施汇总在本书 8.1.2 节)。

第二，区域层面的政策。本书主要梳理了 3 个东部沿海城市群已颁布的大气污染防治政策法规，即京津冀、长三角与珠三角城市群，见表 8.2。近年来，这 3 个城市群均出台了多项大气污染防治政策，逐渐重视城市群区域内的大气污染协同治理，建立完善区域大气污染防治协作机制。另外，京津冀城市群颁布的区域大气污染防治政策较多，而珠三角城市群颁布的政策较少，这可能与不同城市群的大气污染程度有关，因为京津冀城市群的大气污染比其他两个城市群更为严重。

表 8.2　三大城市群颁布的大气污染防治政策与法规

年份	大气污染政策与法规	地区
2013	《京津冀及周边地区重污染天气监测预警方案》《京津冀及周边地区落实大气污染防治行动计划实施细则》	
2015	《京津冀及周边地区落实空气污染防治行动计划实施细则》《京津冀区域环境保护率先突破合作框架协议》	京津冀
2016	《京津冀大气污染防治强化措施(2016—2017 年)》	
2017	《京津冀及周边地区 2017—2018 年秋冬季大气污染综合治理攻坚行动方案》《京津冀及周边地区 2017 年大气污染防治工作方案》	
2008	《长江三角洲地区环境保护工作合作协议(2008—2010 年)》	
2014	《长三角区域落实大气污染防治行动计划实施细则》《长三角区域大气污染防治协作机制》	长三角
2018	《长三角地区 2018—2019 年秋冬季大气污染综合治理攻坚行动方案》《长三角区域空气质量改善深化治理方案(2017—2020 年)》	
2004	《泛珠三角区域合作框架协议》	
2010	《珠江三角洲地区空气质素管理计划》	珠三角
2017	《珠江三角洲区域大气重污染应急预案》	

第三，地方层面的政策。本书主要分析了四川省与重庆市的大气污染防治政策，表 8.3 汇总了近十年的部分大气污染防治政策，其呈现如下特征：第一，四川省与重庆市发布了一系列大气污染防治政策法规，其政策措施与中央政府的政策条文一脉相承，主要从产业结构、能耗结构、交通运输结构、大气污染法律法规等方面制定防治措施。第二，四川省内各地级市根据自身的污染状况制定并发布了相关政策法规(由于政策数量过多，未在表 8.3 中列出)。重庆市 2013 年也出台了局部地区的大气污染治理政策，如《重庆市主城区尘污染防治办法》，

以加强重庆市主城区的大气污染防治力度。第三，四川省内部加强了区域大气污染协同治理，其重点治理区域包括成都市及周边区域、川南地区、川东北地区。但是，成渝城市群整体区域的大气污染协同治理措施较少，仅有 2016 年签订的《川渝地区大气污染联合防治协议书》，因此下一阶段加强成渝城市群大气污染治理的联防联控工作十分必要。

表 8.3　四川省与重庆市颁布的大气污染防治政策与法规

年份	大气污染防治政策与法规	实施地区
2010	《关于推进大气污染联防联控工作改善区域空气质量的指导意见》	四川省
2013	《重点区域大气污染防治"十二五"规划四川省实施方案》	四川省
2014	《四川省大气污染防治行动计划实施细则》	四川省
2014	《关于建立成都市及周边地区、川东北地区、川南地区大气污染防治工作联席会议制度的通知》	成都市及周边、川南、川东北地区
2015	《关于加强可吸入颗粒物(PM_{10})浓度常态化管控的通知》《关于进一步加强交通运输行业大气污染防治工作的指导意见》《关于加强农作物秸秆禁烧工作的紧急通知》	四川省
2016	《〈2016 年全国大气污染防治工作要点〉四川省省级部门分工方案》	四川省
2016	《川渝地区大气污染联合防治协议书》	川渝地区
2017	《四川省 2017—2018 年秋冬季大气污染综合治理攻坚行动方案》	成都平原、川南、川东北地区
2018	《四川省〈中华人民共和国大气污染防治法实施办法〉》	四川省
2013	《重庆市主城区尘污染防治办法》	重庆主城区
2014	《关于贯彻落实大气污染防治行动计划的实施意见》	重庆市
2015	《重庆市环保产业集群发展规划(2015—2020 年)》	重庆市
2016	《重庆市"蓝天行动"实施方案(2013—2017 年)》《2016 年重点区域大气污染防治工作百日攻坚行动方案》	重庆市
2017	《重庆市大气污染防治条例》《加强重点区域烧结砖瓦企业大气污染整治深化蓝天行动工作方案》《重庆秋冬季大气污染防治攻坚行动》	重庆市
2018	《重庆市污染防治攻坚战实施方案(2018—2020 年)》	重庆市
2018	《重庆市贯彻国务院打赢蓝天保卫战三年行动计划实施方案》	重庆市

8.1.2　大气污染治理措施

通过整理近十几年我国政府出台的大气污染防治政策法规，表 8.4 汇总了我国已实施的大气污染防治措施，其主要基于 9 个维度。具体而言，优化产业结构、调整能源结构、优化运输结构、优化用地结构等维度下的大气污染防治措施主要通过减少空气污染源的排放量来治理大气污染；大气污染法律法规体系构建、基础设施建设与环境执法督察、落实各方责任与动员全社会参与等维度下的措施则是为了监督我国大气污染状况，及保证大气污染措施的有效实施，是我国大气污染高效治理的基本保障；重大专项行动维度下的措施则是为了加大我国重点阶段、重点区域与重点行业的大气污染治理力度，以有效控制重污染天气；区域联防联控维度下的措施能够促进区域大气污染的协同治理，有利于控制大气污染的转移与扩散。

表 8.4　我国政府已实施的大气污染防治措施

维度	具体措施
优化产业结构	优化产业布局，加大区域产业布局调整力度； 严控高能耗、高污染行业产能，加大落后产能淘汰和过剩产能压减力度； 全面开展"散乱污"企业及集群综合整治行动； 深化工业污染治理，推进重点行业污染治理升级改造，推进各类园区循环化改造、规范发展和提质增效； 大力培育绿色环保产业、大力发展循环经济、全面推行清洁生产
调整能源结构	有效推进北方地区清洁取暖，抓好天然气产供储销体系建设，加快农村"煤改电"电网升级改造； 重点区域继续实施煤炭消费总量控制，制定专项方案，大力淘汰关停环保、能耗、安全等不达标的燃煤机组； 提高能源利用效率、推进煤炭清洁利用、加快发展清洁能源和新能源
优化运输结构	优化调整货物运输结构，推动铁路货运重点项目建设，大力发展多式联运； 加快车船结构升级、加强机动车环保管理、加强城市交通管理； 加快油品质量升级； 强化移动源污染防治，加强非道路移动机械和船舶污染防治，推动靠港船舶和飞机使用岸电
优化用地结构	实施防风固沙绿化工程； 推进露天矿山综合整治； 加强扬尘综合治理，实施重点区域降尘考核； 加强秸秆综合利用和氨排放控制
重大专项行动	开展重点区域秋冬季攻坚行动； 打好柴油货车污染治理攻坚战； 开展工业炉窑治理专项行动； 实施 VOCs 专项整治方案
区域联防联控	建立完善区域大气污染防治协作机制； 加强重污染天气应急联动； 制定完善重污染天气应急预案，重点区域实施秋冬季重点行业错峰生产
法律法规体系	完善法律法规标准体系； 完善价格税收政策； 拓宽投融资渠道，支持大气污染防治领域的政府和社会资本合作项目建设； 加大经济政策支持力度，加大税收政策支持力度
基础设施建设，环境执法督察	完善环境监测监控网络，强化重点污染源自动监控体系建设，加强移动源排放监管能力建设，强化监测数据质量控制； 加大环境执法力度；深入开展环境保护督察
落实各方责任，动员全社会参与	严格考核问责； 加强环境信息公开，建立健全环保信息强制性公开制度； 构建全民行动格局，积极开展多种形式的宣传教育

8.1.3 "蓝天计划" 2020 年成渝 PM$_{2.5}$ 目标

2018 年 6 月,我国国务院发布《打赢蓝天保卫战三年行动计划》,要求:PM$_{2.5}$ 浓度未达标的地级及以上城市比 2015 年下降 18%以上(PM$_{2.5}$ 浓度达标的标准是 35μg/m^3),地级及以上城市空气质量优良天数比率达到 80%(即 292 天),重度及以上污染天数比率比 2015 年下降 25%以上。重庆市颁布的《打赢蓝天保卫战三年行动计划实施方案》提出:到 2020 年,重庆市空气质量优良天数将稳定在 300 天以上,PM$_{2.5}$ 年平均浓度低于 40μg/m^3。本书将以 PM$_{2.5}$ 污染为例探讨 2015 年以来成渝城市群大气污染防治状况。2019 年,按照两地生态环境部门签订的《深化大气污染防治合作协议书》要求,两地定期开展空气质量预报会商,与西南区域环境空气质量预报中心建立空气质量信息交换及预报预警共享机制,完善空气质量预报视频会商制度。2020 年 1 月,针对冬季成渝地区大气污染,重庆市生态环境局两次向四川省生态环境厅和周边城市发函,建议加强污染应对和联防联控。

表 8.5 显示了成渝城市群内 16 个城市 2017 年 PM$_{2.5}$ 平均浓度、优良天数、重度及以上污染天数比率与 2020 年 "蓝天计划" 目标的对比结果,其中资阳市与雅安市 2020 年 PM$_{2.5}$ 平均浓度目标值分别为 33.28μg/m^3 与 29.59μg/m^3,低于 35.0μg/m^3,已经达标,因此将其 2020 年目标 PM$_{2.5}$ 平均浓度设定为 35.0μg/m^3。结果显示:第一,仅 5 个城市(重庆市、达州市、广安市、南充市、内江市)2017 年的 PM$_{2.5}$ 污染状况已达到 "蓝天计划" 目标,包括 PM$_{2.5}$ 平均浓度、优良天数与重度及以上污染天数变化比率;第二,基于年均 PM$_{2.5}$ 浓度,雅安市、德阳市、乐山市、绵阳市、宜宾市与自贡市 6 个城市的 PM$_{2.5}$ 浓度与 2020 年目标值差距较大,均高于目标值 7.5μg/m^3 以上;第三,基于城市优良天数指标,宜宾市与资阳市的 PM$_{2.5}$ 污染程度较为严重,分别低于目标优良天数 13 天、42 天;第四,不同城市间的重度及以上污染天数变化比率差异巨大,主要是由于重度及以上污染天数所占比率较小(处于 0~5%),仅仅增加或减少几天就可能导致该指标产生较大的变化。特别是雅安市的重度及以上污染天数变化率高达 600%,但是其重度及以上污染天数仅从 2015 年的 1 天升至 2017 年的 7 天。

表 8.5 2017 年成渝城市群 PM$_{2.5}$ 污染状况与 2020 年 "蓝天目标" 的对比

| 城市 | PM$_{2.5}$ 平均浓度/(μg/m^3) | | | 优良天数/天 | | 重度及以上污染天数/% | | |
	2020 年目标	2017 年	偏差	2017 年	偏差	2015 年比率	2017 年比率	变化比率
重庆市*	45.17	44.24	−0.93	318	−18	3.29	1.37	−58.33
遂宁市	40.66	40.03	−0.63	327	−35	0.55	0.55	0.00
雅安市	35.00	49.32	+14.32	306	−14	0.27	1.92	600.00
成都市	51.11	53.69	+2.58	290	+2	4.38	4.93	12.50

续表

城市	PM$_{2.5}$ 平均浓度/(μg/m³)			优良天数/天		重度及以上污染天数/%		
	2020 年目标	2017 年	偏差	2017 年	偏差	2015 年比率	2017 年比率	变化比率
达州市*	51.46	49.19	−2.27	307	−15	5.21	3.29	−36.84
德阳市	43.60	51.78	+8.18	288	+4	2.47	3.29	33.33
广安市*	37.79	36.53	−1.26	328	−36	2.74	0.55	−80.00
乐山市	45.65	55.39	+9.74	287	+5	2.47	4.38	77.78
泸州市	49.82	51.60	+1.78	294	+2	3.84	2.74	−28.57
眉山市	51.66	47.50	−4.16	305	−13	3.84	3.01	−21.43
绵阳市	37.93	48.47	+10.54	301	−9	1.10	2.19	100.00
南充市*	49.41	45.26	−4.15	316	−24	2.47	0.27	−88.89
内江市*	49.75	48.14	−1.61	297	−5	4.38	1.37	−68.75
宜宾市	47.63	56.56	+8.93	279	+13	4.11	4.11	0.00
自贡市	60.34	68.05	+7.71	333	−41	8.22	6.85	−16.67
资阳市	35.00	33.12	−1.88	250	+42	0.55	0.55	0.00

注：表中 PM$_{2.5}$ 平均浓度的偏差=2017 年 PM$_{2.5}$ 平均浓度−2020 年目标 PM$_{2.5}$ 浓度值；

四川省范围内各个地级市的优良天数目标为 292 天，重庆市的优良天数目标为 300 天；

优良天数偏差=2017 年优良天数−目标天数；

重度及以上污染天数变化比率=$\dfrac{2017年重度及以上污染天数比率 − 2015年重度及以上污染天数比率}{2015年重度及以上污染天数比率}$；

表中带*号的城市表示 2017 年三个指标均已实现 2020 蓝天计划目标。

8.2　成渝城市群空气污染联防联控的路径选择

依据前文对成渝城市群不同污染物的影响机制分析，本节主要从城市群的空间布局、产业结构、能源结构、交通排放等多路径进行联防联控策略的优化。

8.2.1　优化城市群空间布局，增强区域空气承载力

1. 调整区域城市空间布局与模式

目前成渝城市群区域城市发展存在城市规模等级序列和空间结构发展不够合理的情况，从而导致区域内生产、生活、生态等空间结构失衡并引起一系列的污染问题。因此，基于 4.1 节对成渝城市群大都市区的基本划分，从城市空间布局出发，采用多中心组团化紧凑式的城市形态，进而提高建成区的人口密度以及基础设施的使用效率，同时减少人们远距离的出行需求，努力让城市朝低碳方向发展，降低空气污染风险指数。

1) 核心都市区——空间紧凑集约化

核心都市区是城市群社会经济生态的高度集聚中心,也是城市群核心城市的增长极内核。同时,它也处于城市群产业链的顶端,起着主导城市群整体发展实力和方向的作用。成渝城市群的核心都市区具体包括成都市和重庆市两大核心。该类都市区的特点是经济社会系统高度发达,人口、经济规模大且集中;而自然生态系统空间并不富余,新增建设空间极度匮乏。因此,核心都市区应走空间紧凑集约化方向,以在有限空间发挥更大社会经济效率。

空间紧凑集约化的发展理念可作为解决都市核心区生态环境问题的重要途径,在越来越多的城市群发展过程中被应用为一种可持续发展的重要模式。其本质是改变由粗放型到精细化的城市开发模式,该过程是城市生态环境发展由量向质的高级进阶。成渝城市群紧凑集约发展模式可通过对成都市与重庆市老城区空间更新和优化来实现。具体而言,依托成都市和重庆市大都市区发展规划,制定合理的保护策略和优化、更新策略,按照不同类别、不同阶段对老旧区域进行改造,靠近轨道站的地方及其周边区域优先进行更新改造,对因功能更新而释放出的建设用地进行开发,使空间布置更加紧凑,控制区域建设用地规模。在更新地区鼓励合理的土地混合使用,在旧区将绿色改建与调整优化绿色产业相结合。

2) 都市发展新区——空间均衡舒适化

都市发展新区是成渝城市群核心都市区的外围卫星城和高发展潜力区,通过为核心都市区提供不同的功能需求,缓解核心都市区的各种环境压力,如承接核心都市区过于集聚的生态压力、人口规模与居住、医疗教育等服务功能。通常都市发展新区的人类活动强度和污染程度相对较低,其空气环境自净空间相对而言较为宽泛,能够较好地承担并净化自身或来自都市核心区的空气污染物。

成渝城市群都市发展新区主要是指德阳市、资阳市、眉山市、雅安市以及重庆市璧山区、铜梁区、合川区等地。该区域内的自然生态空间与社会经济空间相对较为均衡,能从核心都市区吸引优秀人才、资金以及技术等资源,进而发展成成渝城市群的重要空间构成以及经济增长极。

3) 多极网络都市区——空间自然生态化

多极网络都市区位于成渝城市群区域内最外围,具体包括雅安市、乐山市、宜宾市以及重庆市垫江县、万州区等地。该区域特点是自然生态空间存量较大,即地区空气环境承载能力较强。这些区域与核心都市区之间距离相对较远,而且人口较少,尤其是优秀人才,导致现阶段这些地区的经济发展相对落后,基础设施建设也不完善,所以在这些区域发展经济的成本也会很高。此外,这些区域的产业选择也比较被动,大多只能选择低端产业、高耗能产业或者高排放产业等,这些产业对环境危害很大,再加上当地环境处理设施建设不完善,经济活动导致的环境污染将超过当地的资源与环境承载力,最终走上"先污染后治理"的老路，使得环境严重恶化，增加环境治理费用，使城市发展的成本远远大于开发得到的收益。

因此，处于多极网络都市区的城市，一定要注重环境保护和生态的自然修复，在发展经济的时候要走"先防范再发展"的道路，同时要建立国土生态环境的安全监测体系，及时监测环境变化，采取应对策略，做好经济效益和环境效益的协调发展，保证成渝城市群可持续发展战略的全面实施。

2. 优化区域土地利用功能与结构

近年来，国内外越来越多的学者开始关注"人类活动(土地利用)-空气污染"关系的理论与实践研究。发达国家更是如此，他们在发展之初也遇到过大规模的环境问题，通常是通过优化土地利用结构以及建设城市通风廊道来改善空气质量，所以该领域的研究主要集中于土地利用、城市廊道以及空气环境变化等方面。外国学者 Arain 等(2007)结合土地利用的回归模型与风道理论，分析了加拿大的安大略湖周边城市的 NO_2 含量，随后将城市风道研究也纳入土地利用的研究框架。国内学者曾穗平等(2016)探讨了适应地域气候的生态规划原则，基于"富氧源-扩散流-补偿汇"相互衔接的规划思路，提出城市风环境效能提升的低碳规划策略和多层级污染源控制及富氧型风源、风道的保护方法。

根据本书 6.3～6.5 节对成渝城市群空气污染的影响因素及机制研究，发现自然要素对 PM_{10}、SO_2 等污染物的影响较为明显，这一定程度上是由于土地利用等下垫面的改变影响了局部地区的污染扩散方式，特别是那些有污染源且分布较密的区域。空气自净能力的一个重要影响因素就是空气流动，而不合理的城市扩张会导致区域的下垫面遭到破坏，阻碍风道，进而导致空气流过城市区域的风速下降，静风的停留时间增加。同时，成渝城市群本身处于盆地之中，受热岛效应以及逆温层等"大锅盖"效应的影响，使得污染物持续停留在区域内，极易造成空气污染(陈颖锋等，2015)。因此，成渝城市群可考虑建立生态通风廊道，将富氧的风源通过规划风道汇入城区并激发城市内部的局地环流，以解决城市通风、缓解城市热污染与空气污染等问题。

成渝城市群处于青藏高原东面的"死水区"——四川盆地。根据 2015 年成渝城市群空气污染过程与日平均风速情况，成渝城市群空气污染天气的日平均风速小于 1.2m/s，常年静风频率为 40%左右。因此，区域空气污染物扩散能力较弱。但随着风速频率增加，污染天气概率就能减小。基于成渝城市群空气污染天气的风向频率分布，空气污染过程中近地面主导风向为东北风，其比例为 50.6%；东南风次之，比例为 30.1%，与成渝城市群常年主导风向一致。因此，本书基于风环境规划理论(尹慧君等，2014)，以结合区域自然生态系统、区域空气污染物空间分布和集聚及区域城市空间结构等特征为原则，尝试科学、系统地提出区域、城市、街区三个层级的成渝城市群风环境规划体系设想(表 8.6)，力求从空气污染的外部环境提升城市群地区的空气自净能力(任庆昌等，2016)。

表 8.6　成渝城市群通风廊道体系

风道等级	服务范围	主要构成	主要作用	布局要求	规划控制层面
区域层面	成渝城市群	不同城市间自然生态区域,如山体、河流	城市群风力输送的主要空间载体,为各城市内外空气交流提供便利,或直接作为城市风源	确保畅通,城市间沿区域风道方向的生态绿地应划定永久性保护红线	区域规划、城市群
城市层面	各风道沿线城市	城市片区间交通、公园、生态区域等补偿空间	将城市风源风力引入城市,并将风力输送到次一级风道和风汇区中,完成城市内外空气交流	与城市风源、次级风道和风汇区连接畅通,风道线型流畅,确保足够宽度、合理的间距和密度	城市总体规划
街区层面	城市沿风道各片区	主次干道、绿地、水域等	将风力输送进风汇区、实现风汇区内外空气交流和建筑群室内外通风	街区联系通畅,并保证街区合理的宽度、风道间距和建筑群网络密度	城市控制性详细规划

(1)区域层面。本书从成渝城市群区域规划层次提出以"绵-成-乐""达-简-宜""万-渝-泸"和"成-简-渝"为主的四条一级风道规划设想(图 8.1)。关于区域内通风廊道的建设应该考虑以下两方面内容:一是区域空间的优化布局应以四条通风廊道上的山体和河流的作用空间以及补偿空间为前提条件,并设置保护底线,禁止任何规划打破。比如成渝城市群内的主要生态资源,要单独设置重点保护机制。二是加强引导廊道周边的城镇和乡村的空间优化布局,加强对处在进风口、廊道上的建成区的控制、引导,注重城镇扩张的风环境影响因素的识别与判断。具体来说,在达州市、绵阳市以及重庆市万州区等主要的风源(进风口)区域,避免布置产生大量热源和污染源的用地与大型设施,以避免导致下垫面出现大面积的改变,影响区域风环境;同时,在夏季由于当前的建筑建设强度和布局对风的阻挡力较小,风速衰减较慢,因而在后期规划工作中,务必注意保护好风源。

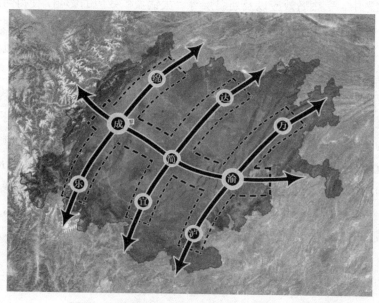

图 8.1　成渝城市群区域层面通风走廊规划设想

（2）城市层面。构建地区通风廊道不仅要在区域层次进行风环境分析，识别区域通风体系，还要在城市层面构建城市通风廊道，将城市级别的通风廊道与城市总体规划衔接，为城市总体规划的空间布局提供指导。对于四条一级风道沿线的重点城市，可以将通风廊道规划作为成渝城市群总体规划的一部分内容。通过对城市群总体规划布局的分析评估，结合区域层面风环境分析和建设用地的通风适宜性评价（胡梅等，2007），对多层次补偿空间和风道进行控制，保证风道沿线城市周边重要地区的绿地公园等开敞空间通过风道口与城市内部绿地、河流与道路等开阔地带有机衔接，促使城市形成多中心、组团式的空间格局，避免像成都等城市那样的过度"摊大饼"式发展（图8.2）。

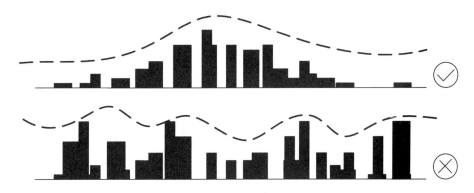

图 8.2　城市总体规划示例

具体而言，在规划时应当控制开发强度，即使需要建设高层建筑，也要注意预留通风廊道，增加城市建设区和公共开敞空间区域的相交程度，如可以采取放射状建筑布局、指状交错的建筑形态等（张丛郁，2016）。同时，对城市重点区域的新建、重建、改造与修复提出规划指导，引导和控制城市空间中热能和风能等气候要素的时空分布，优化城市功能区和合理安排城市工业能耗布局，从而改善、优化城市各区域内的气候环境状况。例如，对城市新开发地区建设中有关用地性质、开放空间、街道走向、绿地系统、河湖水面与生态廊道空间布局等予以指导（张少康等，2016）；对已建成区不合理的布局（热岛效应或环境污染较严重区域）做出调整或改善规划，如通风廊道的疏通、城市主要干道道路断面形态的控制、绿地布局的调整及开放空间的营造等。

（3）街区层面。街区是城市的重要组成部分，为了能够和城市层面的风环境分析、目标相衔接，因此对街区层面通风廊道的规划提出相应的策略。在编制规划时，要结合风环境对建设规模和布局提出控制意见。例如，对建筑物的高度、容积率、绿化率以及密度等提出合理要求，根据所处地块的迎风角度、迎风面、建筑规模、组合形式以及高度等，对地块内建筑布局提出合理建议，以减少局部气流和热循环产生的不利影响，同时还要增加地块的绿化面积和开敞空间，达到改善局部环境质量的目标。

主要街道的合理优化具体包括以下两方面内容：第一，在街区城市群平面布局方面，香港大学吴恩融教授在空气流通评估方法可行性研究中提出，建筑长边应与城市主导风向一致，建筑群布局应尽量顺应城市主导风向，建筑长边与城市主导风向的夹角不应大于45°，建筑物在迎风面应该由低到高，街区外部到内呈阶梯形，使风道通风界面尽量平滑。同时，风口或街区中的盛行风方向迎面的建筑应该尽量同构，采取点状布局(图 8.3)。第二，街道周边竖向建筑应合理布置，不能采用两侧高楼林立的筒状结构。在可能的情况下拓宽城市主要街道的宽度；不能拓宽的，沿街的建筑高度不宜过高，应高低错开依次排列。薛立尧等(2016)研究表明，城市风道要取得理想效果，其宽度要求为150m，但旧城区的城市街道实际宽度很难满足这一要求，可以通过将建筑物在街道两侧依次由低到高错落布置，设计成"U"形街道来增加其有效宽度(图 8.4)。值得注意的是，在具体实施中，还须坚持土地利用经济效益、社会效益和生态环境效益的统一。

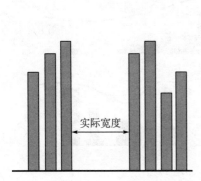

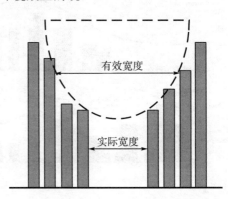

图 8.3　利于通风的街区建筑群平面布局　　　　图 8.4　街区竖向建筑和"U"形街道布局

8.2.2　调整城市群产业结构，降低区域污染风险性

近年来，城市群的产业规模和集聚作为当代世界经济发展中极具效率的产业经济组织形式，对于区域经济增长发挥着越来越大的推动作用，但是这些经济龙头很多也是高污染的源头。通过本书 6.3 节的研究来看，其中 O_3、SO_2 等污染物受经济结构影响较大。目前，成渝城市群还处于高速发展阶段，面临着产业结构调整缓慢、煤炭能源消耗比重大、东部沿海地区低技术-高污染排放产业的内陆转移等造成的空气环境问题(黄林秀，2011)。研究表明，合理、均衡的产业结构是城市群复合经济可持续发展的关键，因此，基于当前成渝城市群产业结构情况进行分析并提出优化建议，对于实现降低城市群区域污染排放目标有着极为重要的作用。

1. 城市群产业结构对空气环境的影响

1)工业废气排放对空气环境影响突出

成渝城市群是西南地区传统的重工业基地。2017 年成渝城市群二氧化硫、氮氧化物以及烟(粉)尘排放量分别占全国二氧化硫、氮氧化物以及烟(粉)尘排放量的 7.34%、5.26%以及 3.86%(见表 8.7)，其中二氧化硫排放量占比最大。从成渝城市群的双核心城市角度看，重庆市比成都市排放的废气更多，其中 SO_2 的排放量最大，占成渝城市群总排放量的 39.44%左右。

表 8.7　2017 年成渝城市群废气排放量

	SO_2 排放量	NO_x 排放量	烟(粉)尘排放量
全国	$875.40 \times 10^4 t$	$1258.83 \times 10^4 t$	$796.26 \times 10^4 t$
重庆	$25.34 \times 10^4 t$	$20.40 \times 10^4 t$	$8.33 \times 10^4 t$
成都	$2.15 \times 10^4 t$	$2.55 \times 10^4 t$	$1.13 \times 10^4 t$
成渝城市群	$64.25 \times 10^4 t$	$66.16 \times 10^4 t$	$30.73 \times 10^4 t$
成渝城市群排放量占全国比重	7.34%	5.26%	3.86%

成渝城市群废气污染源主要来自工业污染，2017 年成渝城市群工业二氧化硫、工业氮氧化物以及工业烟(粉)尘的排放量分别为 $42.04 \times 10^4 t$、$29.67 \times 10^4 t$ 以及 $24.62 \times 10^4 t$，占成渝二氧化硫、氮氧化物以及烟(粉)尘的排放总量的 65.43%、44.84%与 80.13%(表 8.8)。与 2015 年国家工业废气排放比重相比，除工业烟(粉)尘排放占本地比重持平以外，工业二氧化硫和工业氮氧化物的本地排放比例低于全国水平。总体而言，目前成渝城市群工业废气的排放以工业烟尘和粉尘为主，其会对空气污染物 $PM_{2.5}$ 浓度产生直接影响。

表 8.8　工业废气排放比例

地区	工业 SO_2 排放量占总 SO_2 排放量比例/%	工业 NO_x 排放量占总 NO_x 排放量比例/%	工业烟(粉)尘排放量占总烟(粉)排放量比例/%
全国	83.73	63.77	80.10
成渝城市群	65.43	44.84	80.13

注：由于截至本书完成，全国工业排放数据仅更新至 2015 年，因此表中数据表示 2015 年状况；成渝城市群废气排放比例表示 2017 年状况。

2) 成渝产业结构失衡加剧空气环境污染

成渝城市群是我国西部规模最大的经济区，2017 年成渝城市群土地面积约为 $18.5 \times 10^4 km^2$，占全国总面积的 1.92%；人口约为 1 亿，占全国人口总数的 7.17%；地区生产总值为 5.36 万亿元，占全国的 6.47%。成渝城市群地区近年来整体经济水平发展较快，其中重庆市 GDP 每年以约 10%的速度增长。但是区域内不同城市的经济水平和产业发展差异较大。成渝城市群的产业结构分析结果表明(见表 4.6)：2007～2017 年成渝城市群的三次产业结构逐年朝着"三二一"模式优化，且 2017 年成渝城市群第三产业增加值占比已经超过第二产业。近十年来，成渝城市群第一产业比重有所降低，第三产业比重逐年增加，三大产业结构不断优化，但第二产业仍是主要产业，占全部产业的 44%以上。

2017 年成渝城市群地区第一产业、第二产业和第三产业的增加值分别为 4733.73 亿元、23867.87 亿元和 24951.8 亿元，三次产业结构为 8.84∶44.57∶46.59(图 8.5)。其中，成渝城市群地区除成都市、绵阳市、达州市、南充市以及重庆主城区、綦江区、南川区、云阳县以外的城市第二产业比重均超过 45%，重庆市涪陵、江津、大足、荣昌、璧山等区县的第二产业比重甚至超过 60%，这些城市的第二产业主要以机械、石化设备、石油化工、水电产业、盐磷化工等传统工业为主要支柱产业。除此之外，只有重庆市主城区与成都市以第三产业为主，占比分别为 58.14% 和 53.21%，其主要以金融业、装备组装、批发零售业、信息传输计算机服务和软件业等行业为主。

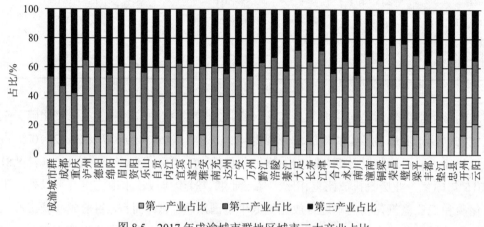

图 8.5　2017 年成渝城市群地区城市三大产业占比

注：重庆是指重庆主城区。

成渝城市群地区空气污染严重的深层次原因之一是重化工等产业的规模化发展，火电、钢铁、石油化工、金属冶炼和水泥制造等高污染行业在成渝城市群呈现出规模化和高集聚的分布态势，导致成渝城市群的工业污染排放量超过环境容量，从而加剧了城市群的空气环境污染。

3）产业结构空间布局不合理

成渝城市群产业结构分布具有一定的区域特征，使得空气污染物的排放存在区域差异性。具体情况如下：成渝城市群中的广安、达州等城市适宜农林产业的生产和加工，第一产业发展迅速，工业基础薄弱，工业污染物排放相对较少；成渝城市群中的南充、遂宁、自贡、内江等城市属于化工产业重镇，矿产资源多，工业基础较好，空气污染物排放较多；成渝城市群以成都市和重庆市为代表的新兴工业、轻工业和高新技术工业起步较晚，虽然发展迅速，但是历史重工业基础的弊端导致污染也相对较重，若配合特殊的山区地理环境和不利的气象条件，极易因扩散不良而造成污染物持续累积，导致严重的空气污染事件。

2. 基于产业结构调整的空气污染治理

1）调整产业结构，大力发展第三产业

2017 年，成渝城市群第二产业能源消费占总能源消费的 57.3%，为优化和升级区域能源结构，实现经济发展的绿色转型，在未来一段时期内需降低煤炭依赖性并优先支持生产性服务业的发展，扩展生活性服务业领域。依据前文对成渝城市群区域内空气污染分布特征和成渝圈层结构的划分，成都和重庆两个核心都市区应注重创新，将金融以及信息技术行业视为支柱行业，推动三产中的知识服务型产业发展；都市扩展新区在接受两大核心都市区的中低端产业时，不能按部就班、一成不变，而应该大胆创新，如德阳、资阳等城市可以在巩固传统重大装备制造、造车、医药、纺织电子信息、航天等产业的同时，积极引进先进的管理经验、模式和技术，实现绿色升级。此外，多极网络都市区也应积极扩大高技术产业的比例与规模，代替污染较重的传统重工业等行业，同时也要促进第三产业的发展，如广安、乐山等城市应加大养老服务业、绿色金融信贷以及能源服务业等产业的比重，逐渐承担起经济中心的职能。

2) 严格环境准入，强化源头管理

对于要引进的产业一定要作环境影响评价，只有达到环保要求的产业才能引入。成渝城市群内各个城市要根据当地的环境承载力和净化能力，制定针对特定污染物的排放标准，严格产业进入区域的环境门槛。对于新进入的产业，成渝城市群一定要实行区域联防联动，对项目严格审批，要重点控制和限制高污染的新建、扩建项目，防止增加污染源。此外，对刚批准进入的项目要加大监测力度，定时进行环境影响评价。同时，对于新建的项目必须要有相应的污染治理配套设施，所有未达到环保要求的项目一律不得批准和投入生产，若通过限期整治仍不合格，则应予以关闭。严格控制新项目的数量，对于数量已经超标的区域不得再审批新的项目。

3) 加大落后产能淘汰，优化工业布局

淘汰落后的产能是成渝城市群快速调整产业结构、改变经济发展方式的重要途径，也是促进经济增长、提高产业质量与效益、增强行业竞争力的重要方式。根据前文对现阶段成渝城市群产业结构发展状况的分析，该城市群长期以来产业结构发展并不合理，高污染的工业产值比重偏高，而服务业比重偏低。区域工业化发展呈现出"高投入、低产出；高能耗、低效率；高排放、多污染"的特征。工业生产太过于依赖煤炭、石油等化石能源，虽然部分城市对高污染、低效率企业采取了一些措施，如重庆市对重点污染企业实施"退二进三"的搬迁改造和污染治理，但是过去旧账太多，一时难以还清。

在此基础上，城市群中各城市应该结合区域发展的定位和整个区域内的产业结构特点与布局，充分考虑各个城市之间存在的联系和影响以及彼此之间的发展情况，再实行差异化的管理方式，进而合理调整各城市的产业结构和布局。对于城市群核心都市区划定的重点控制区，要严厉禁止引入高污染项目；对于剩余环境容量小的都市发展新区要对污染严重、技术落后的行业和企业提出相应的改造方案，推动行业清洁生产；排污量大的项目应该建设在通风廊道下风向的多极网络都市区，并且该区域要有较大的环境剩余容量。

8.2.3　升级城市群能源结构，减少区域污染物排放

根据前文的研究结果表明，成渝城市群 CO、NO_2、SO_2 污染受到能源因素的影响最为明显。自 20 世纪七八十年代以来，我国就成了全球第一大能源消费国，然而，我国仍采用粗放式经济发展模式，单位 GDP 能耗是世界平均水平的 2 倍(张波等，2015)。随着区域社会经济一体化发展，已有越来越多的研究表明区域空气污染物的排放与城市群地区高能源消耗、不合理的产业发展密切相关，因此调整成渝城市群能源结构是改善空气污染状况的重要路径之一。但我国地域广阔，区域经济发展存在不平衡现象，能源效率也因地而异，存在较大差异。因此，基于区域能源效率的计算才能提出精准的成渝城市群能源结构调整措施，以减少区域污染物的排放。

1. 提高能源利用效率，梯度提高效率值

为提升成渝城市群能源利用效率，首先需要科学测算城市群区域内城市能源利用效率状况。高辉等(2016)采用 DEA 方法，对 2013 年成渝城市群内 16 个城市的能源效率分布情况、城市间差异以及差异产生的原因等进行了分析(表 8.9)，研究表明成渝城市群区域的能源效率值整体偏低，但也存在能源效率较高的城市，比如成都市和重庆市。区域能源效率差异仍然较大，呈现出圈层结构，形成了以成都和重庆市为核心的圈层关系。然而，核心区的能源效率对外围圈层的辐射和带动作用并不十分明显。分析其原因，主要受区域空间结构、产业结构和科技水平等因素的影响。因此，成渝城市群区域节能降耗的目标实现还有很长一段路要走，任重而道远。

表 8.9　2013 年成渝城市群 16 个城市能源效率测算值(高辉等，2016)

城市	综合效率	纯技术效率	规模效率	排名
重庆	1.000	1.000	1.00(−)	1
成都	1.000	1.000	1.00(−)	1
自贡	0.751	0.923	0.813(irs)	7
泸州	0.605	0.803	0.754(irs)	10
德阳	0.762	1.000	0.762(irs)	4
绵阳	0.767	0.816	0.941(irs)	3
遂宁	0.699	0.843	0.829(irs)	8
内江	0.458	0.830	0.552(irs)	14
乐山	0.578	0.870	0.665(irs)	12
南充	0.645	0.715	0.902(irs)	9
眉山	0.500	0.780	0.641(irs)	13
宜宾	0.602	0.658	0.915(irs)	11
广安	0.426	0.694	0.614(irs)	15
达州	0.411	0.635	0.648(irs)	16
雅安	0.758	1.000	0.758(irs)	6
资阳	0.762	1.000	0.762(irs)	4

为了提高成渝城市群的整体能源效率，首先要科学规划区域空间结构。通过对表 8.9 的能源效率值进行总结和归类，可将成渝城市群 16 个城市归为三类，一类是纯技术、规模效率都为 1 的重庆和成都两大核心城市；二类是纯技术效率为 1 而规模效率不为 1 的德阳、资阳和雅安；三类是纯技术和规模效率都不为 1 的所有其他城市。此能源效率的空间布局与本书的成渝城市群层次划分大致吻合。因此，在制定成渝区域节能减排的策略上，政府应该联合行动，跨越因行政区划带来的阻隔，深入探讨区域一体化发展的方式，相互配合、合作，将成都和重庆两大核心都市区的影响力扩大，整合资源，共同治理。在提高能源效率、减少能源消耗的同时，应该加快对多极网络都市区城市的培养，改变两个核心的区域模式，通过资源共享、技术创新以及人才交流等方式，增进城市间的交流与合作，进而使城市间能源效率的差异缩小，实现整体区域统一的节能目标。

其次，因地制宜分解节能目标。成渝城市群内的各城市能源消费状况、劳动力数量、资源条件、技术水平、资本存量以及市场环境等方面都存在明显的差异，所以对节能降耗的标准定位和减排计划的要求也应有所区别。为了实现成渝城市群区域经济绿色转型，同时缩小城市间的效率差异，只能通过因地制宜，互帮互助，并制定多元化的节能降耗措施和政策。成都、重庆两大核心都市区应继续保持高能源效率的态势，并将清洁能源产业的技术推广到其他区域，进而提高这些城市的能源效率；都市发展新区的中等能源效率城市，应该要将其自身的资源优势和传统能源相结合，并引进新能源和清洁能源，从而提高能源效率；能源效率较低的多极网络都市区城市，应当充分考虑实际情况，尽快调整相关产业结构，并引进新技术，避免成为产业转移过程中的牺牲品。

2. 控制煤炭消耗用量，加强新能源开发利用

降低化石能源尤其是煤炭在一次能源消费中的比例无疑是空气污染治理最有效的路径（魏巍贤等，2015）。如 $PM_{2.5}$ 的生成就与燃煤产生的二氧化硫紧密相关。由本书 4.1.2 节的分析可知，在成渝城市群能源消费结构上，煤炭消费量占比仍较高。要积极改变行业的生产结构，减少煤炭资源的开采和使用量，严格按照规定关闭不符合要求的小煤矿，达到减少利用煤炭资源、保护煤炭资源的目的。

为实现能源结构的调整和优化，拓展绿色能源的供应也是重要手段之一。成渝城市群能源消费总量在较长时期内仍将保持快速增长的趋势；在短期内，煤油仍然会是主要消费的能源，可能基本维持在 50% 以上。同时，现有技术条件在降低能耗消费方面的作用是递减的，所以技术进步已经不能发挥明显的节能作用，改变能源消费结构才是根本的办法。因此，需要从发展清洁能源上发掘潜力，推动都市核心区与周边都市发展新区、多极网络都市区的能源战略合作；制定可再生能源发电的相关收费政策和税收优惠政策，同时也要鼓励开发并利用新型能源，如水电、风电和生物质能等。重庆市是西南地区传统的重要气田基地，为新能源的开发和利用提供了天然的资源条件。重庆市页岩气资源调查评价表明，重庆市页岩气资源量估算在 13.7 万亿立方米，是我国页岩气最富集

的地方，已经开展的有开州区的罗家寨天然气气田、南川区的平桥南区域页岩气田等新能源开发项目，因此建议加大本地推广使用率，在保证本地用气的基础上，再向外输送，并加快清洁能源的发展和使用率。

8.2.4　控制机动车污染排放，鼓励发展低碳交通网

前文研究结果表明，成渝城市群发展过程中出现的 CO、NO_2、$PM_{2.5}$ 等污染的重要影响因素来自机动车等的排放。机动车作为空气污染的移动污染源，对空气环境质量的影响显而易见，尤其是对氮氧化合物、一氧化碳等污染物的影响较大。据研究，每千辆机动车每天排出的一氧化碳、碳氢化合物和氮氧化合物的量分别是 3000kg、200～400kg 和 50～150kg(李沸，2015；郑英，2012)。截至 2016 年底，成渝城市群地区机动车保有量达到 1294.75 万辆左右。按照上述统计值计算，2016 年成渝城市群机动车排放的一氧化碳、碳氢化合物和氮氧化合物分别是 388.42×10^4t，$(258.95\sim517.9)\times10^4t$ 和 $(64.74\sim194.21)\times10^4t$，可见，机动车污染物排放量非常大，而且机动车大多行驶在人口密集区域，尾气排放直接影响群众健康(杨新兴等，2012；李滨丹等，2009)。因此，控制机动车污染排放，发展低碳交通，对保持城市空气环境质量，推动成渝城市群交通产业的健康发展都将具有十分重要的意义。

1. 控制机动车排放

1)提高机动车污染排放的成本

根据成渝城市群各地区空气污染状况对机动车进行分类管理。比如污染较重的黄标车，要对其进行限行并加快淘汰速度；同时可以征收机动车排污费，尤其是污染较大的、以柴油等为燃料的机动车，提高机动车上路成本；还可根据机动车使用年限、里程以及排量等因素进行核算，在年检时收取下一年度的排污费。

2)构建机动车联动管理平台

在成渝城市群内各市区采用先进的监测技术，例如机动车尾气排放遥测系统(黄新平，2007)，对机动车尾气进行监测。尾气超标车上路时，随时会被抓拍，防止"检测过关，上路超标"，严格控制机动车尾气排放。

2. 鼓励发展低碳交通，促进交通可持续发展

1)加强管理并淘汰黄标车

黄标车作为机动车污染的主力军，我国各省市都在采取措施对其严格限制。对于成渝城市群而言，应成立统一的监管机构并统一对机动车实施强制环保检测，加快环保标志的核发工作，逐步扩大黄标车限行的时间以及限行路线，达到逐步淘汰黄标车的目的。另外，成渝城市群内各地政府可以提高黄标车报废补贴标准，将黄标车报废标准与市场接轨，鼓

励黄标车的报废。

2) 大力发展公共和新能源交通

改善居民步行、自行车出行条件，鼓励选择绿色出行方式；加大和优化城区路网结构建设力度，通过错峰上下班、调整停车费等手段，提高机动车通行效率；推广城市智能交通管理和节能驾驶技术；鼓励选用节能环保车型，推广使用天然气汽车和新能源汽车，并逐步完善相关基础配套设施；积极推广电动公交车和出租车。开展城市机动车保有量(重点是出行量)调控政策研究，探索调控特大型或大型城市机动车保有总量的路径。

8.3　成渝城市群空气污染物科学划分防控区域

结合空气流域、协同治理等理论，提出城市群实施区域联防联控的技术与方法。基于本书 4.2 节、4.3 节、7.1 节的研究，可以从城市群污染物的防控区域科学划分等方面进行技术管理工作。

区域空气污染联防联控的技术方法主要涉及控制区域的划分。污染物的自然属性与区域资源环境禀赋有着密切联系，城市群不同区域的污染程度也会有所差异，区域的差异性应纳入防控管理。因此，可依据本书 4.3 节与 7.1 节对成渝城市群空气污染物的空间分布特征进行分区管理。同时，区域管理或合作主体由城市群区域内的"地方"组成，不同的地方根据经济合作纽带关系、地理区位关系、污染问题分布关系等因素来组合。本书针对成渝城市群区域空气污染问题，列举以下两种划分方式。

8.3.1　根据空气污染分布特征划分

空气污染物的空间分布是空气污染精准划区治理的基础，而污染物空间差异性为区域的差别化环境管理提供了理论依据。美国针对不同污染物的属性差异和空间分布实行分类管理，如划分臭氧传输区域(ozone transport region，OTR)，包括 O_3 污染严重的缅因州、弗吉尼亚州与哥伦比亚区(Rubrecht，2013)。因此，根据本书对成渝城市群不同污染物的空间分布特征和集聚趋势分析，对成渝城市群进行区域划分。

PM_{10} 污染总体呈成都-自贡两大极点的空间分布特征，未来的空间集聚趋势在城市群南部地区的宜宾市和泸州市。据此，本书提供了有效的 PM_{10} 污染物空间分区治理依据。PM_{10} 污染的治理应以两个极点的空间特征为重点开展联合防控布局，在热点地区(成都、自贡)设置重点防控带，以"两极"为基础设置核心防控区，进行梯度分区管理。

SO_2 污染总体呈现以资阳市、内江市为中心的多中心圈层的空间分布特征，未来的空间集聚趋势在城市群中南部地区的资阳市、宜宾市、自贡市和泸州市。据此，提供了有效的 SO_2 污染物空间分区治理依据。因此，SO_2 污染治理应以"多中心圈层"的空间特征为重点开展联合防控布局，在热点地区(资阳、宜宾、自贡、泸州)设置重点防控带，以圈层中心的资阳市、内江市为基础设置核心防控区,进行梯度分区管理。

NO$_2$污染总体"成都市单一极点"的空间分布特征,未来的空间集聚趋势在城市群北部地区的绵阳市。据此,本书提供了有效的 NO$_2$ 污染物空间分区治理依据。因此,NO$_2$污染的治理应以"单极点"的空间特征为重点开展联合防控布局。其中,在热点地区(成都、绵阳)设置重点防控带,且位于成都和绵阳之间的德阳市也要做好防控策略,避免污染边际效应的扩大。以成都市为基础设置核心防控区,进行梯度分区管理。

CO 污染总体呈以重庆市、成都市、乐山市为主的多极外圈层空间分布特征,未来的空间集聚趋势在城市群北部地区的绵阳市。据此,本书提供了有效的 CO 污染物空间分区治理依据。CO 污染的治理应以"三极一圈"的空间特征为重点开展联合防控布局,其中,在热点地区(重庆、遂宁、成都、乐山)设置重点外围防控带,以重庆市、成都市和乐山市为基础设置核心防控区,进行梯度分区管理。

O$_3$ 污染总体呈以成都市为中心片状的空间分布特征,未来的空间集聚趋势在城市群西北部的成都市和德阳市。据此,本书提供了有效的 O$_3$ 污染物空间分区治理依据。因此,O$_3$ 污染的治理应以"单极片状"的空间特征为重点开展联合防控布局,其中在热点地区(成都、德阳)设置重点防控带,以成都市为基础设置核心防控区,进行梯度分区管理。

PM$_{2.5}$ 污染总体呈多中心条带状的空间分布特征,未来的空间集聚趋势在城市群南部地区的宜宾市和泸州市。据此,本书提供了有效的 PM$_{2.5}$ 污染物空间分区治理依据。PM$_{2.5}$治理应以"三极一带"的空间特征为重点开展联合防控布局,其中在热点地区(成都、宜宾、泸州)设置重点防控带,以"三极"为基础设置核心防控区,进行梯度分区管理。

8.3.2　按照生态环境地理特征划分

空气流域理论也是空气治理的重要管理理论基础。虽然成渝城市群区域内静稳天气较多,但区域内空气污染物并不是静止不动的,会随空气形成物质流的交换。因此,基于自然生态环境基础的空气流动规律也可作为划分区域的依据,为污染治理提供决策建议(蒋家文,2004)。例如,美国空气流域管理工作成效较为明显,其根据空气流动特征将空气流域作为区域管理单位的一个划分标准,将全国划分为若干个空气"流域"进行管理,南加州区空气流域管理是其中之一(Dolislager and Motallebi,1999;Alexis et al.,2001)。其中,生态环境地理特征划分的两个重要依据是"气象条件"与"地形因素"。成渝城市群整体地形属于四川盆地地貌特征,限制了城市群空气污染物的自净能力和风象流通。因此,需要采取多专业协同、多政府联合、多污染物控制的方法划分城市群空气污染治理区域。

当然,空气污染治理的最终目标并不是划定区域,而是在划定好的各类防控区内进行相关的创新。在划分好区域后,应该首先选择一些区域作为空气污染治理的创新示范区,优先根据各类区域的特征探索、制定相应的管理模式,实现制度革新,探索并制定区域空气污染治理的合理目标以及治理的措施和手段等,进而得到针对不同类别区域的有效治理方案和目标。然后，在成渝城市群更大的防控范围内推行，最终实现环境治理的市场行为，建立相应制度，如排污费、环境税、排污交易以及补偿机制等。

参 考 文 献

安兴琴，马安青，王惠林. 2006.基于 GIS 的兰州市大气污染空间分析[J]. 干旱区地理(汉文版),29(4): 576-581.

巴顿 J. K. 1984.城市经济学:理论和政策[M]. 北京：商务印书馆.

包振虎，刘涛，骆继花，等. 2014.我国环境空气质量时空分布特征分析[J]. 地理信息世界, (6): 17-21.

蔡燕徽，潘辉. 2009.城市森林改善空气质量的研究进展[J]. 林业勘察设计, (2): 45-50.

曹广忠,陈昊宇,边雪.2012.2000 年以来中部地区城镇化的空间特征与影响因素[J].城市发展研究,19(7):22-28.

曹锦秋，吕程. 2014.联防联控:跨行政区域大气污染防治的法律机制[J]. 辽宁大学学报(哲学社会科学版), (6): 32-40.

昌晶亮，余洪，罗伟伟. 2015.珠三角地区 $PM_{2.5}$ 浓度空间自相关分析[J]. 生态与农村环境学报,31(6): 853-858.

车汶蔚，郑君瑜，邵英贤，等. 2008.珠海市大气污染时空分布特征及成因分析[J]. 中国环境监测, (5):82-87.

陈彬彬，王宏，郑秋萍. 2016.近三年福建省霾分布特征与天气成因分析[J]. 气象与环境学报, 32(4): 70-76.

陈朝平，杨康权，冯良敏，等. 2015.四川盆地一次持续性雾霾天气过程分析[J]. 高原山地气象研究, (3): 73-77.

陈刚，刘佳媛，皇甫延琦，等. 2016. 合肥城区 PM_{10} 及 $PM_{2.5}$ 季节污染特征及来源解析[J]. 中国环境科学, 36(7): 1938-1946.

陈巧俊，王雪梅，吴志勇，等. 2012.珠三角城市扩张对春季主要气象参数和 O_3 浓度的影响[J]. 热带气象学报, 28(3): 357-366.

陈群元,宋玉祥,喻定权.2009.城市群发展阶段的划分与评判——以长株潭和泛长株潭城市群为例[J].长江流域资源与环境,18(4):301-306.

陈仁杰，陈秉衡，阚海东. 2013.我国空气质量健康指数的初步研究[J]. 中国环境科学, 33(11): 2081-2086.

陈绍愿，张虹鸥，林建平，等. 2005.城市群落学:城市群现象的生态学解读[J]. 经济地理, 25(6): 810-813.

陈顺清. 1998.城市增长与土地增值[D]. 广州：华南师范大学.

陈训来，冯业荣，王安宇，等. 2007.珠江三角洲城市群灰霾天气主要污染物的数值研究[J]. 中山大学学报(自然科学版),46(4): 103-107.

陈颖锋，王玉宽，傅斌，等. 2015.成渝城市群城镇化的热岛效应[J]. 生态学杂志, 34(12): 3494-3501.

陈玉玲. 2014.生态环境的外部性与环境经济政策[J]. 经济研究导刊, (16): 291-292+300.

陈云霞. 2013.成渝城市群形成的动力机制研究[D]. 兰州：兰州商学院.

程前昌. 2015.成渝城市群的生长发育与空间演化[D]. 上海：华东师范大学.

丑国珍. 2003.城市空间的层次及尺度空间初探[D]. 重庆：重庆大学.

崔晶,孙伟.2014.区域大气污染协同治理视角下的府际事权划分问题研究[J].中国行政管理,(9):11-15.

代合治. 1998.中国城市群的界定及其分布研究[J]. 地域研究与开发,17(2): 40-43.

戴宾.2004. 城市群及其相关概念辨析[J]. 财经科学, (6): 101-103.

戴永立，陶俊，林泽健，等. 2013.2006～2009 年我国超大城市霾天气特征及影响因子分析[J]. 环境科学, 34(8): 2925-2932.

戴昭鑫，张云芝，胡云锋，等. 2016. 基于地面监测数据的 2013～2015 年长三角地区 $PM_{2.5}$ 时空特征[J]. 长江流域资源与环境, 25(5): 813-821.

邓亮如. 2016.基于 PSR 模型的四川省大气污染防治政策评价[D]. 成都：西南交通大学.

邓玲，张文博. 2012.基于 PSR 模型的西部地区可持续发展评价[J]. 宁夏社会科学, (5): 33-38.

地理学名词审定委员会. 2007.地理学名词[M].2 版. 北京：科学出版社.

丁翠翠.2014.FDI、城市化与环境污染关系的实证检验[J].统计与决策,(14):143-145.

丁镭,刘超,黄亚林,等.2016.湖北省城市环境空气质量时空演化格局及影响因素[J].经济地理,36(3):170-178.

杜朝正.2013.基于GIS的传统插值方法比较研究——以山东省多年平均气温为例[J].安徽农业科学,41(33):12939-12941.

杜雯翠,冯科.2013.城市化会恶化空气质量吗?——来自新兴经济体国家的经验证据[J].经济社会体制比较,(5):91-99.

杜雯翠,宋炳妮.2016.京津冀城市群产业集聚与大气污染[J].黑龙江社会科学,(1):72-75.

方创琳.2014.中国城市群研究取得的重要进展与未来发展方向[J].地理学报,(8):1130-1144.

方创琳,宋吉涛,张蔷,等.2005.中国城市群结构体系的组成与空间分异格局[J].地理学报,60(5):827-840.

方创琳,宋吉涛,蔺雪芹,等.2010.中国城市群可持续发展理论与实践[M].北京:科学出版社.

符传博,丹利,唐家翔,等.2016.1960~2013年华南地区霾污染的时空变化及其与关键气候因子的关系[J].中国环境科学,36(5):1313-1322.

高歌.2008.1961—2005年中国霾日气候特征及变化分析[J].地理学报,(7):761-768.

高红丽.2011.成渝城市群城市综合承载力评价研究[D].重庆:西南大学.

高辉,李康琪.2016.成渝经济区能源效率差异研究[J].西南石油大学学报(社会科学版),18(3):1-10.

高吉喜.2001.可持续发展理论探索[M].北京:中国环境科学出版社.

高吉喜,张惠远.2014.构建城市生态安全格局从源头防控区域大气污染[J].环境保护,42(6):20-22.

高明,郭施宏,夏玲玲.2015.福州市城市化进程与大气污染关系研究[J].环境污染与防治,37(5):44-49.

顾朝林.1999.经济全球化与中国城市发展[M].北京:商务印书馆.

顾朝林.2011.城市群研究进展与展望[J].地理研究,30(5):771-784.

郭荣朝,苗长虹,夏保林,等.2010.城市群生态空间结构优化组合模式及对策——以中原城市群为例[J].地理科学进展,29(3):363-369.

郭晓梅,陈娟,赵天良,等.2014.1961—2010年四川盆地霾气候特征及其影响因子[J].气象与环境学报,(6):100-107.

郭新彪,黄婧.2013.城市化进程中应关注交通相关空气污染物对人体健康的影响[J].国外医学(医学地理分册),34(4):219-221.

郭宇宏,王自发,康宏,等.2014.机动车尾气排放对城市空气质量的影响研究——以乌鲁木齐市春节前后对比分析[J].环境科学学报,34(5):1109-1117.

韩贵锋,王维升,王凯,等.2005.基于GIS的重庆市大气污染空间分异研究[J].地理与地理信息科学,21(5):80-84.

郝吉明,程真,王书肖.2012.我国大气环境污染现状及防治措施研究[J].环境保护,(9):16-20.

郝吉明,尹伟伦,岑可法.2016.中国大气$PM_{2.5}$污染防治策略与技术途径[M].北京:科学出版社.

何慧敏,杨莉,黄开勇.2012.桂林市道路交通伤害的GIS空间分析[J].中华疾病控制杂志,16(11):995-997.

何甜,帅红,朱翔.2016.长株潭城市群污染空间识别与污染分布研究[J].地理科学,(7):1081-1090.

何兴舟,周晓铁.1991.室内空气污染的健康效应[J].环境与健康杂志,(1):17-20.

何雪松.1999.外部性、公地悲剧与中国的环境污染治理[J].社会科学,(1):62-65.

贺泓,王新明,王跃思,等.2013.大气灰霾追因与控制[J].中国科学院院刊,3(3):344-352.

贺克斌.2011.大气颗粒物与区域复合污染[M].北京:科学出版社.

洪也,马雁军,张云海,等.2012.辽宁中部城市群灰霾天气的外来影响——个案分析[C]//中国气象学会.第29届中国气象学会年会论文集.第29届中国气象学会年会,S6大气成分与天气气候变化.

胡梅,樊娟,刘春光.2007.根据"源-流-汇"逐级控制理念治理农业非点源污染[J].天津科技,34(6):14-16.

胡晓宇,李云鹏,李金凤,等.2011.珠江三角洲城市群PM的相互影响研究[J].北京大学学报:自然科学版,47(3):519-524.

华文剑，陈海山.2013.全球变暖背景下土地利用/土地覆盖变化气候效应的新认识[J]. 科学通报, 58(27): 2832-2839.

黄河东.2016.基于PSR模型和改进TOPSIS法的中国城市群生态质量比较研究[J]. 生态经济, 32(6): 164-167.

黄金川，方创琳.2003.城市化与生态环境交互耦合机制与规律性分析[J]. 地理研究, 22(2): 211-220.

黄林秀.2011.西部地区承接产业转移与技术创新协同演化研究[D].重庆：西南大学.

黄鹭新，杜澍.2009.城市复合生态系统理论模型与中国城市发展[J]. 国际城市规划, 24(1): 30-36.

黄新平.2007.机动车尾气遥测系统在实际应用中的探索[J]. 仪器仪表与分析监测, (1): 42-43.

姜仁良.2012.低碳经济视阈下天津城市生态环境治理路径研究[D]. 北京：中国地质大学(北京).

蒋春艳，张振，王晓奕.2014. 河北省城镇化与大气环境污染相关性研究[J]. 石家庄铁道大学学报(社会科学版), 8(2): 1-5.

蒋洪强，张静，王金南，等.2012. 中国快速城镇化的边际环境污染效应变化实证分析[J]. 生态环境学报, 21(2): 293-297.

蒋家文.2004.空气流域管理——城市空气质量达标战略的新视角[J]. 中国环境监测, 20(6): 11-15.

阚海东，陈秉衡.2002.我国部分城市大气污染对健康影响的研究10年回顾[J]. 中华预防医学杂志, 36(1): 59-61.

库恩.2012.科学革命的结构[M]. 北京：北京大学出版社.

冷艳丽，杜思正.2015.产业结构、城市化与雾霾污染[J]. 中国科技论坛, (9): 49-55.

李滨丹，吴宁.2009.探讨汽车尾气污染危害与对策[J]. 环境科学与管理, 34(7): 174-177.

李沸.2008.机动车污染物排放系数估算探讨[J]. 环境保护与循环经济, 28(4): 44-45.

李宏，李王锋.2012.首都区域大气污染联防联控的分区管制[J]. 北京规划建设, (3): 56-59.

李金.2009.PSR模型在资源型城市环境可持续发展中的运用——以平顶山市为例[J]. 大众商务, (10): 246.

李汝资，宋玉祥，李雨停，等.2013.近10a来东北地区生态环境演变及其特征研究[J].地理科学,33(8):935-941.

李向辉，笪可宁.2005.基于PSR框架的小城镇可持续发展相关策略[J]. 沈阳建筑大学学报(社会科学版), 7(1): 48-51.

李晓燕.2016.京津冀地区雾霾影响因素实证分析[J]. 生态经济(中文版), 32(3): 144-150.

李旭文，牛志春，姜晟，等.2013.Landsat8卫星OLI遥感影像在生态环境监测中的应用研究[J]. 环境监控与预警, 5(6): 1-5.

李耀锟，巢纪平，匡贡献.2015.城市热岛效应和气溶胶浓度的动力、热力学分析[J]. 地球物理学报, (3): 729-740.

李元宜，李艳红.2010.辽宁中部城市群大气污染防治对策探讨[J]. 气象与环境学报, 26(4): 57-60.

廖瑞铭.1987.大不列颠百科全书[J]. 北京：丹青图书有限公司.

林学椿，于淑秋，唐国利.2005.北京城市化进程与热岛强度关系的研究[J]. 自然科学进展, 15(7): 882-886.

蔺雪芹，方创琳.2008.城市群地区产业集聚的生态环境效应研究进展[J]. 地理科学进展, 27(3): 110-118.

蔺雪芹，王岱.2016. 中国城市空气质量时空演化特征及社会经济驱动力[J]. 地理学报, 71(8): 1357-1371.

刘伯龙，袁晓玲，张占军.2015.城镇化推进对雾霾污染的影响——基于中国省级动态面板数据的经验分析[J]. 城市发展研究, 22(9): 23-27.

刘端阳，张靖，吴序鹏，等.2014.淮安一次雾霾过程的污染物变化特征及来源分析[J]. 大气科学学报, 37(4): 484-492.

刘浏. 2011.我国城市空气质量与影响因子分析——以79个地级以上城市2008年统计数据为依据[J]. 苏州科技学院学报(工程技术版), 24(1): 10-14.

刘敏,许丽萍,余家燕,等.2014.重庆主城区秋冬季逆温对空气质量影响的观测分析[J].环境工程学报,8(8):3367-3372.

刘文清，刘建国，谢品华，等.2009.区域大气复合污染立体监测技术系统与应用[J]. 大气与环境光学学报, 4(4): 243-255.

刘晓丽，方创琳.2008. 城市群资源环境承载力研究进展及展望[J]. 地理科学进展, 27(5): 35-42.

刘亚勇，张文杰，白志鹏，等.2017.我国典型燃煤源和工业过程源排放$PM_{2.5}$成分谱特征[J]. 环境科学研究, 30(12): 1859-1868.

刘耀彬，宋学锋.2006. 区域城市化与生态环境耦合性分析——以江苏省为例[J]. 中国矿业大学学报, 35(2): 182-187.

刘耀彬，陈志，杨益明.2005.中国省区城市化水平差异原因分析[J]. 城市问题, (1): 16-20.

卢慧剑.2016.典型沿海城市PM$_{2.5}$污染特征及其来源解析研究[D]. 杭州：浙江大学.

路培，李彩亭，彭敦亮，等. 2010.基于两型社会研究的长株潭大气污染经济损失估算[J]. 环境科学与技术，33(S1)：480-482+487.

罗阳.2006.基于PSR模型的福州城市可持续发展指标体系构建[J]. 齐齐哈尔师范高等专科学校学报，(4)：71-73.

吕梦瑶，刘红年，张宁，等.2011.南京市灰霾影响因子的数值模拟[J]. 高原气象，30(4)：929-941.

吕文利.2014.长三角城市群城市生态安全评价与比较研究[D]. 上海：华东师范大学.

马传栋.2015.生态经济学[M]. 北京：中国社会科学出版社.

马红.2014.一种基于遥感指数的城市建筑用地信息提取新方法[J]. 城市勘测，(3)：20-23.

马丽梅，张晓.2014.中国雾霾污染的空间效应及经济、能源结构影响[J]. 中国工业经济，(4)：19-31.

马雁军，刘宁微，王扬锋.2006.辽宁中部城市群大气污染分布及典型重污染的成因[J]. 城市环境与城市生态，(6)：32-35.

马雁军，刘宁微，王扬锋，等.2011.2009年夏沈阳一次大气灰霾污染过程及气象成因[J]. 安全与环境学报，11(2)：136-141.

孟小峰.2011.重庆主城区空气质量时空分布及其影响因素研究[D].重庆：西南大学.

孟小绒，杜萌萌，金丽娜，等.2015.近43年西安地区雾、霾天气时空变化特征及成因分析[J]. 安徽农业科学，(3)：247-250.

缪育聪，郑亦佳，王姝，等.2015.京津冀地区霾成因机制研究进展与展望[J]. 气候与环境研究，20(3)：356-368.

穆贤清，黄祖辉，张小蒂.2004.国外环境经济理论研究综述[J]. 国外社会科学，(2)：29-37.

宁淼，孙亚梅，杨金田.2012.国内外区域大气污染联防联控管理模式分析[J]. 环境与可持续发展，37(5)：11-18.

潘竟虎，张文，李俊峰，等.2014.中国大范围雾霾期间主要城市空气污染物分布特征[J]. 生态学杂志，33(12)：3423-3431.

潘岳.2007.谈谈环境经济新政策[J]. 环境经济，(10)：17-22.

裴志远，杨邦杰.2000.多时相归一化植被指数NDVI的时空特征提取与作物长势模型设计[J]. 农业工程学报，16(5)：20-22.

蒲维维，赵秀娟，张小玲.2011. 北京地区夏末秋初气象要素对PM2.5污染的影响[J]. 应用气象学报，22(6)：716-723.

齐海波.2015. 我国城镇化对环境污染的影响研究[D]. 南京：南京财经大学.

钱俊龙，刘红年，林慧娟，等.2015. 城市化发展对苏州灰霾影响的数值模拟[J]. 南京大学学报自然科学，51(3)：551-561.

钱峻屏，黄菲，黄子眉，等.2006.汕尾市雾霾天气的能见度多时间尺度特征分析[J].热带地理，(4)：308-313.

秦娟娟，王静，程建光.2010. 2008年青岛市一次典型大气外来源输送污染过程分析[J]. 气象与环境学报，26(6)：35-39.

秦耀辰.2013.低碳城市研究的模型与方法[M]. 北京：科学出版社.

邱微，赵庆良，李崧，等.2008.基于"压力-状态-响应"模型的黑龙江省生态安全评价研究[J].环境科学，(4)：1148-1152.

饶会林. 1999.城市经济学(上卷)[M]. 大连：东北财经大学出版社.

任孟君.2014. 我国区域大气污染的协同治理研究[D]. 郑州：郑州大学.

任庆昌，魏冀明，戴维. 2016.区域风环境研究与通风廊道建设实施建议——以珠三角为例[J]. 热带地理,36(5):887-894.

山鹿诚次. 1986.城市地理学[M]. 武汉：湖北教育出版社.

沈建国.1999.城市化的世界全球人类住区报告[M].北京：中国建筑工业出版社.

史宇，罗海江，林兰钰，等.2017. 如何从规划层面推进城市大气污染防治——以北京市为例[J]. 干旱区资源与环境，(5)：64-69.

宋言奇，傅崇兰.2005.城市化的生态环境效应[J]. 社会科学战线，(3)：186-188.

孙丹，杜吴鹏，高庆先，等. 2012.2001年至2010年中国三大城市群中几个典型城市的API变化特征[J]. 资源科学，34(8)：1401-1407.

孙静.2009.成渝城镇群区域中心城市建设研究[D]. 重庆：西南大学.

孙绪华.2014.中国城镇化与环境污染关系的区域差异性研究[D]. 重庆：重庆大学.

孙中和.2001.中国城市化基本内涵与动力机制研究[J]. 财经问题研究，(11)：38-43.

汤光华, 曾宪报. 1997.构建指标体系的原理与方法[J]. 河北经贸大学学报, (4): 60-62.

唐德才, 程俊杰. 2008.服务业发展、城市化与要素集聚——以江苏省为例[J]. 软科学, 22(5): 69-75.

唐新明, 刘浩, 李京, 等. 2015.北京地区霾/颗粒物污染与土地利用/覆盖的时空关联分析[J]. 中国环境科学, 35(9): 2561-2569.

陶玮, 刘峻峰, 陶澍. 2014.城市化过程中下垫面改变对大气环境的影响[J]. 热带地理, (3): 283-292.

童玉芬, 王莹莹. 2014.中国城市人口与雾霾:相互作用机制路径分析[J]. 北京社会科学, (5): 4-10.

拓瑞芳, 陈长和. 1994.复杂地形上气象条件对城市空气污染影响的数值模拟[J]. 兰州大学学报(自科版), (4): 143-151.

汪冬梅. 2003.中国城市化问题研究[D]. 泰安: 山东农业大学.

汪伟全. 2014.空气污染的跨域合作治理研究——以北京地区为例[J]. 公共管理学报, (1): 55-64.

王发曾, 程丽丽. 2010.山东半岛、中原、关中城市群地区的城镇化状态与动力机制[J]. 经济地理, 30(6): 918-925.

王庚辰, 王普才. 2014.中国 $PM_{2.5}$ 污染现状及其对人体健康的危害[J]. 科技导报, 32(26): 72-78.

王金南, 宁淼, 孙亚梅. 2012.区域大气污染联防联控的理论与方法分析[J]. 环境与可持续发展, 37(5): 5-10.

王开运. 2007.生态上海建设的理论与实践——生态承载力复合模型系统与应用[M]. 北京: 科学出版社.

王兰生, 刘丹, 杨立铮, 等. 1998.山区城市地质环境演化中包气带的二次污染机制[J]. 水文地质工程地质, (5): 11-13.

王立平, 陈俊. 2016.中国雾霾污染的社会经济影响因素——基于空间面板数据 EBA 模型实证研究[J]. 环境科学学报, 36(10): 3833-3839.

王书肖. 2016. 长三角区域霾污染特征、来源及调控策略[M]. 北京: 科学出版社.

王淑英, 张小玲. 2002.北京地区 PM_{10} 污染的气象特征[J]. 应用气象学报, 13(S1): 177-184.

王帅, 王瑞斌, 刘冰, 等. 2011.重点区域环境空气质量监测方案与评价方法探讨[J]. 环境与可持续发展, 36(5): 24-27.

王文林. 2013.试论中国灰霾天气的成因、危害及控制治理[J]. 绿色科技, (4): 153-154.

王亚力. 2010.基于复合生态系统理论的生态型城市化研究[D]. 长沙: 湖南师范大学.

王永红, 吕洁. 2015. 区域大气污染联防联控区划分及防控思路的探讨[J]. 环境保护与循环经济, (7): 60-63.

王咏薇, 蒋维楣, 郭文利, 等. 2008.城市布局规模与大气环境影响的数值研究[J]. 地球物理学报, 51(1): 88-100.

王雨田, 李卫东. 2015.城市中雾霾的形成机理及其对策研究[J]. 合作经济与科技, (3): 30-32.

王跃思, 姚利, 王莉莉, 等. 2014.2013 年元月我国中东部地区强霾污染成因分析[J]. 中国科学:地球科学, 44(1): 15-26.

王跃思, 张军科, 王莉莉, 等. 2014.京津冀区域大气霾污染研究意义、现状及展望[J]. 地球科学进展, (3): 388-396.

王占山, 李云婷, 陈添, 等. 2015.2013 年北京市 $PM_{2.5}$ 的时空分布[J]. 地理学报, 70(1): 110-120.

王振波, 方创琳, 许光, 等. 2015.2014 年中国城市 $PM_{2.5}$ 浓度的时空变化规律[J]. 地理学报, 70(11): 1720-1734.

王志高. 2011.环境治理溢出效应分析[D]. 广州: 中山大学.

魏巍贤, 马喜立.2015. 能源结构调整与雾霾治理的最优政策选择[J]. 中国人口资源与环境, 25(7): 6-14.

吴传清, 李浩. 2003.关于中国城市群发展问题的探讨[J]. 产经评论, (3): 29-31.

吴兑. 2012.近十年中国灰霾天气研究综述[J]. 环境科学学报, (2): 257-269.

吴建南, 秦朝, 张攀.2016. 雾霾污染的影响因素: 基于中国监测城市 $PM_{2.5}$ 浓度的实证研究[J]. 行政论坛, 23(1): 62-66.

吴婷婷. 2015.中国城镇化对环境质量的影响分析[D]. 北京: 北京交通大学.

吴玥嬛, 仲伟周. 2015.城市化与大气污染——基于西安市的经验分析[J]. 当代经济科学, 37(3): 71-79.

向堃, 宋德勇. 2015.中国省域 $PM_{2.5}$ 污染的空间实证研究[J]. 中国人口·资源与环境, 25(9): 153-159.

向敏, 韩永翔, 邓祖琴. 2009.2007 年我国城市大气污染时空分布特征[J]. 环境监测管理与技术, 21(3): 33-36.

肖清宇.1991. 圈层式空间结构理论发展综述[J]. 人文地理, (2): 66-70.

熊剑平, 刘承良, 袁俊. 2006.国外城市群经济联系空间研究进展[J]. 世界地理研究, 15(1): 63-70.

徐建春，周国锋，徐之寒，等.2015.城市雾霾管控:土地利用空间冲突与城市风道[J]. 中国土地科学，(10): 49-56.

徐康宁，赵波，王绮.2005.长三角城市群:形成、竞争与合作[J]. 南京社会科学，(5): 1-9.

徐琼芳，岳阳，万立国，等.2017.潜江市空气污染状况及其与气象条件的关系[J]. 环境科学与技术，40(S1): 274-277.

徐祥德.2002.北京及周边地区大气污染机理及调控原理研究[J]. 中国基础科学，(4): 19-22.

薛立尧，张沛，黄清明，等. 2016.城市风道规划建设创新对策研究——以西安城市风道景区为例[J]. 城市发展研究，23(11): 17-24.

闫晶晶，钱紫华，何波.2015.组织、提升、预控、更新——重庆大都市区重大功能构建策略[C]//2015 中国城市规划年会.

燕丽，贺晋瑜，汪旭颖，等.2016. 区域大气污染联防联控协作机制探讨[J]. 环境与可持续发展，41(5): 30-32.

杨洪斌，邹旭东，汪宏宇，等. 2012.大气环境中 $PM_{2.5}$ 的研究进展与展望[J]. 气象与环境学报，28(3): 77-82.

杨慧茹，岳畅，王东麟，等.2014.胶东半岛城市空气质量及其与气象要素的关系[J]. 环境科学与技术，(S1): 62-66.

杨建.2010.成都大都市区的界定及其特征分析[J]. 商业经济研究，(14): 138-139.

杨金田，王金南.1998.中国排污收费制度改革与设计[M]. 北京:中国环境科学出版社.

杨新兴，冯丽华，尉鹏.2012.汽车尾气污染及其危害[J]. 前沿科学，6(3): 10-22.

杨兴川，赵文吉，熊秋林，等. 2017.2016 年京津冀地区 $PM_{2.5}$ 时空分布特征及其与气象因素的关系[J]. 生态环境学报，26(10): 1747-1754.

杨英.2005.基于 FDI 的污染密集产业转移与环境福利效应研究——以东部沿海地区为例[D]. 杭州:浙江大学.

姚士谋.2001.中国城市群[M].2 版. 合肥:中国科学技术大学出版社.

尹慧君，吕海虹，崔吉浩.2014.应对气候变化的城市规划再思考——基于气象分析的北京市域空间布局研究[C]// 城乡治理与规划改革——2014 中国城市规划年会.

元洁，刘保双，程渊，等.2018. 2017 年 1 月天津市区 $PM_{2.5}$ 化学组分特征及高时间分辨率来源解析研究[J]. 环境科学学报，38(3): 1090-1101.

袁莉，李明生.2013.长株潭城市群"两型社会"建设成效的系统评价[J]. 系统工程，(3): 118-122.

翟一然，王勤耕，宋媛媛.2012.长江三角洲地区能源消费大气污染物排放特征[J]. 中国环境科学，32(9): 1574-1582.

曾穗平，运迎霞，田健.2016."协调"与"衔接"——基于"源—流—汇"理念的风环境系统的规划策略[J]. 城市发展研究，23(11): 25-31.

张波，杨艳丽，徐小宁.2015. 中国能源发展及其对经济与环境的影响[J]. 能源与环境，(3): 7-10.

张朝能，王梦华，胡振丹，等.2016. 昆明市 $PM_{2.5}$ 浓度时空变化特征及其与气象条件的关系[J]. 云南大学学报自然科学版，38(1): 90-98.

张纯. 2014. 中国城市形态对雾霾的影响及演化规律研究——基于地级市 PM_{10} 年均浓度的分析[C]// 城乡治理与规划改革——中国城市规划年会.

张丛郁.2016.城市通风廊道研究及其规划应用[J]. 城市建设理论研究，(17): 59.

张道民.1995. 论相关性原理[J]. 系统辩证学学报，(1): 48-53.

张坤民.1997.可持续发展论[M]. 北京:中国环境科学出版社.

张乐勤，何小青. 2015.安徽省城镇化演进与碳排放间库兹涅茨曲线假说与验证[J]. 云南师范大学学报自然科学版，35(1): 54-61.

张少康，刘沛，魏冀明.2016.基于风环境分析的珠三角地区城镇空间规划引导[J]. 规划师，32(9): 118-122.

张世秋.2014. 京津冀一体化与区域空气质量管理[J]. 环境保护，42(17): 30-33.

张佟佟，李茜，张建辉，等. 2014.PM$_{2.5}$污染特征研究综述[C]// 2014 中国环境科学学会学术年会.

张小曳. 2016.我国雾-霾污染的控制对策[J]. 杭州，(2)：34-35.

张燕,高峰.2015.城镇化发展阶段的空间差异及其环境影响研究——基于 2005-2013 年中国省级面板数据[J].华东经济管理,29(12):67-71.

张殷俊，陈曦，谢高地，等.2015. 中国细颗粒物 $PM_{2.5}$ 污染状况和空间分布[J]. 资源科学, 37(7)：1339-1346.

张莹，魏晓慧，王阿川.2016. 哈尔滨市 $PM_{2.5}$ 质量浓度变化特征及影响因素分析[J]. 环境科学与技术, 39(3)：188-191.

张宇,蒋殿春.2013.FDI、环境监管与工业大气污染——基于产业结构与技术进步分解指标的实证检验[J]. 国际贸易问题，(7)：102-118.

张远航. 2008.大气复合污染是灰霾内因[J]. 环境，(7)：32-33.

张运英，黄菲，杜鹃，等.2009.广东雾霾天气能见度时空特征分析——年际年代际变化[J]. 热带地理, 29(4)：324-328.

张振华. 2014.PM2.5 浓度时空变化特性、影响因素及来源解析研究[D].杭州：浙江大学.

张智胜，陶俊，谢绍东，等. 2013.成都城区 $PM_{2.5}$ 季节污染特征及来源解析[J]. 环境科学学报, 33(11)：2947-2952.

赵卫红.2009. 福建省城市空气质量变化趋势及影响因素分析[J]. 亚热带资源与环境学报, 4(4)：86-91.

赵习方,徐晓峰,王淑英,等.2002.北京地区低能见度区域分布初探[J].气象,(11)：55-57+65.

郑英. 2012.机动车尾气污染与防治的法律研究[D]. 太原：山西财经大学.

钟芙蓉. 2013.环境经济政策的伦理研究[D]. 长沙：湖南师范大学.

钟海燕. 2006.成渝城市群研究[D]. 成都：四川大学.

钟士恩，任黎秀，欧阳怀龙. 2007.世界遗产地庐山"圈层飞地"型旅游客源市场空间结构研究[J]. 地理与地理信息科学, 23(4)：76-80.

周安国，陈德全，吕菲菲.1998.浙江省大气污染造成的经济损失初步估算[J]. 环境污染与防治，(6)：36-38.

周宏春. 2014.昭示中央政府向污染宣战的决心——2014 年政府工作报告解读[J]. 环境保护, 42(6)：15-19.

周莉，江志红，李肇新,等.2015.中国东部不同区域城市群下垫面变化气候效应的模拟研究[J]. 大气科学, 39(3)：596-610.

周秀艳，孙洪雨，李培军.2005.辽宁中部城市群生态环境问题与可持续发展[J]. 安全与环境学报, 5(3)：51-53.

朱天乐.2003. 室内空气污染控制[M]. 北京：化学工业出版社.

朱英明. 2005.城市群经济空间分析[J]. 科技与企业，(3)：74.

左大康. 1990.现代地理学辞典[M]. 北京：商务印书馆.

Alexis A, Garcia A, Nystrom M, et al. 2001.The 2001 California almanac of emissions and air quality[R].Sacramento:California Air Resources Board.

Ang J B. 2008.Economic development, pollutant emissions and energy consumption in Malaysia[J]. Journal of Policy Modeling, 30(2)：271-278.

Anselin L. 1995.Local indicators of spatial association—LISA[J]. Geographical analysis, 27(2)：93-115.

Anselin L. 2001.Spatial effects in econometric practice in environmental and resource economics[J]. American Journal of Agricultural Economics, 83(3)：705-710.

Anselin L. 2005.Exploring spatial data with GeoDa: a workbook(2005)[EB/OL]. http: //www. csiss. org/clearinghouse/GeoDa/geodaworkbook. Pdf.

Arain M A, Blair R, Finkelstein N, et al. 2007.The use of wind fields in a land use regression model to predict air pollution concentrations for health exposure studies[J]. Atmospheric Environment, 41(16)：3453-3464.

Bottero M, Ferretti V. 2010.Integrating the analytic network process (ANP) and the driving force - pressure - state - impact - responses (DPSIR) model for the sustainability assessment of territorial transformations[J]. Management of Environmental

Quality, 21(5): 618-644.

Brinkman H J, Drukker J W, Slot B. 1997.GDP Per Capita and the Biological Standard of Living in Contemporary Developing Countries[M]. Holland:University of Groningen.

Brunekreef B, Holgate S T.2002. Air pollution and health[J]. Lancet, 360(9341): 1233.

Chen Y, Ebenstein A, Greenstone M, et al. 2013.From the cover: evidence on the impact of sustained exposure to air pollution on life expectancy from China's Huai River policy[J]. Proceedings of the National Academy of Sciences of the United States of America, 110(32): 12936-12941.

Cifuentes L, Borja-Aburto V H, Gouveia N, et al.2001. Assessing the health benefits of urban air pollution reductions associated with climate change mitigation (2000—2020): Santiago, São Paulo, México City, and New York City[J]. Environmental Health Perspectives, 109(s3): 419-425.

Civerolo K, Hogrefe C, Lynn B, et al. 2007.Estimating the effects of increased urbanization on surface meteorology and ozone concentrations in the New York City metropolitan region[J]. Atmospheric Environment, 41(9): 1803-1818.

Clifton K, Ewing R, Knaap G J, et al. 2008.Quantitative analysis of urban form: a multidisciplinary review[J]. Journal of Urbanism International Research on Placemaking & Urban Sustainability, 1(1): 17-45.

Coondoo D, Dinda S. 2002.Causality between income and emission: a country group-specific econometric analysis[J]. Ecological Economics, 40(3): 351-367.

Corwin D L, Wagenet R J.1996. Applications of GIS to the modeling of nonpoint source pollutants in the vadose zone: a conference overview[J]. Journal of Soil & Water Conservation, 53(1): 34-38.

Crane K, Mao Z. 2015.Costs of Selected Policies to Address Air Pollution in China[M]. USA:RAND Corporation.

Crocker T D. 1966.The structuring of atmospheric pollution control systems[J]. Economics of Air Pollution, 29(2): 288.

Dolislager L J, Motallebi N.1999. Characterization of particulate matter in California[J]. Journal of the Air & Waste Management Association, 49(9): 45-56.

Donkelaar A V, Martin R V, Brauer M, et al. 2015.Use of satellite observations for long-term exposure assessment of global concentrations of fine particulate matter[J]. Environmental Health Perspectives, 123(2): 135.

Escudero M, Lozano A, Hierro J, et al.2014. Urban influence on increasing ozone concentrations in a characteristic Mediterranean agglomeration[J]. Atmospheric Environment, 99: 322-332.

Friedmann J. 1964.Regional development and planning : a reader[J]. New Zealand Geographer, 23(2): 179.

Gan W Q, Mclean K, Brauer M, et al. 2012.Modeling population exposure to community noise and air pollution in a large metropolitan area[J]. Environmental Research, 116(2): 11-16.

Gao J, Wang T, Zhou X, et al.2009. Measurement of aerosol number size distributions in the Yangtze River delta in China: formation and growth of particles under polluted conditions[J]. Atmospheric Environment, 43(4): 829-836.

Ge X, Zhang Q, Sun Y, et al.2012. Effect of aqueous-phase processing on aerosol chemistry and size distributions in Fresno, California, during wintertime[J]. Environmental Chemistry, 9(3): 221-235.

Glaser E L. 2012.Triumph of the City: How Our Greatest Invention Makes Us Richer, Smarter, Greener, Healthier, and Happier[M]. USA:Penguin Press.

Goetzmann W N, Spiegel M, Wachter S M. 1999.Do cities and suburbs cluster?[J]. Cityscape, 3(3): 193-203.

Gottmann J. 1961.Megalopolis : the Urbanized Northeastern Seaboard of the United States[M]. New York: Twentieth Century Fund.

Guan D, Su X, Zhang Q, et al.2014. The socioeconomic drivers of China's primary $PM_{2.5}$ emissions[J]. Environmental Research

Letters, 9 (2) : 24010.

Guo Y, Hong S, Feng N, et al.2012. Spatial distributions and temporal variations of atmospheric aerosols and the affecting factors: a case study for a region in central China[J]. International Journal of Remote Sensing, 33 (12) : 3672-3692.

Halkos G E. 1993.Sulphur abatement policy : implications of cost differentials[J]. Energy Policy, 21 (10) : 1035-1043.

Hudson J C. 1969.Diffusion in a central place system[J]. Geographical Analysis, 1 (1) : 45-58.

Karki S K, Mann M D, Salehfar H. 2005.Energy and environment in the ASEAN: challenges and opportunities[J]. Energy Policy, 33 (4) : 499-509.

Kolstad C D, Krautkraemer J A. 1993.Natural resource use and the environment[J]. Handbook of Natural Resource & Energy Economics, 3: 1219-1265.

Krawczyk J B. 2005.Coupled constraint Nash equilibria in environmental games[J]. Resource & Energy Economics, 27 (2) : 157-181.

Lee S J, Serre M L, van Donkelaar A, et al.2012. Comparison of geostatistical interpolation and remote sensing techniques for estimating long-term exposure to ambient $PM_{2.5}$ concentrations across the continental United States[J]. Environmental health perspectives, 120 (12) : 1727-1732.

Lehman J, Swinton K, Bortnick S, et al. 2004.Spatio-temporal characterization of tropospheric ozone across the eastern United States[J]. Atmospheric Environment, 38 (26) : 4357-4369.

Li X, Wang Y, Guo X, et al.2013. Seasonal variation and source apportionment of organic and inorganic compounds in $PM_{2.5}$ and PM_{10} particulates in Beijing, China[J]. Journal of Environmental Sciences, 25 (4) : 741-750.

Madu I A. 2009.The impacts of anthropogenic factors on the environment in Nigeria[J]. Journal of environmental management, 90 (3) : 1422-1426.

Malm W C. 1992.Characteristics and origins of haze in the continental United States[J]. Earth-Science Reviews, 33 (1) : 1-36.

Marquez L O, Smith N C. 1999.A framework for linking urban form and air quality[J]. Environmental Modelling & Software, 14 (6) : 541-548.

McMichael A J , Woodruff R E. 2008. Climate change and infectious diseases[J]. Social Ecology of Infectious Diseases, (12):378-407.

Mirshojaeian H H, Rahbar F. 2011.Spatial environmental Kuznets curve for Asian countries: study of CO_2 and PM_{10}[J].Journal of Environmental Studies, 37 (58) :1-14.

Moore I D, Turner A K, Wilson J P, et al.1993. GIS and land-surface-subsurface process modeling[J]. Environmental Modeling with GIS, 20: 196-230.

Mori T.1997. A modeling of megalopolis formation: the maturing of city systems[J]. Journal of Urban Economics, 42 (1) : 133-157.

Niu Z, Zhang F, Chen J, et al. 2013.Carbonaceous species in $PM_{2.5}$ in the coastal urban agglomeration in the Western Taiwan Strait Region, China[J]. Atmospheric Research, 122 (3) : 102-110.

Pachauri S. 2004.An analysis of cross-sectional variations in total household energy requirements in India using micro survey data[J]. Energy Policy, 32 (15) : 1723-1735.

Parrish D D, Zhu T. 2009.Climate change. Clean air for megacities[J]. Science, 326 (5953) : 674.

Peters G P, Weber C L, Guan D, et al. 2007.China's growing CO_2 emissions a race between increasing consumption and efficiency gains[J].Environmental Science & Technology, 41 (17):5939-5944.

Petersen E. 1986.Dictionary of Demography[M]. New York:Greenwood.

Qiu P, Tian H, Zhu C, et al. 2014.An elaborate high resolution emission inventory of primary air pollutants for the Central Plain Urban

Agglomeration of China[J]. Atmospheric Environment, 86(3): 93-101.

Rohde R A, Muller R A. 2015.Air pollution in China: mapping of concentrations and sources[J]. Plos One, 10(8): e135749.

Rubrecht G L. 2013.On the horizon: expand the ozone transport region?[J]. Natural Resources & Environment,2(28):50.

Ryu Y H, Baik J J, Kwak K H, et al.2013. Impacts of urban land-surface forcing on ozone air quality in the Seoul metropolitan area[J]. Atmospheric Chemistry & Physics, 13(4): 2177-2194.

Sadownik B, Jaccard M.2001. Sustainable energy and urban form in China: the relevance of community energy management[J]. Energy Policy, 29(1): 55-65.

Schneider P, Lahoz W A, Van D A R.2015. Recent satellite-based trends of tropospheric nitrogen dioxide over large urban agglomerations worldwide[J]. Atmospheric Chemistry & Physics, 15(3): 1205-1220.

Tan Z, Wang Y, Ye C, et al.2016. Evaluating vehicle emission control policies using on-road mobile measurements and continuous wavelet transform: a case study during the Asia-Pacific Economic Cooperation Forum, China 2014[J]. Atmospheric Chemistry & Physics,1-39.

Tietenberg T.1988. Environmental and Natural Resource Economics[M]. New York:Harper Collins.

Wang J, Feng J, Yan Z, et al. 2012.Nested high-resolution modeling of the impact of urbanization on regional climate in three vast urban agglomerations in China[J]. Journal of Geophysical Research Atmospheres, 117(D21): 21103.

Wang Z B, Fang C L. 2016.Spatial-temporal characteristics and determinants of $PM_{2.5}$ in the Bohai Rim Urban Agglomeration[J]. Chemosphere, 148(148): 148-162.

Yu M, Carmichael G R, Zhu T, et al.2012. Sensitivity of predicted pollutant levels to urbanization in China[J]. Atmospheric Environment, 60(60): 544-554.

Zhan W, Zhang Y, Ma W, et al.2013. Estimating influences of urbanizations on meteorology and air quality of a Central Business District in Shanghai, China[J]. Stochastic Environmental Research and Risk Assessment, 27(2): 353-365.

Zirnhelt N, Angle R P, Bates-Frymel D L, et al. 2014.Airshed Management[M]. Berlin:Springer Netherlands.

附 录

表 1 2017 年成渝城市群内 16 个城市的不同首要污染物的天数占比（%）

城市	PM_{10}	$PM_{2.5}$	O_3-8h	CO-24h	NO_2-24h	SO_2-24h
成都市	12.40	36.09	24.52	0.00	27.00	0.00
达州市	29.75	42.98	8.26	0.00	19.01	0.00
德阳市	36.64	36.64	25.62	0.00	1.10	0.00
广安市	65.01	16.25	18.73	0.00	0.00	0.00
乐山市	11.29	53.99	27.27	0.00	7.44	0.00
泸州市	32.23	44.08	17.36	0.00	6.34	0.00
眉山市	21.49	37.47	28.10	0.00	12.95	0.00
绵阳市	35.81	46.28	14.60	0.28	3.03	0.00
南充市	33.06	41.05	21.21	0.00	4.68	0.00
内江市	21.21	46.28	29.48	0.00	2.75	0.28
遂宁市	46.56	31.96	20.11	0.28	1.10	0.00
雅安市	33.61	48.48	16.53	0.00	1.10	0.28
宜宾市	22.59	57.85	12.95	1.38	5.23	0.00
重庆市	12.40	31.68	20.66	0.00	35.26	0.00
资阳市	74.93	9.92	14.60	0.00	0.55	0.00
自贡市	21.49	65.29	10.19	0.00	3.03	0.00
平均值	31.90	40.39	19.39	0.12	8.16	0.03

表 2 2015 年、2016 年与 2017 年成渝城市群 16 个城市的年均 $PM_{2.5}$ 浓度

城市	2015 年 $PM_{2.5}$ 浓度 /（μg/m³）	排序	2016 年 $PM_{2.5}$ 浓度 /（μg/m³）	排序	2017 年 $PM_{2.5}$ 浓度 /（μg/m³）	排序
成都市	58.86	11	60.48	14	53.70	13
达州市	61.35	15	54.85	11	49.19	9
德阳市	52.70	6	52.74	6	51.78	12
广安市	44.47	3	44.16	1	36.53	2
乐山市	54.83	8	53.42	8	55.36	14
泸州市	59.52	12	64.28	15	51.60	11
眉山市	60.97	14	58.48	13	47.47	6
绵阳市	46.03	4	49.21	5	48.47	8
南充市	58.75	10	54.58	10	45.26	5
内江市	59.59	13	53.57	9	48.15	7

续表

城市	2015 年 PM$_{2.5}$ 浓度 /(μg/m³)	排序	2016 年 PM$_{2.5}$ 浓度 /(μg/m³)	排序	2017 年 PM$_{2.5}$ 浓度 /(μg/m³)	排序
遂宁市	50.20	5	45.35	4	40.03	3
雅安市	36.25	1	44.58	2	49.53	10
宜宾市	57.50	9	57.03	12	56.55	15
重庆市	54.43	7	52.86	7	44.25	4
资阳市	39.99	2	45.17	3	33.12	1
自贡市	73.04	16	73.85	16	67.02	16

表 3　成渝城市群 16 个城市的季度 PM$_{2.5}$ 浓度　　　　（单位：μg/m³）

城市	2015 年				2016 年				2017 年			
	春	夏	秋	冬	春	夏	秋	冬	春	夏	秋	冬
成都市	55.54	41.87	54.14	96.03	62.89	37.79	62.21	85.09	40.59	29.97	49.50	103.63
达州市	53.96	42.69	48.32	103.25	48.27	30.07	42.47	94.58	41.91	28.72	41.70	91.81
德阳市	50.64	36.72	42.04	85.71	47.12	27.85	56.91	87.38	45.33	30.84	42.29	96.38
广安市	32.93	28.29	38.41	82.12	42.86	27.86	32.75	71.89	30.32	20.92	27.90	71.21
乐山市	51.37	34.64	56.44	85.27	49.53	29.72	64.27	80.91	50.52	28.74	44.87	104.20
泸州市	57.91	41.37	52.12	93.58	62.63	49.20	61.26	82.34	49.28	27.55	44.14	91.01
眉山市	61.46	46.03	52.64	91.50	55.69	39.89	62.05	82.12	39.05	24.14	40.18	93.75
绵阳市	42.41	32.73	39.97	74.96	42.91	25.61	49.06	84.63	39.00	32.00	40.36	89.18
南充市	53.47	41.75	51.95	92.16	54.43	33.51	47.87	82.86	41.43	29.73	38.64	76.01
内江市	64.60	36.26	50.02	96.71	50.40	32.45	54.89	81.20	43.16	22.72	40.89	93.74
遂宁市	47.29	37.51	43.32	76.77	45.33	27.18	42.78	66.24	36.48	25.20	32.13	69.32
雅安市	37.30	19.43	35.18	60.11	39.28	23.31	57.77	67.92	44.24	30.77	41.51	87.43
宜宾市	52.66	35.03	55.98	96.34	56.85	31.14	59.07	88.91	53.38	29.34	50.42	100.22
重庆市	45.93	41.09	46.28	89.88	49.25	38.25	45.04	71.03	37.61	28.12	39.73	78.37
资阳市	42.59	23.61	33.45	66.62	54.32	27.49	36.94	64.31	27.17	18.03	25.99	65.82
自贡市	68.58	47.02	74.78	113.69	73.74	43.53	82.89	105.72	57.48	38.04	64.59	121.35

表 4　2015 年成渝城市群 16 个城市的月均 PM$_{2.5}$ 浓度　　　　（单位：μg/m³）

城市	1 月	2 月	3 月	4 月	5 月	6 月	7 月	8 月	9 月	10 月	11 月	12 月
成都市	125.34	84.31	64.90	53.78	49.22	37.93	45.18	41.91	34.44	61.01	47.04	82.70
达州市	150.66	92.95	63.95	48.53	49.23	41.29	43.00	43.74	46.15	55.05	41.37	69.75
德阳市	104.03	71.81	56.37	53.59	42.04	32.42	38.18	39.40	31.83	48.56	35.30	80.53
广安市	114.06	81.21	41.54	28.60	29.05	23.39	28.93	32.39	33.68	43.96	32.67	54.03
乐山市	111.87	73.86	58.99	54.11	41.09	30.47	33.96	39.32	35.20	59.78	52.99	71.54
泸州市	129.22	96.26	65.56	53.81	54.21	46.79	36.51	40.98	33.99	54.86	49.29	56.68
眉山市	117.71	81.85	68.50	53.40	62.21	50.21	50.34	37.75	33.46	61.32	43.67	76.55

城市	1 月	2 月	3 月	4 月	5 月	6 月	7 月	8 月	9 月	10 月	11 月	12 月
绵阳市	82.73	62.92	47.44	41.57	38.18	28.22	38.31	31.68	23.72	45.26	34.51	78.31
南充市	112.74	92.74	59.61	48.57	52.07	38.10	46.30	40.73	41.83	57.19	46.53	71.73
内江市	129.38	100.90	59.38	59.93	74.34	41.19	36.14	31.62	27.38	53.61	46.30	63.41
遂宁市	95.40	81.82	55.02	41.97	44.71	32.53	43.51	36.24	33.82	51.18	35.20	55.39
雅安市	73.64	52.66	45.33	35.44	31.02	23.05	19.53	15.83	17.94	38.48	31.75	54.50
宜宾市	121.86	93.47	63.54	46.93	47.33	38.91	35.60	30.69	29.32	57.59	54.31	74.12
重庆市	123.33	82.45	50.94	46.52	40.36	36.06	46.03	41.01	34.14	47.87	44.62	63.40
资阳市	90.37	65.87	49.44	35.95	42.12	23.53	25.36	21.92	17.74	36.54	30.25	45.85
自贡市	145.62	109.82	77.59	65.45	62.59	47.40	49.81	43.85	42.18	81.51	67.82	86.29

表 5　2016 年成渝城市群 16 个城市的月均 $PM_{2.5}$ 浓度　　　　　　（单位：$\mu g/m^3$）

城市	1 月	2 月	3 月	4 月	5 月	6 月	7 月	8 月	9 月	10 月	11 月	12 月
成都市	79.56	64.25	72.30	61.69	54.65	43.11	30.62	39.56	43.76	43.86	80.95	110.24
达州市	98.29	82.71	60.60	42.48	41.54	30.56	27.06	32.61	55.66	34.25	50.96	101.97
德阳市	86.97	68.19	59.61	45.38	36.31	33.74	23.21	26.80	32.69	37.55	76.91	105.75
广安市	67.60	80.17	53.85	37.63	36.94	30.54	23.58	29.66	42.55	29.30	36.32	69.13
乐山市	70.89	71.67	60.46	45.76	42.24	22.64	25.65	40.62	32.62	46.34	82.79	99.57
泸州市	72.85	83.43	76.08	50.91	60.51	52.40	40.14	55.16	66.90	51.36	71.49	90.81
眉山市	80.79	67.11	65.98	48.23	52.63	40.31	37.13	42.19	44.35	47.18	77.41	97.50
绵阳市	84.27	73.99	56.00	37.30	35.26	31.06	20.69	25.27	33.72	29.26	69.51	94.95
南充市	85.00	84.26	66.70	48.38	48.01	34.37	30.26	35.93	47.50	39.56	56.45	79.39
内江市	72.06	80.96	60.39	39.17	51.29	33.99	27.75	35.65	41.52	44.05	66.09	90.57
遂宁市	63.65	70.22	54.42	37.00	44.28	25.46	25.39	30.61	42.88	34.85	50.96	65.10
雅安市	59.83	53.12	46.83	33.64	37.00	24.89	19.40	25.42	21.48	44.16	71.37	89.85
宜宾市	92.62	83.94	73.86	46.28	50.07	30.48	27.74	35.19	35.95	46.46	72.10	89.85
重庆市	70.55	70.40	56.92	43.55	47.09	41.66	32.86	40.35	68.18	38.89	51.83	72.11
资阳市	62.51	66.71	59.62	41.82	61.11	28.25	24.35	29.89	30.02	29.82	44.31	63.88
自贡市	100.87	100.39	86.56	59.12	75.07	44.69	35.38	50.41	50.29	64.36	102.04	115.56

表 6　2017 年成渝城市群 16 个城市的月均 $PM_{2.5}$ 浓度　　　　　　（单位：$\mu g/m^3$）

城市	1 月	2 月	3 月	4 月	5 月	6 月	7 月	8 月	9 月	10 月	11 月	12 月
成都市	130.48	79.15	47.42	31.86	42.25	41.99	27.22	21.08	28.65	34.78	64.76	97.32
达州市	97.96	69.71	46.89	37.41	41.30	37.19	24.93	24.32	24.48	29.54	54.27	104.20
德阳市	111.35	79.44	50.73	42.90	42.28	41.09	30.40	21.37	24.28	26.55	58.55	95.61
广安市	80.13	57.13	33.22	26.63	30.98	23.60	19.83	19.41	19.27	19.45	36.65	74.11
乐山市	128.58	93.63	60.41	44.29	46.66	33.21	29.73	23.43	29.89	31.90	58.63	88.69
泸州市	111.26	77.74	59.84	41.38	46.37	30.08	26.05	26.60	32.05	28.56	60.23	81.90

城市	1 月	2 月	3 月	4 月	5 月	6 月	7 月	8 月	9 月	10 月	11 月	12 月
眉山市	116.60	76.99	49.72	34.78	32.52	30.73	25.93	15.98	23.80	28.84	52.10	84.97
绵阳市	101.29	70.27	43.35	33.90	39.58	43.37	31.09	21.89	25.14	26.73	54.44	92.93
南充市	85.83	58.78	43.61	34.20	46.25	33.14	30.24	25.92	27.91	25.44	52.27	80.63
内江市	111.89	78.57	50.98	33.09	45.00	25.74	23.87	18.64	22.50	24.71	57.60	88.31
遂宁市	79.39	56.00	34.75	28.12	46.32	27.52	25.78	22.38	26.54	20.94	43.69	70.44
雅安市	105.49	74.67	50.70	42.14	39.44	36.24	30.88	25.37	26.29	26.75	56.40	79.91
宜宾市	121.27	81.28	59.35	48.15	52.46	32.62	28.66	26.85	34.34	30.86	70.63	95.16
重庆市	87.15	65.02	43.92	34.21	34.59	34.49	26.86	23.21	23.11	25.56	54.31	80.79
资阳市	74.54	51.68	31.29	24.07	26.06	21.18	18.22	14.80	16.21	17.25	35.02	68.95
自贡市	142.54	99.73	64.80	46.58	60.87	37.18	37.89	39.03	43.17	40.24	89.75	118.92

表 7　2015～2017 年成渝城市群不同月份的各 $PM_{2.5}$ 污染等级占比（%）

年份	$PM_{2.5}$污染等级	1 月	2 月	3 月	4 月	5 月	6 月	7 月	8 月	9 月	10 月	11 月	12 月
	优	4.78	13.36	19.46	37.44	36.76	55.22	46.33	57.38	67.38	32.06	34.81	18.18
	良	21.09	31.62	61.12	51.75	60.69	47.01	58.81	45.97	34.93	56.02	65.79	55.14
2015	轻度污染	25.12	27.07	23.84	12.44	9.57	1.67	3.15	4.63	2.59	17.62	4.55	24.08
	中度污染	20.49	17.15	1.36	1.95	0.44	0.00	0.00	0.20	0.08	2.43	0.00	6.02
	重度污染	27.47	6.46	0.04	0.28	0.00	0.00	0.00	0.00	0.00	0.64	0.00	4.23
	严重污染	1.04	0.00	0.00	0.00	0.00	0.00	0.00	0.00	0.00	0.00	0.00	0.20
	优	11.54	11.25	17.48	38.49	33.44	51.37	72.49	50.52	34.00	48.44	21.27	4.08
	良	42.39	42.87	49.89	46.51	53.93	43.17	26.80	48.59	52.08	42.32	42.09	34.22
2016	轻度污染	29.10	28.62	28.80	10.88	9.58	1.41	0.15	1.67	10.65	8.72	24.83	43.06
	中度污染	11.51	5.49	3.49	0.67	1.45	0.04	0.00	0.15	0.93	0.48	5.61	16.30
	重度污染	5.46	5.16	0.41	0.30	1.15	0.00	0.00	0.00	0.19	0.00	2.04	3.49
	严重污染	0.00	0.22	0.00	0.00	0.15	0.00	0.00	0.00	0.00	0.00	0.00	0.00
	优	6.86	9.85	31.91	51.09	41.05	56.73	77.24	88.79	74.29	73.55	25.82	3.98
	良	28.88	41.05	57.51	44.49	54.30	39.32	23.16	11.84	22.43	24.05	47.92	42.60
2017	轻度污染	26.74	23.50	10.88	1.73	4.68	1.29	0.18	0.00	0.66	2.25	19.22	31.50
	中度污染	19.51	7.60	0.15	0.00	0.18	0.04	0.00	0.00	0.00	0.04	3.32	13.94
	重度污染	16.75	1.92	0.00	0.00	0.04	0.00	0.00	0.00	0.00	0.00	0.33	8.56
	严重污染	1.25	0.00	0.00	0.00	0.00	0.00	0.00	0.00	0.00	0.00	0.00	0.00

表 8　2015 年 $PM_{2.5}$ 影响因子数据的共线性诊断结果 [a]

模型		特征值	条件指标	方差比例								
				（常量）	高程	植被覆盖度	风速	降水量	城镇化率	工业增加值占比	机动车保有量	单位工业增加值能耗
1	1	6.205	1.000	0.00	0.00	0.00	0.00	0.00	0.00	0.00	0.00	0.00

续表

模型	特征值	条件指标	方差比例								
			(常量)	高程	植被覆盖度	风速	降水量	城镇化率	工业增加值占比	机动车保有量	单位工业增加值能耗
2	1.020	2.466	0.00	0.02	0.00	0.02	0.00	0.02	0.01	0.05	0.00
3	0.871	2.669	0.00	0.07	0.02	0.06	0.01	0.02	0.00	0.00	0.03
4	0.343	4.256	0.00	0.50	0.03	0.06	0.01	0.04	0.02	0.02	0.00
1 5	0.260	4.886	0.00	0.02	0.03	0.07	0.05	0.06	0.09	0.01	0.08
6	0.149	6.445	0.02	0.05	0.05	0.55	0.05	0.17	0.03	0.05	0.03
7	0.093	8.164	0.01	0.10	0.50	0.19	0.09	0.24
8	0.035	13.335	0.18	0.21	0.36	0.24	0.49	0.63	0.03	0.53	0.21
9	0.023	16.393	0.79	0.03	0.00	0.21	0.05	0.74	0.33	0.40

a. 因变量：$PM_{2.5}$。

表 9　2016 年 $PM_{2.5}$ 影响因子数据的共线性诊断结果[a]

模型	特征值	条件指标	方差比例								
			(常量)	高程	植被覆盖度	风速	降水量	城镇化率	工业增加值占比	机动车保有量	单位工业增加值能耗
1	6.526	1.000	0.00	0.00	0.00	0.00	0.00	0.00	0.00	0.00	0.00
2	1.078	2.460	0.00	0.00	0.00	0.00	0.00	0.04	0.01	0.08	0.01
3	0.637	3.201	0.00	0.14	0.01	0.03	0.00	0.00	0.00	0.01	0.04
4	0.264	4.973	0.01	0.01	0.02	0.05	0.00	0.14	0.11	0.07	0.06
1 5	0.175	6.101	0.01	0.04	0.02	0.01	0.15	0.16	0.06	0.06	0.24
6	0.144	6.743	0.03	0.07	0.04	0.04	0.30	0.18	0.04	0.14	0.02
7	0.089	8.558	0.00	0.35	0.07	0.68	0.20	0.01	0.09	0.00	0.02
8	0.065	10.053	0.01	0.03	0.82	0.07	0.13	0.23	0.04	0.30	0.20
9	0.022	17.194	0.94	0.36	0.02	0.13	0.22	0.23	0.66	0.34	0.40

a. 因变量：$PM_{2.5}$。